Zur Erfassung und Modellierung von gefährlichen Prozessen in steilen Wildbacheinzugsgebieten

GEOGRAPHICA BERNENSIA

Herausgeber: Dozenten und Dozentinnen des Geographischen Instituts der Universität Bern

Reihe A	African Studies Series
Reihe B	Berichte über Exkursionen, Studienlager und Seminarveranstaltungen
Reihe E	Berichte zu Entwicklung und Umwelt
Reihe G	Grundlagenforschung
Reihe P	Geographie für die Praxis
Reihe S	Geographie für die Schule
Reihe U	Geographie für den Universitätsunterricht

Arbeitsgemeinschaft GEOGRAPHICA BERNENSIA in zusammenarbeit mit der Geographischen Gesellschaft von Bern
Hallerstrasse 12, CH-3012 Bern

- Verlag des Geographischen Instituts der Universität Bern -

**GEOGRAPHICA
BERNENSIA**

G52

Christoph Hegg

Zur Erfassung und Modellierung von gefährlichen Prozessen in steilen Wildbacheinzugsgebieten

Bern, GEOGRAPHICA BERNENSIA
Universität Bern, Schweiz
Geographisches Institut
ISBN 3-906151-17-4

Die vorliegende Arbeit entstand im Rahmen des Nationaen Forschungsprogrammes NFP 31 'Klimaänderung und Naturkatastrophen' und bildet Teil des Projektes 'Wildbachsysteme - Projekt Leissigen' des Geographischen Instituts und wurde an der naturwissenschaftlichen Fakultät der Universität Bern am 23. Mai 1996 als Inauguraldissertation angenommen.

Der Druck der vorliegenden Arbeit wurde duch folgende Institutionen unterstützt:

- Stiftung Marchese Francesco Medici del Vasello

- Arbeitsgemeinschaft GEOGRAPHICA BERNENSIA

© 1996 by GEOGRAPHICA BERNENSIA, Universität Bern, ISBN 3-906151-17-4
Druck: Lang Druck AG, Liebefeld

Umschlagbild: Integrierte Abfluss- und Geschiebemessstelle Spissibach - Teufenegg

VORWORT UND DANK

Die vorliegende Arbeit entstand im Rahmen des Projektes 'Wildbachsysteme - Projekt Leissigen' und befasste sich mit verschiedenen Aspekten der Wildbachforschung. Die Arbeit stand am Anfang dieses Projekts und ein wesentlicher Bestandteil war deshalb die Erarbeitung von Grundlagen für das Gesamtprojekt. Wildbachforschung berührt zahlreiche sehr verschiedenartige Fragestellungen und entsprechend breit ist das Spektrum der in dieser Arbeit berührten Themenbereiche.

Es versteht sich deshalb von selbst, dass diese Arbeit nicht im Alleingang durchgeführt werden konnte. Zahlreiche Personen und Institutionen haben deshalb zu ihrem Gelingen beigetragen. All ihnen sei herzlichst für ihre Unterstützung gedankt. Eine namentliche Erwähnung verdienen ins besondere:

- PD Dr. Hans Kienholz (Geographisches Institut Uni Bern, GIUB) hat diese Arbeit geleitet und trägt somit die Verantwortung für die hervorragenden Rahmenbedingungen, in denen ich diese Arbeit verwirklichen konnte.
- Dr. R. Weingartner (GIUB) leitet zusammen mit H. Kienholz das Projekt Leissigen und hat die vorliegende Arbeit immer mit viel Wohlwollen unterstützt und gefördert.
- Mit Dr. D. Rickenmann (WSL; Birmensdorf) und P. Mani (Geo7, Bern) konnte ich im Rahmen des NFP31 Projekts 'Sensitivität von Wildbachsystemen' zusammenarbeiten und sie haben meine Arbeit mit vielen Impulsen und Anregungen unterstützt.
- Am Projekt 'Wildbachsysteme - Projekt Leissigen' haben zahlreiche Studentinnen und Studenten der Geographie mitgewirkt. Sie alle haben in der einen oder anderen Art zum Gelingen dieser Arbeit beigetragen. Besonders zu erwähnen sind dabei die Diplomandinnen und Diplomanden: M. Barben, T. Bürgi, S. Burren, A. Eberhard, M. Etter, D. Fugazza, G. Hunziker, S. Liener, P. Rufener, H. Romang, G.M. Semadeni und G. Wermelinger.
- Nahezu unmöglich wären die Arbeiten im Testgebiet Leissigen ohne die kompetente technische Unterstützung durch J. Schenk (GIUB), M. Oettliker und M. Zwahlen (Zentrale Apparatewerkstatt, Theodor Kocher Institut, Univ. Bern) gewesen. Ihr Beitrag, den sie immer mit viel Engagement und Phantasie geleistet haben, kann nicht überschätzt werden.
- Wesentliche Beiträge zum Unterhalt und zur Installation des Testgebiets Leissigen haben M. Gossauer, M. Imhof und Dr. H.R. Wernli (GIUB) geleistet.
- K. Budmiger (Büro Perrinjaquet, Bern und Muri) hat der Arbeit zahlreiche Impulse im Bereiche der Vermessung gegeben und dabei viel Engagement bewiesen.

- H. Buri und U. Ryter (Lawinendienst, Forstinspektion Oberland) haben wesentliche Beiträge zum Gelingen des Simulationsmodells für Fliesslawinen geleistet.
- Dr. S. Perego und H. Gerhardinger (GIUB) haben sich immer bemüht, die EDV-Infrasturktur am GIUB auf Vordermann zu halten und damit eine wichtige Grundlage für das Gelingen der EDV-lastigen Teile dieser Arbeit gelegt.

Die Arbeiten in Leissigen wurden durch folgenden Institutionen gefördert und unterstützt:
- Schweizerischer Nationalfonds
- Universität Bern
- Eidg. Forschungsanstalt für Wald, Schnee und Landschaft, Birmensdorf
- Einwohnergemeinde Leissigen
- Burgergemeinde Leissigen
- Schwellengemeinde Leissigen
- Privatpension Hänni, Leissigen
- Lotteriefonds des Kantons Bern
- Bundesamt für Wasserwirtschaft
- Landeshydrologie und -geologie
- Eidg. Forstdirektion
- Forstinspektion Oberland, Spiez
- Tiefbauamt des Kantons Bern (Wasserbau, Oberingenieur Oberland)

Der grösste Dank richtet sich aber an meine Eltern, die mir dieses Studium ermöglicht haben und an meine Freundin Serena Liener, die mich bei der Abfassung dieser Arbeit tatkräftig unterstützt hat und die mir auch in schwierigen Lagen den nötigen Rückhalt zu geben vermochte.

Köniz, im Dezember 1996   Christoph Hegg

INHALTSVERZEICHNIS

VORWORT UND DANK		5
INHALTSVERZEICHNIS		7
ZUSAMMENFASSUNG		11
1. **EINLEITUNG**		13
1.1	Einordnung der vorliegenden Arbeit	13
1.2	Gliederung der Arbeit	14
TEIL A		**17**
2 **GESAMTMODELL WILDBACH**		19
2.1	Berücksichtigung der räumlichen Variabilität der Prozesse	19
2.2	Berücksichtigung der Verschiedenartigkeit der Prozesse	22
2.3	Berücksichtigung der zeitlichen Variabilität der Prozesse	25
2.4	Grundstrukturen der Modelle für die fünf Prozesstypen	26
2.5	Unterteilung des Einzugsgebiets in homogene Einheiten	37
3 **DER FESTSTOFFHAUSHALT VON WILDBACH-EINZUGSGEBIETEN**		43
3.1	Feststoffaufbereitung	45
3.2	Gliederung der Prozesse der Feststoffverlagerung	45
	3.2.1 Feststoffmobilisierung und -verlagerung im Hang	46
	3.2.2 Feststoffmobilisierung und -verlagerung im Wildbachgerinne	50
3.3	Modelle für Prozesse des Feststoffhaushalts	52
	3.3.1 Modelle für Hangprozesse	53
	3.3.2 Modelle für Gerinneprozesse	57
	3.3.3 Hydrologisch-geomorphologische Modelle	60

4	**DAS VERFAHREN PROBLOAD**	**65**
4.1	Grenzen der Simulation des Geschiebetransports in Wildbächen	65
4.2	Wahrscheinlichkeitsfunktionen für Feststofffrachten	67
	4.2.1 Grundprinzip des Verfahrens PROBLOAD	67
5	**DAS TRAJEKTORIENMODELL VEKTORENBAUM**	**91**
5.1	Herkömmliche Trajektorienmodelle	91
	5.1.1 Das Modell 'TIN-CASCADING'	92
	5.1.2 Weitere Polygon-Kaskadierung Modelle	96
5.2	Das Trajektorienmodell 'Vektorenbaum'	98
	5.2.1 Grundprinzip des Modells 'Vektorenbaum'	99
	5.2.2 Berücksichtigung von seitlicher Ausbreitung	101

TEIL B   105

6	**ERFASSUNG VON FESTSTOFFVERLAGERUNGEN**	**107**
6.1	Das Testgebiet Erlenbach	108
6.2	Das Testgebiet Rotenbach	109
6.3	Testgebiete im nahen Ausland	111
	6.3.1 Lainbach (D)	111
	6.3.2 Bassin de Draix (F)	112
	6.3.3 Rio Cordon (I)	113
	6.3.4 Löhnersbach (A)	114
7	**DAS TESTGEBIET SPISSIBACH**	**115**
7.1	Erfassung der Eigenschaften	116
	7.1.1 Kartierungen	116
	7.1.2 Weitere Erhebungen	118
7.2	Beobachtung und Erfassung von Prozessen	120
	7.2.1 Das Grundmessnetz des Testgebiets Spissibach	121
	7.2.2 Prozessstudien in Kleinstgebieten	125
	7.2.3 Das Projektinformationssystem Leissigen	129
7.3	Ergebnisse der Prozessanalysen	130
	7.3.1 Analyse ausgewählter Hochwasser im Spissibach	130
	7.3.2 Ergebnisse der Prozessanalysen in Kleinstgebieten	133
7.4	Weiterentwicklungen der Messtechnik	134

Inhaltsverzeichnis

		7.4.1	Hydrophonmessungen	134
		7.4.2	Der Geschiebetracer LEGIC®	136
		7.4.3	Automatische Salzeinspeisung	137
		7.4.4	Atomatisches Schwebstoffprobeentnahmegerät ASPEG	138
		7.4.5	Vermessung des Spissibachdeltas	138

TEIL C   141

8 GEFAHRENHINWEISKARTEN FÜR FLIESSLAWINEN   143

- 8.1 Einleitung 143
  - 8.1.1 Rahmen der Arbeiten 143
  - 8.1.2 Modelle für gefährliche Prozesse 144
  - 8.1.3 Berechnen der Auslaufstrecken von Lawinen 146
- 8.2 Dispositionsmodell 148
  - 8.2.1 Bestimmen der Lawinenanrissgebiete 148
  - 8.2.2 Bestimmen der Parameter für die Auslaufberechnung 155
- 8.3 Trajektorienmodell 156
  - 8.3.1 Seitliche Abweichungen von der Fliessrichtung 157
  - 8.3.2 Verhalten in flachen Auslaufgebieten 158
  - 8.3.3 Auflaufen am Gegenhang 159
- 8.4 Reibungsmodell 161
  - 8.4.1 Bestimmen des Punktes P 162
  - 8.4.2 Bestimmen der Geschwindigkeit und Fliesshöhe im Punkt P 163
  - 8.4.3 Berechnen der Auslaufstrecke 165
- 8.5 Modellverifikation 166
- 8.6 Einsatzmöglichkeiten des Modells 169
  - 8.6.1 Vektorenkarte 169
  - 8.6.2 Karte der Prozessräume 170
  - 8.6.3 Gefahrenhinweiskarte Kanton Bern 173
  - 8.6.4 Ausscheiden der Waldflächen mit besonderer Schutzfunktion 173
- 8.7 Ausblick 175

TEIL D   177

9 SCHLUSSBEMERKUNGEN UND AUSBLICK   179

10 LITERATURVERZEICHNIS   185

ZUSAMMENFASSUNG

Die vorliegende Arbeit entstand in der Anfangsphase des längerfristig angelegten Projekts 'Wildbachsysteme - Projekt Leissigen', welches sich die folgenden Ziele gestellt hat:
- Aufbau eines Gesamtmodells Wildbach, das die zuverlässige Simulation der wichtigen in einem Wildbachsystem ablaufenden Prozesse erlaubt.
- Erarbeiten der dazu notwendigen Kenntnisse über die wichtigen Zusammenhänge und Prozesse in einem Wildbachsystem.
- Verbessern der Methodik zur Beurteilung der von Wildbächen ausgehenden Gefahren.

Die hier beschriebene Arbeit umfasst verschiedene Grundlagen, welche für das Gesamtprojekt erarbeitet wurden. Das Konzept für ein Gesamtmodell Wildbach zeigt eine mögliche Struktur auf, wie die grosse räumliche und zeitliche Variabilität sowie die Verschiedenartigkeit der ablaufenden Prozesse in einem Wildbacheinzugsgebiet berücksichtigt werden können. Die Grundlage dazu bilden bestehende Konzepte zur Simulation des Wasserhaushalts sowie ein Vorschlag für die modellorientierte Gliederung der Prozesse des Feststoffhaushalts.

Modelle basieren im wesentlichen auf Erkenntnissen, die im Feld erhoben werden. Möglichst lange und detaillierte Datenreihen sind zudem Voraussetzung für die Kalibrierung und Validierung eines Modells. Deshalb bildete der Aufbau des Wildbachtestgebiets im Spissibach bei Leissigen einen wesentlichen Bestandteil der Arbeit. Im Spissibach wurde ein Grundmessnetz zur Beobachtung der Wasser- und Feststoffflüsse im ganzen Einzugsgebiet sowie in ausgewählten Teileinzugsgebieten aufgebaut. Das Messnetz besteht aus zwei Klimastationen, drei Niederschlagssammlern und vier integrierten Abfluss- und Geschiebemessstellen, und wird ergänzt durch verschiedene Installationen zur Beobachtung einzelner Prozesse, wobei auch verschiedene neu entwickelte Messsysteme eingesetzt werden.

Das Schwergewicht der Arbeit lag aber auf zwei zentralen Bereichen des Feststoffhaushalts von Wildbacheinzugsgebieten:
- Der Simulation des Geschiebetransports in Wildbachgerinnen und
- Dem Bestimmen der Wege von Prozessen.

Der Feststofftransport in Wildbachgerinnen zeichnet sich durch eine sehr grosse Variabilität der Feststofftransportraten aus, welche oft nur zu einem kleinen Teil durch die Variabilität des Abflusses erklärt werden kann. Herkömmliche Verfahren zur Simulation des Feststofftransports gehen von einer direkten Beziehung zwischen

Abfluss und Feststofftransport aus, und sind deshalb für die Beschreibung der Verhältnisse in einem Wildbach wenig geeignet. Das Konzept PROBLOAD berücksichtigt diese grosse Variabilität und versucht die beim Geschiebetransport in Wildbachgerinnen beobachteten Besonderheiten theoretisch zu erklären. Dabei werden die Feststofftransportraten als Wahrscheinlichkeitsfunktionen betrachtet, welche aufgrund von Annahmen über die Verteilungsfunktionen für die bei der Erosion und bei der Ablagerung von Sohlenmaterial herrschenden Spannungen abgeleitet werden. Diese Funktionen werden in zukünftigen Arbeiten zu kalibrieren sein.

Das Verfahren 'Vektorenbaum' erlaubt die zuverlässige Bestimmung der Wege von Prozesse, die während ihrer Verlagerung in etwa der Falllinie folgen. Die möglichen Wege werden dabei durch Sequenzen von Vektoren gebildet, die parallel zur Falllinie oder mit einer individuell festlegbaren seitlichen Abweichung davon gezogen werden. Das Verfahren bewies seine grosse Zuverlässigkeit unter anderem auch bei Arbeiten zur Erstellung einer Gefahrenhinweiskarte für Fliesslawinen.

Mit diesen Ergebnissen bildet die vorliegende Arbeit eine gute Ausgangsbasis für zukünftige Arbeiten in der Wildbachforschung.

1 EINLEITUNG

1.1 EINORDNUNG DER VORLIEGENDEN ARBEIT

Die vorliegende Arbeit bildet Bestandteil des längerfristig angelegten Projektes 'Wildbachsysteme - Projekt Leissigen', das von den Gruppen für Geomorphologie und Hydrologie am Geographischen Institut der Universität Bern zu Beginn der 90er Jahre initiiert wurde. Das Projekt hat sich folgende langfristigen Ziele gesetzt:
- Aufbau eines Gesamtmodells Wildbach, das die zuverlässige Simulation der wichtigen in einem Wildbachsystem ablaufenden Prozesse erlaubt. Das Modell soll unter anderem in der Lage sein, den Einfluss von Veränderungen in wichtigen Steuerparametern (z.B. Klimaänderung) zu simulieren.
- Erarbeiten der dazu notwendigen Kenntnisse über die wichtigen Zusammenhänge und Prozesse in einem Wildbachsystem.
- Verbessern der Methodik zur Beurteilung der von Wildbächen ausgehenden Gefahren.

Während der Jahre 1992 bis 95 stand dieses Projekt im Zeichen des Nationalen Forschungsprogramms NFP 31 ' Klimaänderung und Naturkatastrophen', und bearbeitete dabei folgende Leitfrage:

> Wie reagieren hydrologische und geomorphologische Prozesse in Wildbachsystemen auf Umwelt- und Klimaveränderungen?

Im Vordergrund stand dabei die Beurteilung von möglichen Veränderungen, die sich in der Gefahr ergeben könnten, welche Wildbäche für menschliche Aktivitäten in Gebirgsräumen darstellen.

Der Forschungsgegenstand dieses Projektes ist ein äusserst vielschichtiges Phänomen, das in knappster Form etwa wie folgt definiert werden kann:

> **"Wildbäche sind oberirdische Gewässer mit zumindest streckenweise grossem Gefälle, rasch und stark wechselndem Abfluss und zeitweise hoher Feststoffführung."** (DIN 19663 S.3)

Aus dieser Definition geht hervor, dass hydrologische (Abfluss) und geomorphologische Prozesse (Feststoffführung) das Phänomen Wildbach bestimmen. Sie verbirgt aber, dass diese von zahlreichen Parametern gesteuert und von Prozessen beeinflusst werden, die nicht Teil der Hydrologie oder der Geomorphologie sind.

Wildbachprozesse verlaufen immer in der Nähe der Erdoberfläche, und sie sind somit durch alle Phänomene und Prozesse beeinflusst, die ebenfalls in diesem Bereich ablaufen, bzw. in ihn wirken. Wesentliche Aspekte davon werden durch die Geologie (i.bes. die Quartärgeologie), die Bodenkunde, die Biologie (i.bes. die Botanik) sowie durch die Klimatologie und Meteorologie bearbeitet.

Jede Forschungsanstrengung, die versucht, dem Phänomen Wildbach einigermassen gerecht zu werden, muss in Anbetracht dieser Vielschichtigkeit interdisziplinär angelegt sein. Sie kann auch nur im Team erfolgreich durchgeführt werden, da ein einzelner, oder eine einzelne, wohl kaum in der Lage ist alle wichtigen Aspekte auch nur einigermassen zu erfassen.

Entsprechend ist auch diese Arbeit als Teil eines grösseren Gesamten und nicht als umfassende Arbeit zum Thema Wildbach zu betrachten. Sie ist eingebettet zwischen zahlreichen Arbeiten, die schon abgeschlossen sind, die zur Zeit bearbeitet werden, oder die noch durchzuführen sind.

Das Schwergewicht der vorliegenden Arbeit lag in der Bearbeitung von Aspekten des Feststoffhaushalts von Wildbacheinzugsgebieten. Bei verschiedenen Aspekten, vor allem bei solchen, in denen Grundlagen für das Gesamtprojekt gelegt wurden, war aber eine Konzentration auf diesen Kernbereich wenig sinnvoll, und es wurden andere Bereiche einbezogen. Im Vordergrund standen dabei verschiedene Aspekte des Wasserhaushalts.

1.2 GLIEDERUNG DER ARBEIT

Das Projekt 'Wildbachsysteme - Projekt Leissigen' bearbeitet sowohl Aspekte der Grundlagen- aber auch der anwendungsorientierten Forschung. Entsprechend umfasst die vorliegende Arbeit nebst den drei jeder wissenschaftlichen Arbeit zugehörenden Teilen Theorie, Empirie und Diskussion, einen vierten umsetzungsorientierten Teil. Im einzelnen sieht die Gliederung der Arbeit wie folgt aus:
- Teil A: theoretische Grundlagen
  Diese Arbeit stand am Anfang des Projektes 'Wildbachsysteme - Projekt Leissigen'. Entsprechend hat der Theorieteil einen bedeutenden Umfang. Im Zentrum steht das Konzept für den Aufbau des Gesamtmodells Wildbach, das auf einer neuen Gliederung der Prozesse des Feststoffhaushalts sowie auf bestehenden Konzepten zur Simulation des Wasserhaushalts aufbaut.

1 Einleitung

Verschiedene Aspekte des Feststoffhaushaltes können mit den verfügbaren Ansätzen nur ungenügend erfasst werden. Für zwei Bereiche werden deshalb neue Konzepte vorgeschlagen und diskutiert:
- Das Verfahren PROBLOAD simuliert den Prozess der Feststoffverlagerung in Wildbachgerinnen als stochastisches Problem.
- Mit dem Verfahren 'Vektorenbaum' werden die Wege, welchen Hangprozesse bei ihrer Verlagerung folgen, auf eine neue, präzisere Weise bestimmt, als dies in herkömmlichen Verfahren der Fall ist.

- Teil B: Beobachtung und Erfassung von Prozessen in Wildbacheinzugsgebieten
Der empirische Teil dieser Arbeit bestand im Aufbau des wildbachkundlichen Testgebiets Spissbach bei Leissigen am Thunersee. Dazu gehören nebst Arbeiten zur Erfassung der Gebietseigenschaften und der Instrumentierung des Einzugsgebiets auch verschiedene Arbeiten zur Weiterentwicklung der Messmethodik. Viele der in diesem Teil beschriebenen Arbeiten wurden gemeinsam mit Studentinnen und Studenten durchgeführt, die im Rahmen des Projektes eine Diplom- oder Seminararbeit verfassten. Wesentliche Grundlage für den Aufbau des Testgebiets Spissbach bilden die Erfahrungen in verschiedenen europäischen Wildbachtestgebieten. Sie werden deshalb zu Beginn von Teil B kurz vorgestellt.

- Teil C: anwendungsorientierte Arbeiten
Das im Theorieteil beschriebene Verfahren Vektorenbaum wurde mit dem Modell von Salm et al. (1990) zur Bestimmung der Auslaufstrecken von Fliesslawinen zu einem Modell kombiniert, das überblicksmässig die rationelle Bestimmung der durch Fliesslawinen gefährdeten Gebiete für die aktuellen, aber auch für veränderte Umweltbedingungen erlaubt.

- Teil D: Synthese und Diskussion
Den Abschluss der Arbeit bildet eine Diskussion der bis jetzt vorliegenden Resultate und Konzepte und ihre Bewertung und Einordnung im Hinblick auf das erläuterte Gesamtziel des Projektes. Aus diesen Ausführungen ergeben sich zahlreiche offene Fragen und Forschungsansätze, welche ausführlich dargelegt werden.

Teil A

Wie in der Einleitung erläutert, ist es das Hauptziel des Projektes 'Wildbachsysteme - Projekt Leissigen' ein Gesamtmodell Wildbach aufzubauen, das die zuverlässige Simulation aller wichtigen Prozesse erlaubt. Dieses Modell bildet den Prüfstein für das Verständnis der Prozesse und Zusammenhänge in einem Wildbach. Denn nur, wenn es gelingt, mit dem aufzubauenden Gesamtmodell die in der Realität ablaufenden Prozesse zuverlässig nachzubilden, kann davon ausgegangen werden, dass die einzelnen Vorgänge richtig verstanden und interpretiert werden.

Das Verständnis der ablaufenden Prozesse beruht einerseits auf der Beobachtung und vor allem der Messung im Felde. Die dazu durchgeführten Arbeiten werden im Teil B erläutert. Andererseits müssen die im Feld gewonnenen Erfahrungen zu theoretischen Konzepten und Modellen umgesetzt werden, die Eingang in das Gesamtmodell Wildbach finden können. Teil A handelt von diesen Arbeiten.

In Kap. 2 wird das Konzept des Gesamtmodells Wildbach erläutert. Dieses Konzept bildet die Richtschnur für alle ausgeführten Arbeiten. Es beruht einerseits auf Modellvorstellungen über den Wasserhaushalt, wie sie z.B. im BROOK-Modell oder im TOPMODEL Eingang gefunden haben. Diese beiden Modelle wurden u.a. im Rahmen des NFP31 Projektes 'Sensitivität von Wildbachsystemen' eingesetzt (vgl. Kienholz et al., 1996).

Zur Simulation des Feststoffhaushalts eines Einzugsgebiet stehen keine so ausgeklügelten und erprobten Modelle zur Verfügung, wie dies beim Wasserhaushalt der Fall ist. Das Gesamtmodell Wildbach basiert in diesem Bereich deshalb vor allem auf der Gliederung der Prozesse der Feststoffverlagerung in einem Wildbacheinzugsgebiet, die in Kap. 3 vorgestellt wird. Im gleichen Kapitel werden bestehende Modelle für diese Prozesse erläutert.

Für einige Prozesse waren zu Beginn des Projekts keine Modellkonzepte verfügbar, oder es stellte sich heraus, dass bekannte Modelle den besonderen Bedingungen in Wildbacheinzugsgebieten nur ungenügend Rechnung tragen. Die Zahl der hier bestehenden Wissenslücken ist gross und übersteigt die Möglichkeiten eines Einzelnen bei weitem. Es mussten für diese Arbeit deshalb einzelne zentrale Punkte zur Bearbeitung ausgewählt werden.

Ein zentraler Punkt bei der Beurteilung jedes Wildbaches ist die Frage nach der Feststofffracht, die bei einem Hochwasser zum Schwemmkegel verlagert werden kann. Die bestehenden Formeln zur Berechnung von Transportkapazitäten in steilen

Gerinnen bekunden aber etwelche Schwierigkeiten, die Frachten zuverlässig zu bestimmen. Aus der Suche nach möglichen Ursachen für diese Unstimmigkeiten entstand ein neues Konzept zur Modellierung von Feststofffrachten in Wildbachgerinnen. Dieses sogenannte Verfahren PROBLOAD wird in Kap. 4 vorgestellt.

Die Analyse von abgelaufenen Wildbachereignissen zeigt, dass ein grosser Teil des zum Schwemmkegel verlagerten Materials während dem Ereignis in unmittelbarer Nähe des Gerinnes mobilisiert wird (Kienholz et al. 1990). Zwischen den Ereignissen erfolgen jedoch bedeutende Feststofflieferungen aus dem Hang ins Gerinne. Längerfristig ist es in vielen Wildbächen dieser Feststoffnachschub, der die weitere Entwicklung eines Einzugsgebiets entscheidend beeinflusst. Die Feststofflieferung erfolgt vor allem durch sogenannte Hangprozesse (vgl. Kap. 3.2.1). All diesen Prozessen ist gemeinsam, dass sie zwischen ihrem Ausgangspunkt und dem Ort wo sie ins Gerinne gelangen recht lange Strecken zurücklegen können. Je nachdem, wie diese Wege vom Ausgangspunkt ins Gerinne aussehen (Gefällsverhältnisse, Rauhigkeit) gelangt ein grösserer oder ein kleinerer Teil des mobilisierten Materials tatsächlich bis ins Gerinne. Es ist deshalb von entscheidender Bedeutung zu wissen, welchen Wegen Hangprozesse folgen, nachdem sie begonnen haben. Diesen Zweck erfüllt das Verfahren Vektorenbaum, das in Kap. 5 genauer beschrieben wird.

2 GESAMTMODELL WILDBACH

Das hier erläuterte Konzept für ein Gesamtmodell Wildbach beruht im Bereich Wasserhaushalt auf Modellvorstellungen, wie sie ins BROOK-Modell und ins TOPMODEL Eingang gefunden haben. Diese zwei Modelle sowie die ihnen zugrunde gelegten Konzepte der Wasserflüsse in einem Einzugsgebiet, wurden im Rahmen des NFP 31 Projekts 'Sensitivität von Wildbachsystemen' eingesetzt, und sind im Schlussbericht dieses Projektes (Kienholz et al. 1996) detailliert beschriben. Im Bereich Feststoffhaushalt fehlen ähnlich umfassende Modelle. Das Konzept für das Gesamtmodell Wildbach beruht in diesem Bereich deshalb weitgehend auf der Gliederung des Feststoffhaushaltes, die in Kap. 3 dargelegt wird.

Die Prozesse in einem Wildbacheinzugsgebiet unterliegen starken räumlichen wie zeitlichen Schwankungen. Das Konzept für ein Gesamtmodell Wildbach versucht, diese Tatsachen mit einer entsprechenden räumlichen Struktur und einem angepassten zeitlichen Ablauf der Simulation zu berücksichtigen. Die Basis des Modells bildet die räumliche Struktur, welche je nach der Variabilität der Eigenschaften eines Einzugsgebiets mehr oder weniger Teilsysteme unterscheidet (vgl. Kap. 2.1). Wie diese Teilsysteme ausgeschieden werden, ist in Kap. 2.5 erläutert. Darin laufen sehr verschiedenartige Prozesse ab, was eine Verwendung der gleichen Simulationstechniken für alle Prozesse verunmöglicht (vgl. Kap.2.2). Fünf verschiedene Prozesstypen bedingen Modelle mit unterschiedlichen Strukturen. Diese sind in Kapitel 2.4 detailliert beschrieben. Dazwischen ist in Kap. 2.3 dargestellt, wie die zeitlichen Variabilität der Aktivität der Prozesse berücksichtigt wird.

2.1 BERÜCKSICHTIGUNG DER RÄUMLICHEN VARIABILITÄT DER PROZESSE

Ausgangspunkt bildete der Entwurf für ein Prozess-System Wildbach von P. Mani, H. Kienholz und R. Weingartner (vgl. Weingartner und Kienholz, 1994). Es handelt sich dabei um ein zusammengefasstes Modell. In einem zusammengefassten Modell werden die Elemente (z.B. der Bodenkörper) durch mittlere Eigenschaften beschrieben, die für das ganze zu simulierende Gebiet verwendet werden. In Gebieten, wo die Eigenschaften von einem Standort zum nächsten stark ändern können, kann dieses Zusammenfassen grosse Fehler verursachen. Das Gesamtmodell Wildbach muss deshalb ein verteiltes Modell sein. Das heisst, die Hänge und Gerinne eines Einzugsgebiets müssen in einzelne, in sich homogene Einheiten unterteilt werden, für welche die in ihnen ablaufenden Prozesse sowie die Flüsse von einer Einheit zu einer anderen simuliert werden.

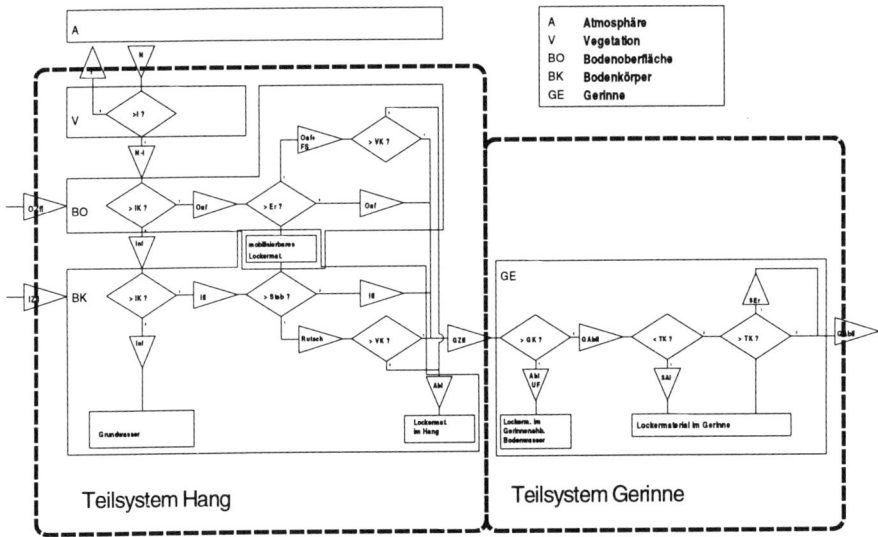

Flüsse		Regler	
N	Niederschlag	I	Interzeption
I	Interzeption	IK	Infiltrationskapazität
N-I	Niederschlag - Interzeption	Er	Erodierbarkeit
Inf	Infiltration	Stab	Stabilität des Lockermaterials
Oaf	Oberflächenabfluss	VK	Verlagerungskap. im Hang
Ifl	Interflow		(Hangneigung, Rauhigkeit)
Oaf+FS	Oberflächenabfluss mit Feststoff	GK	Gerinnekapazität
			(Durchflusskapazität)
	(Erosion durch Spülung)	TK	Transportkapazität im Gerinne
Rutsch	Rutschungsprozesse		
Abl	Ablagerung		
Gzfl	Gerinnezufluss aus der Fläche		
Abl UF	Ablagerung und Überflutung		
Gabfl	Abfluss im Gerinne		
SEr	Sohlenerosion		
SAl	Ablagerung im Gerinne (Auflandung)		

Fig. 1   Prozess-System Wildbach (nach Weingartner und Kienholz, 1994 ergänzt).

2 Gesamtmodell Wildbach 21

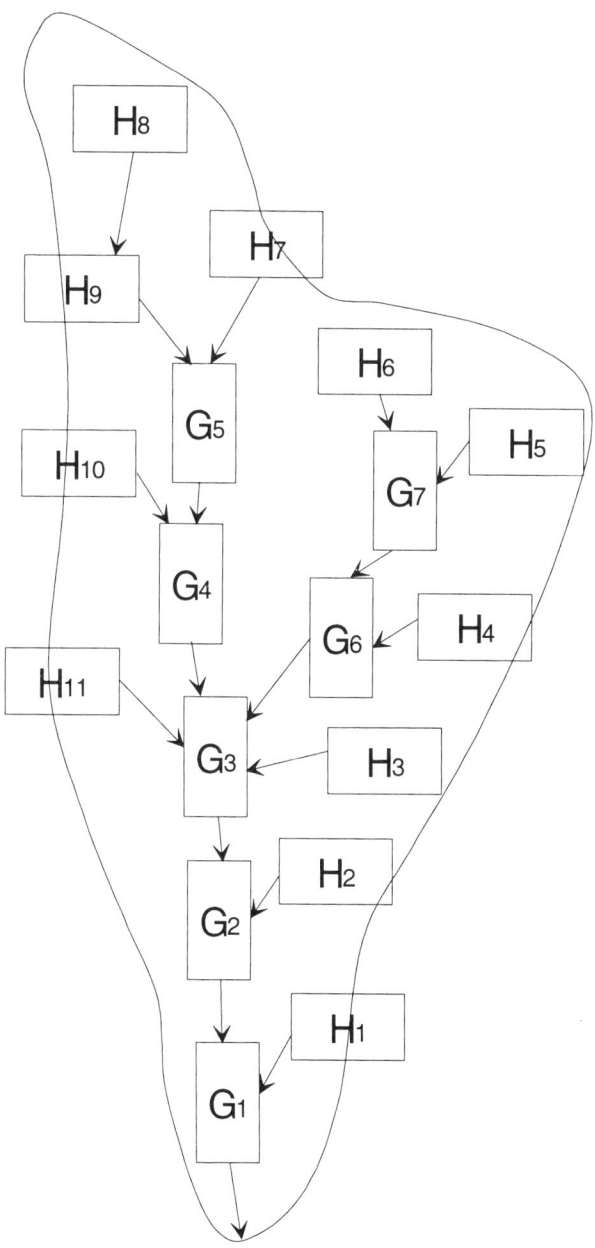

Fig. 2 Räumliche Struktur des Gesamtmodells Wildbach. Das Modell besteht aus Hang- (H_x) und Gerinnesystemen (G_y), die durch Materieflüsse miteinander verbunden sind.

In Fig. 1 ist der erwähnte Entwurf für ein Prozess-System Wildbach abgebildet. Zusätzlich zu den in Weingartner und Kienholz (1994) ausgeschiedenen fünf Elementen Atmosphäre, Vegetation, Bodenoberfläche, Bodenkörper und Gerinne werden zwei übergeordnete Teilsysteme definiert, welche die Elemente nach der Art der dominanten Prozesse gliedern (vgl. Kap. 3). Das Teilsystem Hang fasst diejenigen Elemente zusammen, in denen Hangprozesse vorherrschen. Im Teilsystem Gerinne stehen dementsprechend die Gerinneprozesse im Zentrum. Ein ganzes Wildbacheinzugsgebiet kann in einem verteilten Modell mit vielen derartigen Teilsystemen abgebildet werden. Die einzelnen Teilsysteme sind dabei durch Stoffflüsse (Wasser- und Feststoffflüsse) miteinander verknüpft, wie dies in Fig. 2 dargestellt ist. Dieses Konzept eines Wildbacheinzugsgebiets mit zahlreichen, durch Materieflüsse miteinander verbundenen Hang- und Gerinnesystemen bildet die Grundstruktur des Gesamtmodells Wildbach.

Jedes Teilsystem Hang bzw. Gerinne bildet im Modell einen Hang oder einen Gerinneabschnitt ab, der in Bezug auf das oberflächennahe Prozessgefüge als homogen betrachtet werden kann. Unter dem Begriff oberflächennahes Prozessgefüge wird im folgenden das Zusammenspiel aller hydrologischen und geomorphologischen Prozesse an einem bestimmten Ort zusammengefasst. Die steuernden Parameter (v.a. Hangneigung, Exposition, Rauhigkeit, Vegetation, Boden, geologischer Untergrund) sollten innerhalb eines Teilsystems nur in relativ engen Grenzen schwanken, so dass bei der Simulation für ein Hang- bzw. Gerinnesystem je ein Parametersatz verwendet werden kann, ohne dass dadurch grosse Fehler entstehen. Die grundsätzliche Vorgehensweise und einige Beispiele für die Abgrenzung von homogenen Hängen und Gerinneabschnitten sind in Kap. 2.5 beschrieben.

2.2 BERÜCKSICHTIGUNG DER VERSCHIEDENARTIGKEIT DER PROZESSE

In jedem Hang- oder Gerinnesystem laufen Prozesse mit sehr unterschiedlichen räumlichen und zeitlichen Dimensionen ab. In einem Hangsystem bildet z.B. das Ablösen eines einzelnen Steins mit anschliessender Verlagerung als Sturzprozess das eine Ende der Skala. Dieses Ereignis ist zeitlich eng begrenzt, aber räumlich kann es erhebliche Auswirkungen auf Gebiete haben, die weitab vom Ausgangsort liegen. Am anderen Ende liegt ein Talzuschub, der über sehr lange Zeiträume immer in Bewegung sein kann, dessen Ablösungs- und Ablagerungsgebiet räumlich praktisch zusammenliegen und der, abgesehen von Sekundärprozessen, praktisch keine Fernwirkung hat.

Derart verschiedenartige Prozesse können nicht nach denselben Grundsätzen modelliert werden. Deshalb werden alle Prozesse, die in einem Einzugsgebiet ablaufen, aufgrund ihrer zeitlichen und räumlichen Auswirkungen klassiert und mit einem Modell simuliert, das eine ihnen angepasste Struktur aufweist. Für die Klassierung werden die folgenden Kriterien verwendet:

Klassierung aufgrund der räumlichen Dimension
Bei der Klassierung aufgrund der räumlichen Dimension wird zwischen Prozessen unterschieden, die eine erhebliche Fernwirkung haben, und solchen, die dies nicht haben:
- Prozesse ohne Fernwirkung werden als **in situ Prozesse** bezeichnet. Bei ihnen liegen Ablöse- und Ablagerungsgebiet räumlich sehr nahe beisammen, oder sind überhaupt nicht trennbar. Typische Vertreter der in situ Prozesse sind langsame tiefgründige Hangbewegungen, wie z.B. ein Talzuschub. In situ Prozesse treten grundsätzlich überall auf, wo die Schwerkraft aufgrund der Hangneigung eine hangparallele Beschleunigung bewirkt. Allerdings sind die resultierenden Verlagerungsbeträge z.T. so klein, dass sie nicht feststellbar sind.
Eine weitere Unterteilung in modelltechnisch unterschiedlich zu behandelnde in situ Prozesse ist ebenso wie die Unterscheidung zwischen Prozessen in einem Hang- oder Gerinnesystem nicht nötig. Die in situ Prozesse bilden deshalb als ganzes einen Prozesstyp.
- Prozesse mit Fernwirkung werden als **ex situ Prozesse** bezeichnet. Sie weisen ein definiertes Ablöse- und Ablagerungsgebiet auf, und der Prozess legt dazwischen eine mehr oder weniger grosse Distanz zurück. Zu dieser Gruppe zählen Prozesse wie der Steinschlag oder Murgang. Ebenfalls zu den ex situ Prozessen werden alle hydrologischen Prozesse gezählt, da sie von allen Prozessen in einem Einzugsgebiet die grösste Fernwirkung aufweisen.
Nicht als Teil des Gesamtmodells Wildbach betrachtet werden die ganz grossen ex situ Prozesse, welche die Topographie eines Einzugsgebiets nachhaltig verändern können, wie z.B. Bergstürze.
Die Gruppe der ex situ Prozesse umfasst Prozesse von sehr unterschiedlicher Dauer, weshalb eine weitere Gliederung aufgrund der zeitlichen Dimension nötig ist.

Klassierung aufgrund der zeitlichen Dimension
Die Klassierung aufgrund der zeitlichen Dimension unterscheidet zwischen brüsken und graduellen Prozessen.
- Prozesse, für die der Bewegungsbeginn und das Ende klar festgelegt werden kann, werden als **brüske Prozesse** bezeichnet. Sie sind in der Regel von relativ kurzer Dauer, und verändern sich in ihrer Intensität während des Ablaufes verhältnismässig wenig. Typische Beispiele für brüske Prozesse sind alle Sturzprozesse oder ein Murgang in einem Gerinne.
- Die zweite Gruppe bilden die **graduellen Prozesse**. Sie umfasst einerseits alle Prozesse, die immer ablaufen, und die demzufolge keinen Anfang und kein Ende haben. Sie umfasst aber auch all diejenigen Prozesse, die wohl einen Anfang und

ein Ende haben, deren Intensität sich aber im Verlaufe eines Ereignisses sehr stark verändern kann, wobei diese Änderungen in der Regel graduell und nicht sprunghaft verlaufen. Dazu gehören alle Prozesse des Wasserkreislaufes, mit Ausnahme von Extremabflüssen, wie sie durch einen Dammbruch hervorgerufen werden. Ebenfalls zu den graduellen Prozessen werden diejenigen geomorphologische Prozesse gezählt, die wesentlich vom fliessenden Wasser gesteuert werden (z.B. der Geschiebetransport).

Bei der Simulation kann oft davon ausgegangen werden, dass brüske Prozesse nur einen Zeitschritt lang dauern. Änderungen in der Intensität können demzufolge nicht oder nur schwer berücksichtigt werden. Graduelle Prozesse dagegen dauern über mehrere Zeitschritte an, und Änderungen der Intensität von einem Zeitschritt zum nächsten werden berücksichtigt.

Verschiedene brüske und graduelle Prozesse treten sowohl im Hang als auch im Gerinne auf. Obwohl sie dabei grundsätzlich den gleichen Gesetzmässigkeiten folgen, besteht ein grosser Unterschied: Prozesse im Gerinne laufen normalerweise in einem relativ eng begrenzten Bett ab, während ein Hang (fast) unbegrenzt breit ist. Bei der Simulation in einem Gerinne muss deshalb zusätzlich der Aspekt des Verlassens des Gerinnebettes berücksichtigt werden. Sowohl bei den graduellen als auch bei den brüsken ex situ Prozessen wird deshalb zwischen Gerinne- und Hangprozessen unterschieden.

Insgesamt können somit die folgenden fünf Prozesstypen unterschieden werden, die mit Modellen von unterschiedlicher Struktur zu simulieren sind. Zur Erläuterung ist bei jedem Prozesstyp angegeben, wie die in Kap. 3 erläuterten Prozesse den verschiedenen Typen zuzuordnen sind:

- **in situ Prozesse**
  Kriechen
  In situ Prozesse sind immer graduelle Prozesse. Sie treten sowohl im Hang wie im Gerinne auf.
- **graduelle Hangprozesse**
  Prozesse des Wasserhaushalts im Hang, Erosion und Transport durch Wasser.
  Graduelle Hangprozesse sind immer ex situ Prozesse
- **brüske Hangprozesse**
  Ablösen, Kippen/Ausbeulen, Abscheren, Gleiten, Fliessen, Stürzen, Erosion und Transport durch Lawinen und andere Hangprozesse
  Brüske Hangprozesse sind immer ex situ Prozesse
- **graduelle Gerinneprozesse**
  Abfluss von Wasser und Feststoffverlagerungen im Gerinne, Mobilisierung einzelner Komponenten, Schwebstofftransport, Geschiebetransport
  Graduelle Gerinneprozesse sind immer ex situ Prozesse

- **brüske Gerinneprozesse**
  Mobilisierung grösserer Kompartimente, Murgang
  Brüske Gerinneprozesse sind immer ex situ Prozesse

2.3 BERÜCKSICHTIGUNG DER ZEITLICHEN VARIABILITÄT DER PROZESSE

Diese fünf Prozessgruppen fassen je Prozesse zusammen, die in ähnlichen Zeiträumen auf Veränderungen der steuernden Parameter reagieren. Zwischen den Prozessgruppen bestehen aber sehr grosse Unterschiede. Auf der einen Seite stehen die vier Prozessgruppen, die ex situ Prozesse umfassen. Diese reagieren alle mehr oder weniger unmittelbar auf Ereignisse, wie z.B. einen Starkregen, oder das Auftauen des Bodens. Die in situ Prozesse dagegen zeigen immer eine mehr oder weniger grosse Verzögerung in ihrer Reaktion. So hängt die Geschwindigkeit eines Talzuschubes typischerweise vom gesamten Niederschlag ab, der in den letzten Wochen bis Monaten gefallen ist, und nicht von einem einzelnen Starkregen.

Aufgrund dieser Verschiedenartigkeit der Reaktionsweise der Prozesse mit der Zeit erscheint es notwendig, das Gesamtmodell Wildbach aus zwei Teilmodellen aufzubauen, wenn Perioden simuliert werden sollen, die länger als einige Tage dauern. Das eine Teilmodell arbeitet mit einem Zeitschritt von Stunden bis Tagen und umfasst die Simulation der in situ Prozesse inklusive Verwitterung. Auf dieses Teilmodell kann bei kurzen Simulationsperioden verzichtet werden. Das andere Teilmodell simuliert die ex situ Prozesse und arbeitet mit einem Zeitschritt von einigen Minuten. Die ex situ Prozesse sind in jedem Modell für ein Wildbachsystem zu berücksichtigen.

Im nachfolgenden Kapitel werden die Grundstrukturen der Modelle beschrieben, mit welchen die fünf Prozesstypen simuliert werden sollen. Alle Grundstrukturen umfassen mehrere Modelle, die einen einzelnen Prozess beschreiben. Für verschiedene Prozesse bestehen Modelle, die ins Gesamtmodell Wildbach integriert werden können. So können zum Beispiel die meisten Prozesse des Wasserhaushaltes mit dem TOPMODEL simuliert werden (vgl. Kienholz et al. 1996). Für andere Prozesse bestehen erst Modellkonzepte, oder Ideenskizzen, wie die Prozesse in Modelle beschrieben werden könnten. Ein Beispiel dazu ist das in Kap. 4 beschriebene Verfahren PROBLOAD.

2.4 GRUNDSTRUKTUREN DER MODELLE FÜR DIE FÜNF PROZESSTYPEN

Allgemeine Erläuterungen
Die Beschreibungen der Grundstrukturen der Modelle zur Simulation der fünf Prozesstypen bestehen je aus einem Diagramm und einem erläuternden Text. In den nachfolgenden Diagrammen sind alle Stoff- und Informationsflüsse mit Dreiecken und alle Regler mit auf der Spitze stehenden Quadraten dargestellt. Speicher sind mit einer feinen Linie umrandet. Dort wo die Grenze zwischen zwei Speichern nicht genau festgelegt ist, oder wo sie sich im Verlaufe der Zeit verschieben kann, ist die Grenze gestrichelt gezeichnet. Wasserflüsse sind mit einer ausgezogenen, Feststoffflüsse mit einer gestrichelten Linie dargestellt. Punktiert sind Informationsflüsse von einem Prozess zu einem Regler gezeichnet. (vgl. Fig. 3).

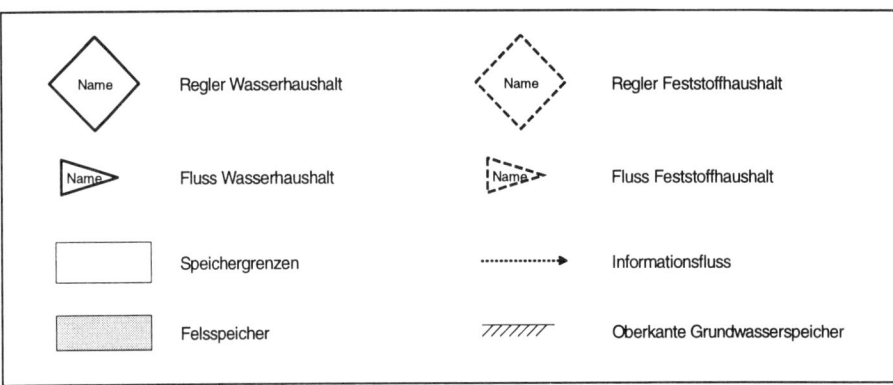

Fig. 3   Legende der Diagramme in Fig. 4 bis Fig. 9

Speicher werden zugleich als Informationsträger betrachtet. D.h. sie enthalten alle Informationen, welche die Eigenschaften des Speichers beschreiben. So weist der Speicher Bodenkörper z.B. Informationen zur Durchlässigkeit, zur Durchwurzelung, oder zur Korngrössenzusammensetzung auf. Regler fällen Entscheide aufgrund der Informationen der Speicher, mit denen sie in den Diagrammen überlappen. So werden z.B. beim Entscheid darüber, wie viel Wasser in den Boden infiltrieren kann (vgl. Fig. 5), sowohl Informationen über die Bodenoberfläche (z.B. Versiegelung infolge Splash-Erosion) als auch zum Bodenkörper (z.B. Durchlässigkeit der obersten Bodenschichten) berücksichtigt. Dort, wo ein Regler nicht nur aufgrund von Speichereigenschaften sondern auch anhand von Informationen über einen ablaufenden Prozess entscheidet, ist dies explizit als Informationsfluss dargestellt: z.B. bei der Berechnung der Erosionswahrscheinlichkeit in einem Gerinne, wo der Abfluss im Gerinne eine entscheidende Rolle spielt (vgl. Fig. 7). Die übrigen Informationen, die von einem Regler berücksichtigt werden, sind nicht in der Grafik dargestellt.

Diejenigen Eigenschaften eines Speichers, die für einen Regler von grosser Bedeutung sind, werden in den erläuternden Texten aufgeführt.

Stoffflüsse können die Eigenschaften des Speichers verändern, den sie durchqueren. So beeinflusst z.B. die Infiltration von Wasser den Wassergehalt des Bodens, oder die Erosion von Material verringert das Angebot an erodierbarem Lockermaterial. Stoffflüsse brauchen für die Durchquerung eines Speichers eine bestimmte Zeit. Die Geschwindigkeit eines Flusses und damit die Zeit, die er zur Durchquerung eines Speichers braucht, ist abhängig vom Prozess und von den Eigenschaften des durchquerten Speichers. Zur Entlastung der Grafiken sind die Regler, welche die Geschwindigkeit eines Flusses steuern, nicht dargestellt. Grundsätzlich können alle Flüsse, die durch einen Speicher hindurch führen, als aus einem Stofffluss und einem die Geschwindigkeit beeinflussenden Regler aufgebaut betrachtet werden. So besteht z.B. der unterirdische Abfluss von Wasser aus dem effektiven Wasserfluss, sowie einem Regler, der die Geschwindigkeit dieses Flusses aufgrund der Eigenschaften des Bodenkörpers bestimmt.

In situ Prozesse
Die in situ Prozesse finden vollständig im Innern des Boden- bzw. Felskörpers statt. Die entsprechende Grundstruktur der Modelle weist deshalb nur diese beiden Speicher auf. In situ Prozesse können grundsätzlich fast überall auftreten. Es stellt sich vor allem die Frage nach der Intensität der Prozesse und nicht, ob sie überhaupt auftreten. Die Intensität wird mit dem Regler **Stabilität** beurteilt. Sie hängt von den geotechnischen Eigenschaften des Materials, vom Wassergehalt, von der Neigung der Bewegungsfläche (oft aber nicht immer gleich der Hangneigung), sowie, bei flachgründigen Bewegungen, von der Durchwurzelung ab.

Die generell sehr langsamen in situ Prozesse führen bei der Modellierung zu einer mehr oder weniger stetigen Veränderungen der Parameter, welche die übrigen Prozesse steuern. So kann z.B. ein Talzuschub über die Jahre lokal zu einer Destabilisierung im oberflächennahen Bereich, oder zu einer Veränderung des Querprofils eines Gerinnes führen. Auf eine ähnliche Weise wirkt die Verwitterung und verändert das Volumen und die Eigenschaften des mobilisierbaren Materials. Sie wird deshalb ebenfalls zu den in situ Prozessen gezählt.

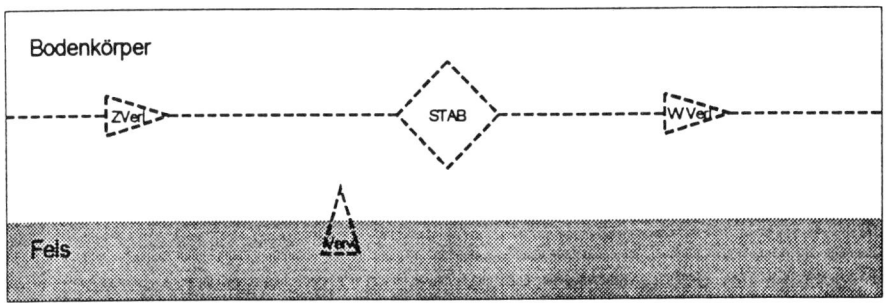

Legende:			
STAB	Stabilität	WVerl	Wegverlagerung von Material
Verw	Verwitterung	Zverl	Zuverlagerung von Material

Fig. 4   In situ Prozesse im Hang

Graduelle Hangprozesse
Bei den graduellen Hangprozessen können fünf Speicher unterschieden werden:
- Vegetation
  Die Vegetation hat auf sehr viele verschiedene Arten Einfluss auf graduelle Hangprozesse, und wird dementsprechend im Modell an verschiedenen Orten berücksichtigt. Die unterirdischen Teile der Vegetation (v.a. die Durchwurzelungsdichte) werden als eine Eigenschaft des Bodenkörpers bzw. der Bodenoberfläche berücksichtigt. Die Vegetation als Element der Oberflächenrauhigkeit wird als Eigenschaft der Bodenoberfläche betrachtet.
  Im Speicher Vegetation wird nur der Einfluss der oberirdischen Teile der Vegetation auf den Fluss von Niederschlagswasser zur Bodenoberfläche mit dem Regler **Interzeption** berücksichtigt. Dieser Regler ist in Fig. 1 dargestellt. Um Fig. 5 zu entlasten wird er in dieser Abbildung weggelassen.
- Bodenoberfläche
  Die wichtigsten graduellen Hangprozesse laufen an der Bodenoberfläche ab.
  Die **Infiltrationskapazität** entscheidet darüber, ob das durch Niederschlag oder Oberflächenzufluss auf eine Fläche gelangte Wasser in den Boden infiltrieren kann oder oberflächlich abfliesst. Dabei spielen vor allem die Durchlässigkeit des Bodenkörpers und der Bodenoberfläche sowie der Wassergehalt des Bodenkörpers eine grosse Rolle. Bei grossen Hangneigungen ist auch diese zu berücksichtigen, da der Widerstand, der sich dem oberflächlich abfliessenden Wasser entgegenstellt, geringer werden kann, als jener, der die Infiltration beeinflusst.

2 Gesamtmodell Wildbach

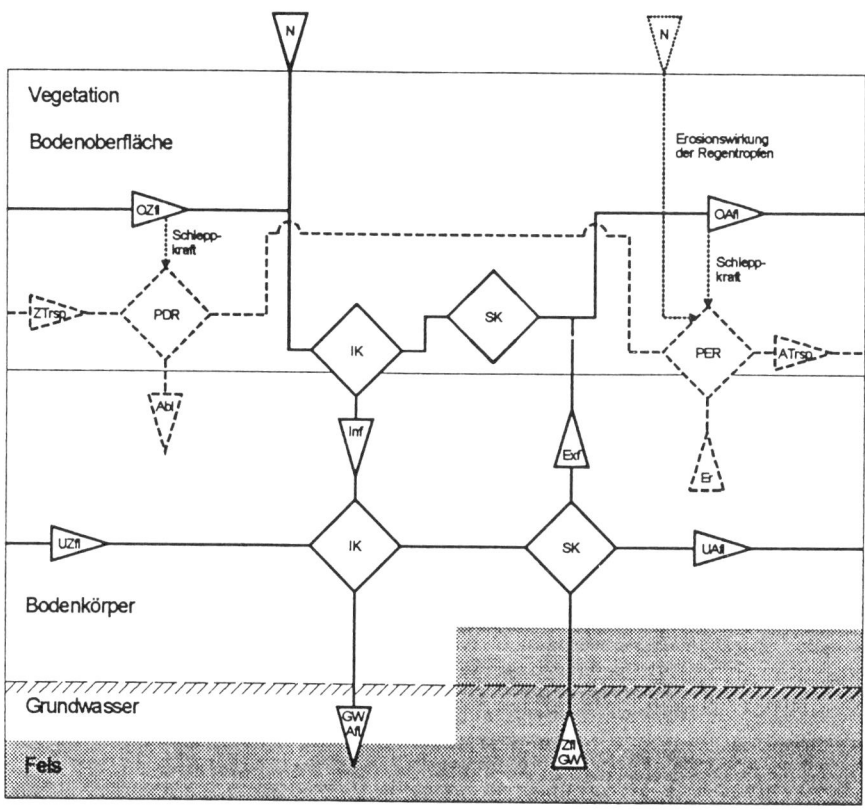

Legende:
Abl	Ablagerung von Material	OZfl	Oberflächenzufluss von Wasser
Atrsp	Abtransport von Material	PDR	wahrscheinliche Ablagerungsrate
Er	Erosion von Material	PER	wahrscheinliche Erosionsrate
Exf	Exfiltration	SK	Speicherkapazität
GWAfl	Abfluss ins Grundwasser	Uafl	unterirdischer Abfluss von Wasser
IK	Infiltrationskapazität	UZfl	unterirdischer Zufluss von Wasser
Inf	Infiltration	ZflGW	Zufluss aus dem Grundwasser
N	Niederschlag	ZTrsp	Zutransport von Material
OAfl	Oberflächenabfluss von Wasser		

Fig. 5   graduelle Hangprozesse

Der Regler **Speicherkapazität** der Bodenoberfläche entscheidet darüber, ob ein Teil des oberflächlich abfliessenden Wassers im Muldenspeicher zurückgehalten werden kann, oder ob der Speicher überläuft und zusätzlich Wasser zum Abfluss kommt. Dabei spielen vor allem das Mikrorelief und die Hangneigung eine Rolle.

Der Regler **wahrscheinliche Ablagerungsrate PDR** (vgl. Kap. 4) kommt nur dann zum Tragen, wenn Feststoffe aus einer vorangehenden Fläche zugeführt werden. Aufgrund der Menge und Geschwindigkeit des Oberflächenabflusses, der Hangneigung und der Oberflächenrauhigkeit sowie der Korngrösse des zutransportierten Materials wird entschieden, mit welcher Wahrscheinlichkeit transportiertes Material abgelagert wird. Da Wasser und Material, das einer Fläche von oben zugeführt wird, schon eine gewisse Strecke zurückgelegt hat, kann davon ausgegangen werden, dass der Zufluss konzentriert entlang von mehr oder weniger ausgeprägten Tiefenlinien erfolgt. Der Transport von Material im Hang folgt deshalb ähnlichen Gesetzmässigkeiten, wie der Transport in Gerinnen.

Beim Bestimmen der **wahrscheinlichen Erosionsrate PER** (vgl. Kap. 4) ist zwischen der Erosion durch die auftreffenden Regentropfen und der Erosion durch das fliessende Wasser zu unterscheiden. Bei letzterem kann zudem zwischen flächenhaftem Abfluss und solchem in Tiefenlinien oder Rillen unterschieden werden. Bei der Erosion durch Regentropfen spielen vor allem die Bodenbedeckung, der Niederschlag und die Eigenschaften des Substrats eine Rolle. Diese Erosionsform kann wie der flächenhafte Abfluss grundsätzlich auf der ganzen Fläche auftreten. Der flächenhafte Abfluss wird durch den oberflächlich abfliessenden Anteil des auf die betrachtete Fläche treffenden Niederschlags und die Bodeneigenschaften gesteuert. Die Erosion in Tiefenlinien betrifft meist nur einen Ausschnitt eines Hanges. Sie wird entscheidend vom Oberflächenzufluss aus anderen Flächen gesteuert, da dieser meist entlang von Tiefenlinien erfolgt. Weiter spielen die Hangneigung, die Rauhigkeit und vor allem die Eigenschaften des Substrats eine Rolle.

- Bodenkörper
Von den im Bodenkörper ablaufenden Prozessen ist vor allem unterirdischer Abfluss von Bedeutung. Die unterirdische Erosion und Verlagerung von Feststoffen kann in den meisten Fällen vernachlässigt werden. Die Eigenschaften des Bodenkörpers beeinflussen aber die oberflächlichen Massenverlagerungen.

Die **Infiltrationskapazität** entscheidet aufgrund der Durchlässigkeit darüber, ob Wasser in tiefere Bodenschichten, letztendlich bis ins Grundwasser infiltrieren kann oder nicht. Das Wasser kann dabei an der Oberfläche infiltriert oder aus einem obenliegenden Hang unterirdisch zugeflossen sein. Wenn der Boden aus mehreren Horizonten aufgebaut ist und diese Horizonte unterschiedliche Durchlässigkeiten aufweisen, muss die Infiltrationskapazität für jede Bodenschicht separat analysiert werden. Ebenso kann der unterirdische Zu- und Abfluss auf mehreren Niveaus erfolgen. Um die Abbildung aber nicht zu überlasten, wurde nur ein Niveau dargestellt. Die Durchlässigkeit einer Bodenschicht hängt einerseits von der Durchlässigkeit der Matrix, aber vor allem auch von evtl. vorhandenen Makroporen ab (vgl. z.B. Germann und Beven 1985).

Ist der Boden oder ein Niveau des Bodens mit Wasser gesättigt, und kann das Wasser nicht vollständig unterirdisch abfliessen, kommt es zur Exfiltration in die nächsthöhere Bodenschicht und letztendlich zu Quellaustritten an der Oberfläche.

Aus darstellerischen Gründen ist wiederum nur ein Niveau gezeichnet. Ob es zu Exfiltrationen bzw. Quellaustritten kommt, wird mit dem Regler **Speicherkapazität** beurteilt. Dieser Regler kommt nur dann zum Tragen, wenn eine Bodenschicht gesättigt ist, und der unterirdische Zufluss grösser ist, als die Infiltrationskapazität in tiefere Bodenschichten und der maximal mögliche unterirdische Abfluss. Eine Infiltration von der Oberfläche her in die betrachtete Bodenschicht findet nicht mehr statt. Dieser Fall tritt insbesondere dann auf, wenn das Volumen des gut durchlässigen Bodenkörpers deutlich verkleinert wird, z.B. wegen einer nahe an die Oberfläche reichenden Felsschwelle.
- Grundwasser und Fels
Die beiden Speicher Grundwasser und Fels bilden einen mehr oder weniger grossen Teil des Bodenkörpers. Je nach Art des Hanges können sie den ganzen Bodenkörper einnehmen oder erst in so grosser Tiefe auftreten, dass sie bei vielen Fragen vernachlässigt werden können. Sie haben grundsätzlich die gleichen Funktionen wie der Speicher Bodenkörper. Aus darstellerischen Gründen wurde aber darauf verzichtet, die entsprechenden Regler und Flüsse im Diagramm einzutragen.

Brüske Hangprozesse
Jeder brüske Hangprozess folgt eigenen Gesetzen. Für Steinschlag, einen Murgang, eine Rutschung oder für den Transport in einer Lawine oder durch Gleitschnee können nicht die gleichen Modelle verwendet werden. Die Abläufe und die Parameter sind jedoch grundsätzlich ähnlich.

Wie in Kap. 2.2 erwähnt, sind alle brüsken Hangprozesse mit einer Verlagerung von Feststoffen verbunden. Da die Vegetation und Grundwasser nur Wasser- und keine Feststoffspeicher sind, werden sie in Fig. 6 als Eigenschaften der Bodenoberfläche bzw. des Bodenkörpers und nicht als eigenständige Speicher betrachtet. Dementsprechend werden nur die folgenden drei Speicher betrachtet:
- Bodenoberfläche
Jeder brüske Hangprozess bewegt sich auf der Hangoberfläche. Die **wahrscheinliche Ablagerungsrate PDR** beschreibt, mit welcher Wahrscheinlichkeit ein Prozess Feststoffe ablagert. Sie hängt von der Neigung und Rauhigkeit der Oberfläche ab, auf der sich der Prozess bewegt sowie vom bewegten Material. Je grösser die wahrscheinliche Ablagerungsrate, desto grösser sind die Ablagerungen. Steigt die Ablagerungsrate, z.B. bei einem Gefällsknick, plötzlich sehr stark an, wird das bewegte Material vollständig abgelagert und der Prozess kommt zum Stillstand. Bei der Rauhigkeit der Oberfläche spielt die Art der Vegetation eine grosse Rolle.
Der Regler **wahrscheinliche Erosionsrate PER** beschreibt die Erosion durch einen Hangprozess. Er bestimmt die Wahrscheinlichkeit, mit der ein Prozess zusätzlich Material aus dem Untergrund mobilisieren kann. Die wahrscheinliche Erosionsrate hängt vor allem von den Eigenschaften des Bodenkörpers ab.

Daneben spielen aber auch die Hangneigung, die Rauhigkeit und das bewegte Volumen eine Rolle.
Die genaue Funktion der Regler wahrscheinliche Erosions- und Ablagerungsrate ist in Kap. 4 erläutert.

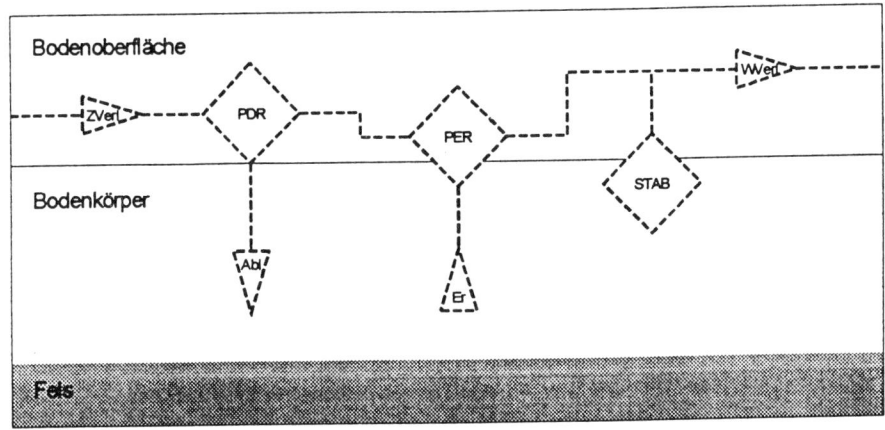

Legende:			
Abl	Ablagerung	STAB	Stabilität
Er	Erosion	WVerl	Wegverlagerung von Material
PDR	wahrscheinliche Ablagerungsrate	Zverl	Zuverlagerung von Material
PER	wahrscheinliche Erosionsrate		

Fig. 6   Brüske Hangprozesse

- Bodenkörper
Ob es zu einer Verlagerung von Material durch einen brüsken Prozess im Hang kommt, entscheidet sich im Bodenkörper. Die **Stabilität** eines Hangausschnittes entscheidet darüber, ob sich einzelne Komponenten oder ein grösseres Kompartiment aus seinem bisherigen Verband loslöst und ob damit ein Hangprozess seinen Anfang nimmt. Dabei sind nebst der Hangneigung vor allem die geotechnischen Eigenschaften des Boden- bzw. Felskörpers, sowie die Festigkeit einer eventuellen Durchwurzelung von Bedeutung.
Wann sich ein brüsker Hangprozess löst, wird oft entscheidend durch den Wassergehalt beeinflusst. Da sich dieser im Verlaufe der Zeit rasch und stark ändern kann, wird er bei der Simulation der graduellen Hangprozesse bestimmt, und dann an die Simulationsmodelle der brüsken Hangprozesse übergeben.
Eine Ausnahme bildet die Loslösung von Gleitschnee und Lawinen. Hier befindet sich der Regler Stabilität natürlich nicht innerhalb des Bodenkörpers, sondern in der Schneedecke. Dieser Spezialfall ist in Fig. 6 nicht berücksichtigt.

- Fels
  Auch hier kann der Fels als Spezialform des Speichers Bodenkörper betrachtet werden. Der Fels kann direkt an der Oberfläche anstehen oder aber von so grossen Lockermaterialmengen überdeckt sein, dass er für viele Fragen ignoriert werden kann. Ist er nahe der Oberfläche, kann eine Instabilität im Fels zur Auslösung eines brüsken Hangprozesses führen (Regler Stabilität). Der Fels ist gegen die Erosion durch einen Verlagerungsprozess an der Oberfläche weitgehend resistent. Der Regler PER kann deshalb vernachlässigt werden, wenn der Fels an der Oberfläche ansteht. Hingegen kann es auf sehr rauhen Felsflächen zu Ablagerungen kommen. Der Regler PDR muss deshalb auch dann berücksichtigt werden, wenn der Fels bis an die Oberfläche reicht.

Graduelle Gerinneprozesse
Gerinne sind wegen der grossen und häufigen Aktivität von Erosions- und Transportvorgängen in der Regel vegetationslos. Der Niederschlag trifft also ohne Interzeptionsverluste direkt ins Gerinnebett. Eine eventuelle Bestockung der Böschungen hat kein grosses Speichervolumen und kann als Speicher ignoriert werden. Die Vegetation wird deshalb als Eigenschaft des Gerinnebetts und nicht als eigenständiger Speicher behandelt.

Der im folgenden als 'gerinnenahe Hangoberfläche' bezeichnete Speicher hat eine Doppelfunktion. Solange die Gerinneprozesse nicht aus ihrem Bett austreten, ist es ein normaler Hangausschnitt. Sobald aber das Gerinne überläuft, beginnen zusätzlich die weiter unten erläuterten Prozesse zu spielen.

Die Prozesse im Bodenkörper, im Grundwasser und im Fels spielen sich grundsätzlich genau gleich ab, wie dies bei den graduellen Hangprozessen beschrieben wurde. Die Abläufe und Eigenschaften in diesen drei Speichern werden deshalb hier nicht nochmals erläutert, und es werden nur die Speicher Gerinnebett und gerinnenahe Hangoberfläche beschrieben:
- Gerinnebett
  Die drei Regler **wahrscheinliche Ablagerungsrate**, **Infiltrationskapazität** und **wahrscheinliche Erosionsrate** haben die gleiche Funktionsweise, wie dies bei den graduellen Hangprozessen beschrieben ist. Der wichtigste Unterschied liegt darin, dass die betroffenen Volumen in der Regel um eine bis zwei Grössenordnungen über jenen liegen, die bei Hangprozessen umgesetzt werden. Dies hat aber keinen Einfluss auf den grundsätzlichen Ablauf der Prozesse.

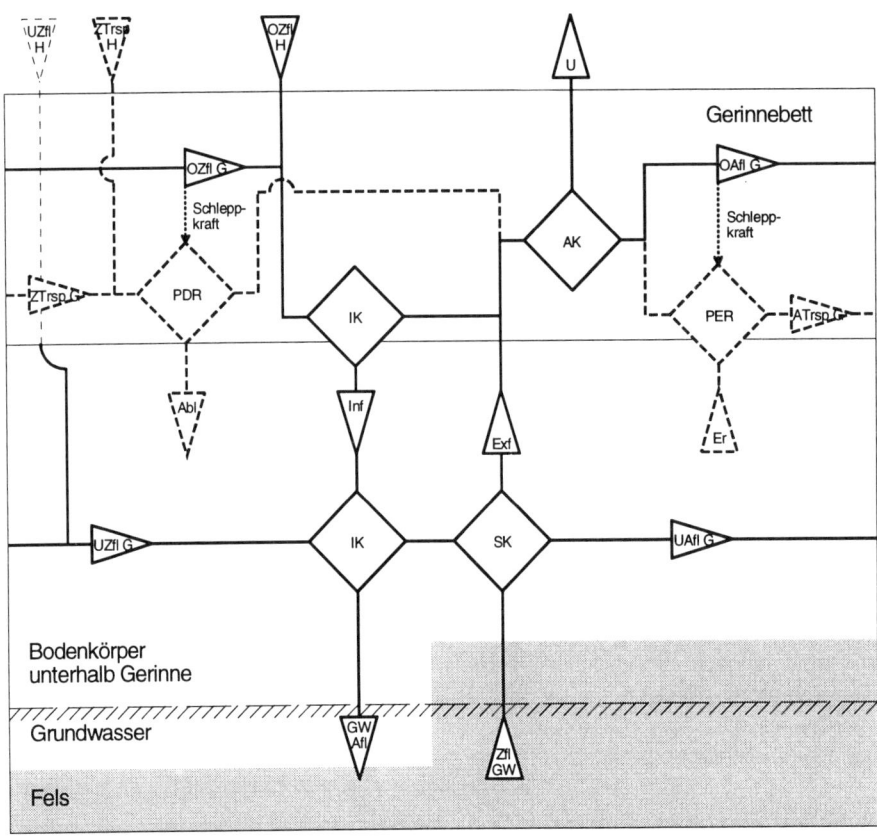

Legende:			
Abl	Ablagerung	PDR	wahrscheinliche Ablagerungsrate
AK	Abflusskapazität	PER	wahrscheinliche Erosionsrate
ATrspG	Abtransport im Gerinne	SK	Speicherkapazität
Er	Erosion	U	Überflutung
Exf	Exfiltration	UAflG	unterirdischer Abfluss im Gerinne
GWAfl	Abfluss ins Grundwasser	UZflG	unterirdischer Zufluss im Gerinne
IK	Infiltrationskapazität	UZflH	unterirdischer Zufluss aus dem Hang
Inf	Infiltration	ZflGW	Zufluss aus dem Grundwasser
OAflG	oberirdischer Abfluss im Gerinne	ZTrspG	Zutransport im Gerinne
OZflG	oberirdischer Zufluss im Gerinne	ZTrspH	Zutransport von Material aus dem Hang
OZflH	oberirdischer Zufluss aus dem Hang		

Fig. 7   Graduelle Gerinneprozesse (Speicher 'Gerinnenahe Hangoberflächen vgl. Fig. 8)

2 Gesamtmodell Wildbach

Der grösste Unterschied liegt beim Regler **Abflusskapazität**. Dieser entscheidet aufgrund eines Vergleichs der Wasser- und Feststoffflüsse mit dem zur Verfügung stehenden Gerinnequerschnitt, ob es zu einer Überflutung gerinnenaher Hangflächen kommt oder nicht. Ist die Gerinnekapazität überschritten, wird nur derjenige Teil ins Gerinne weitergegeben, der dort auch noch Platz hat. Nur dieser Teil der abfliessenden Wasser- und Feststoffmengen kann auch erosiv wirksam werden. Der Rest des Wassers und der Feststoffe fliesst in die gerinnenahen Hangoberflächen. Ein bis jetzt noch ungelöstes Problem bildet dabei die Bestimmung des Feststoffanteils, der aus dem Bett austritt. Da der Geschiebetrieb in der Regel entlang der Bachsohle erfolgt, wird vor allem der Schwebstoffanteil aus dem Gerinne austreten. Dies bedingt aber eine Aufteilung in Geschiebe und Schwebstoff, was in einem Wildbach sehr schwer möglich ist.

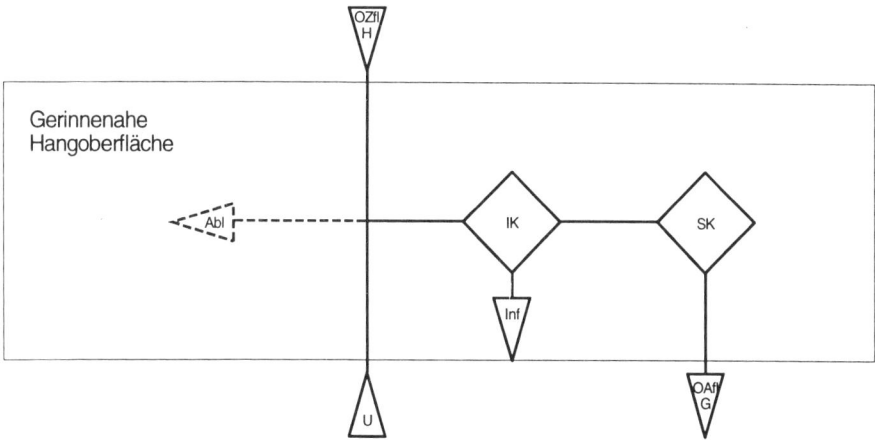

Legende:			
Abl	Ablagerung	OZflH	oberirdischer Zufluss aus dem Hang
IK	Infiltrationskapazität	SK	Speicherkapazität
Inf	Infiltration	U	Überflutung
OAflG	oberirdischer Abfluss ins Gerinne		

Fig. 8   Der Speicher 'Gerinnenahe Hangoberflächen'. Es sind nur diejenigen Regler dargestellt, die bei der Überflutung eine Rolle spielen. Ist die Fläche nicht überflutet, wird sie als normale Hangfläche betrachtet.

- Gerinnenahe Hangoberflächen (vgl. Fig. 8)
  In den gerinnenahen Hangbereichen sind die Fliessgeschwindigkeiten in der Regel erheblich kleiner als im Gerinne selbst. Der Grossteil der Feststoffe wird deshalb abgelagert. Das ausgetretene Wasser kann in den Untergrund infiltrieren, sofern dieser noch nicht gesättigt ist. Ansonsten bleibt es auf den Flächen stehen und fliesst, sofern die Hangfläche zum Gerinne hin geneigt ist, wieder ins

Gerinne zurück, sobald dessen Wasserstand genügend zurückgegangen ist. Es entsteht so zusätzlicher oberflächlicher Zufluss aus dem Hang. In Wildbachgerinnen ist es eher die Ausnahme, wenn das Wasser nach dem Verlassen des Gerinnebetts nicht mehr dorthin zurückfliessen kann, weil das Gerinne höher liegt als das Umland. Tritt ein solcher Fall auf, wird das Wasser 'abgelagert' und nachdem soviel als möglich infiltriert ist, bildet sich ein oberirdischer Grundwasserspiegel aus.

Brüske Gerinneprozesse
Brüske Gerinneprozesse, also Murgänge im Gerinne, können entweder im Gerinne selbst beginnen oder aus dem Hang in ein Gerinne gelangen und dort weiterlaufen. Sie laufen grundsätzlich ähnlich ab, wie brüske Hangprozesse. Zusätzlich muss wie bei den graduellen Gerinneprozessen das Problem der Kapazität des Bettes beurteilt werden, weshalb zusätzlich der Speicher 'gerinnenahe Hangoberfläche' betrachtet wird. Da der einzige brüske Gerinneprozess, der Murgang, nicht im Fels beginnen kann, kann der Speicher 'Fels' weggelassen werden. Die Lage der Felsoberfläche wird als zusätzliche Informationsebene beim Bodenkörper berücksichtigt. Für die Simulation von brüsken Gerinneprozessen müssen demnach die folgenden drei Speicher betrachtet werden:
- Gerinnebett
  Die Regler **wahrscheinliche Ablagerungs-** und **wahrscheinliche Erosionsrate** arbeiten ähnlich wie die entsprechenden Regler bei den brüsken Hangprozessen. Dabei sind allerdings die im Gerinnebett ablaufenden graduellen Prozesse als zusätzliche Eigenschaft zu berücksichtigen. So kann z.B. eine grosse Wasserführung einen Einfluss auf den weiteren Ablauf eines Murganges haben, wie dies 1987 beim Murgang im Gerental der Fall war (VAW, 1991).
  Der Regler **Abflusskapazität** hat die gleiche Funktionsweise, wie bei den kontinuierlichen Gerinneprozessen. Die Unterscheidung zwischen Schwebstoff und Geschiebe bei den austretenden Feststoffen entfällt aber, da bei einem Murgang grobe und feine Komponenten vollständig durchmischt sind.
- Bodenkörper unterhalb Gerinne
  Die Startmöglichkeiten eines Murganges im Gerinne selbst werden mit dem Regler **Stabilität** beurteilt. Damit wird untersucht, ob in der Gerinnesohle in einer Art Rutschung ein grösseres Kompartiment in Bewegung geraten kann. Da dieser Prozess noch relativ schlecht bekannt ist, ist noch unklar, welche Parameter einen wichtigen Einfluss haben. Ebenfalls mit dem Regler Stabilität wird der mögliche Durchbruch einer Verklausung behandelt.
- Gerinnenahe Hangoberfläche
  Gelangen Wasser und Feststoffe aus dem Gerinne in die gerinnenahen Hangoberflächen, werden die Feststoffe dort analog zu den kontinuierlichen Gerinneprozessen abgelagert. Das ausgetretene Wasser kann erst dann wieder ins Gerinne zurückfliessen, wenn die Murgangwelle sich weiterverlagert hat, und wieder Platz im Gerinne ist. D.h., das Wasser wird nicht mehr als Teil des Mur-

ganges abfliessen. Es wird dem Prozess entzogen und als zusätzlicher Zufluss aus dem Hang bei den nach dem Murgang ablaufenden graduellen Gerinneprozessen wieder ins Gerinnesystem zurückfliessen.

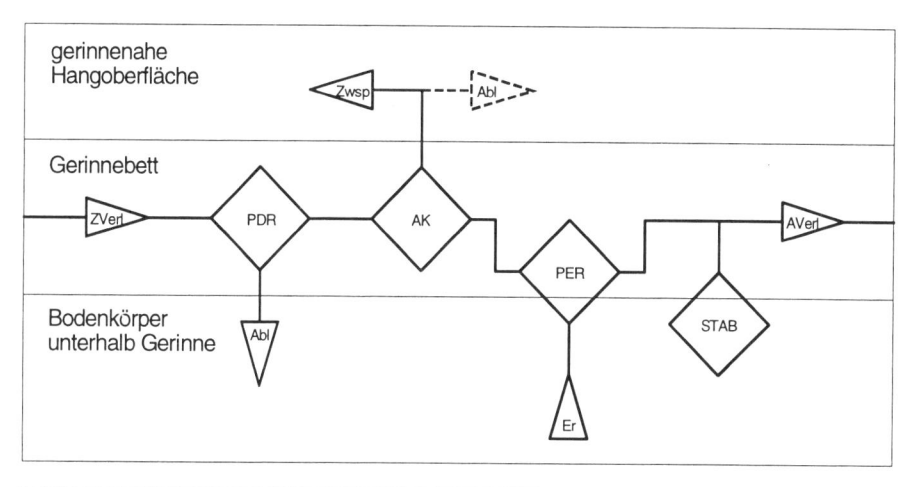

Legende:			
Abl	Ablagerung	PER	wahrscheinliche Erosionsrate
AK	Abflusskapazität	STAB	Stabilität
AVerl	Abverlagerung	ZVerl	Zuverlagerung
Er	Erosion	Zwsp	Zwischenspeicherung neben dem Gerinne
PDR	wahrscheinliche Ablagerungsrate		

Fig. 9   Brüske Gerinneprozesse (Bei den brüsken Gerinneprozessen werden Wasser und Feststoffe als Gemisch verlagert. Die in der Figur abgebildeten Wasserflüsse umfassen deshalb immer auch Feststoffverlagerungen).

2.5 UNTERTEILUNG DES EINZUGSGEBIETS IN HOMOGENE EINHEITEN

Wie in Kap. 2.1 erläutert, basiert das Gesamtmodell Wildbach auf einer Unterteilung des zu bearbeitenden Einzugsgebiets in homogene Einheiten. In diesen Einheiten werden dann die jeweils ablaufenden Prozesse mit angepassten Modellen simuliert, deren Grundstrukturen in Kap. 2.4 dargestellt sind.

Die Unterteilung eines Einzugsgebiets in homogene Einheiten erfolgt aufgrund der Parameter, die das oberflächennahe Prozessgefüge beeinflussen. Gebiete bzw. Gerinneabschnitte, die ähnliche Parameterkombinationen aufweisen und in denen demzufolge die oberflächennahen Prozesse ähnlich ablaufen, werden zu homogenen

Einheiten zusammengefasst. In den folgenden Kapiteln werden die grundsätzlichen Verfahren zur Ausscheidung von homogenen Einheiten erläutert.

Aufteilung in Hang- und Gerinnesystem
Wie in Kap. 2.1 erläutert, sieht das Konzept für ein Gesamtmodell Wildbach eine Unterscheidung zwischen Hang- und Gerinneelementen vor. Der erste Schritt für eine Unterteilung eines Einzugsgebiets in homogene Einheiten ist deshalb die Unterscheidung zwischen Hang- und Gerinnebereichen. Dazu sind grundsätzlich verschiedene Verfahren denkbar:
- Klassierung aufgrund der ablaufenden Prozesse
  Wie in Kap. 3.2 erläutert, wird in einem Wildbacheinzugsgebiet zwischen Hang- und Gerinneprozessen unterschieden. Es ist deshalb naheliegend, Hang- und Gerinnesysteme nach den jeweils dominierenden Prozessen auszuscheiden. Allerdings lassen sich im Gelände diejenigen Gebiete, die vor allem von Hangprozessen betroffen sind, nicht klar von jenen abgrenzen, in denen Gerinneprozesse vorherrschen. So treten in Runsen je nach den aktuellen Bedingungen vor allem Gerinne- oder schwergewichtig Hangprozesse auf. In der Regel herrschen dort Gleit- und Sturzprozesse vor. Bei Starkniederschlägen kann es aber zu konzentriertem Abfluss von Wasser kommen. Dieser kann dann zu Feststoffverlagerungen führen, wie sie in der Regel nur in Gerinnen auftreten. Bei einer Unterteilung aufgrund der ablaufenden Prozesse, entsteht eine unscharfe Klassierung mit einem breiten Übergangsbereich. Dieses Vorgehen ist deshalb für eine Unterteilung eines Einzugsgebiets in homogene Teilsysteme wenig geeignet.
- Klassierung mit Hilfe einer digitalen Reliefanalyse
  Gerinneprozesse sind an eine Tiefenlinie gebunden. Tiefenlinien lassen sich anhand von digitalen Höhenmodellen mit Hilfe einer Reliefanalyse auf einem Computer automatisch bestimmen. Allerdings folgen Gerinne nicht immer einer Tiefenlinie (z.B. auf einem Schwemmkegel) und zudem hängt die Zahl der entdeckten kleinen Tiefenlinien entscheidend von der Auflösung des Geländemodells ab. Die effektive Auflösung eines Geländemodells ist in bewaldeten Gebieten oft deutlich schlechter als in unbewaldeten, da in Luftbildern die Bodenoberfläche in bewaldeten Gebieten oft nur schwer auszumachen ist. Und die Aufnahme eines Geländemodells kann nur anhand von Luftbildern einigermassen rationell erfolgen. Das Verfahren ist deshalb, trotz seiner Einfachheit, wenig geeignet, zuverlässige und konsistente Unterscheidungen zwischen Gerinne- und Hangsystemen durchzuführen.
- Ausscheidung aufgrund der das Prozessgefüge beeinflussenden Parameter
  Wie weiter oben erwähnt, sollen homogene Teilsysteme diejenigen Räume zusammenfassen, die sich in ihren Eigenschaften ähnlich sind. Das Ausscheiden eines speziellen Gerinnesystems ist deshalb dann angezeigt, wenn sich die Eigenschaften eines linearen Elements des Geländes (meist einer Tiefenlinie, auf einem Schwemmkegel aber evtl. auch einer Abflussrinne) wesentlich von den Eigenschaften der anliegenden Hangflächen unterscheiden. Ein typisches Beispiel für

eine derartige Unterscheidung ist die Abpflästerung einer Sohle durch die Anreicherung von grösseren Steinen in einer Runse. Der grosse Nachteil dieser Methode ist, dass sie zuverlässig nur im Feld durchgeführt werden kann.

Unterteilung in homogene Gerinneabschnitte
Das so ausgeschiedene Gerinnesystem ist in seinen Eigenschaften in der Regel nicht homogen, und es muss deshalb weiter in Teilsysteme unterteilt werden. Im Zusammenhang mit Gerinnen wird dabei meist von homogenen Gerinneabschnitten gesprochen. Eine derartige Unterteilung von Gerinnen haben Kienholz et al. (1991) bei der Analyse der Unwetter 87 in zahlreichen Wildbächen durchgeführt. Dabei hat sich das Verfahren sehr bewährt. Die gleiche Vorgehensweise wird deshalb auch von Lehmann (1993) für die Abschätzung der Feststofffrachten in Wildbächen vorgeschlagen.

Das Gerinnesystem wird in Gerinneabschnitte unterteilt, die in Bezug auf die folgenden Eigenschaften annähernd homogen sind:
1. Gefälle des Gerinnes
   Wichtigstes Kriterium: Es beeinflusst den Energieumsatz und damit die Schleppkraft des fliessenden Wassers entscheidend.
2. Sohlenbeschaffenheit
   Unterteilung in zwei Gerinneabschnitte in der Regel beim Übergang zwischen Fels- und Lockermaterialsohle. Eine Grenze kann auch durch Lockermaterialsohlen mit unterschiedlicher Korngrössenverteilung bedingt sein.
3. Breite des Gerinnes
   Weiter wird die Gerinnebreite berücksichtigt. Dieses Kriterium ist allerdings im Vergleich zum Gefälle und zur Sohlenbeschaffenheit von untergeordneter Bedeutung.

Bei der Unterteilung werden Gerinneabschnitte von einigen Deka- bis Hektometern Länge angestrebt. Bereiche in Gerinnen, in denen die oben erwähnten Kriterien sehr stark variieren, werden deshalb zu Abschnitten zusammengefasst, deren einzige Homogenität in ihrer ausgeprägten Inhomogenität besteht. Die Ausscheidung von Gerinneabschnitten wird üblicherweise im Feld durchgeführt. Dabei werden gleichzeitig die Eigenschaften der einzelnen Abschnitte erhoben. Je nach Verwendungszweck der Informationen erfolgt diese Erhebung detaillierter oder weniger detailliert. Wenn die Erhebungen für die Abschätzung von Feststofffrachten verwendet werden sollen, sind nebst den Kriterien, die zur Unterteilung in einzelne Abschnitte verwendet wurden, vor allem Informationen über das mobilisierbare Feststoffvolumen von grosser Bedeutung. Ein Beispiel für eine durchgeführte Unterteilung in homogene Gerinneabschnitte im Einzugsgebiet des Spissibaches ist in Kap. 7 in Teil B dargestellt.

Unterteilung in homogene Flächen

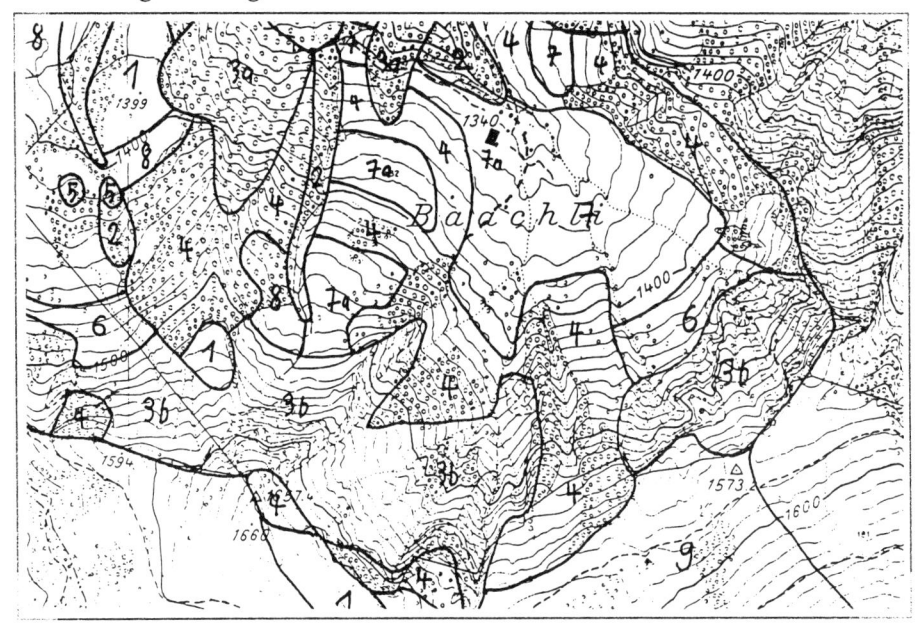

Fig. 10 Ausschnitt aus dem Entwurf für eine Karte der Gebiete mit ähnlichem oberflächennahem Prozessgefüge von Hegg (1992)

1 Gebiete ohne nennenswerte geomorphologische Prozessaktivität
2 Nachböschungsbereiche
3 Gebiete mit aktiven Runsen, kompliziertes Prozessgefüge
   a) in Waldgebieten: Anrissgebiet z.T. im Fels, z.T. nicht
   b) in offenen Gebieten: Anrissgebiet immer im Fels
4 potentiell instabile Gebiete
5 Schwemmkegelbildung
6 Hangfussakkumulationen, potentiell instabil
7 Transit- und Ablagerungsgebiete Typ 'Baachli'
   a) vermutlich tiefgründig versackt
8 Transit- und Ablagerungsgebiete Typ 'hinteres Fulwasser'
9 Schutthalden

Erste Versuche zu einer Unterteilung der Hangbereiche des Einzugsgebiets des Spissibaches in homogene Flächen unternahmen Hegg (1992) und Gossauer (1993), welche aus geomorphologischer bzw. hydrologischer Sicht eine provisorische Gliederung für den oberen Teil des Einzugsgebiets des Spissibaches erstellten. Diese zwei Gliederungen entstanden ohne detaillierte Analyse der das oberflächennahe Prozessgefüge beeinflussenden Parameter. Sie wurden einzig aufgrund der allgemeinen Gebietskenntnis durchgeführt. Diese zwei Entwürfe zeigten auf, dass eine integrierende Gliederung für geomorphologische und hydrologische Zwecke möglich ist, dass dazu aber relativ genaue Gebietskenntnisse erforderlich sind. Als Beispiel ist in Fig. 10 ein Ausschnitt aus dem Entwurf von Hegg (1992) abgebildet. Als Grundlage für eine genauere Ausscheidung der homogenen Flächen wurden im weiteren Verlauf des Projektes in Leissigen verschieden Kartierungen von Parametern durchgeführt, welche das oberflächennahe Prozessgefüge beeinflussen (vgl. Teil B).

Aufgrund der bis jetzt durchgeführten Arbeiten können die wichtigsten Parameter für die Abgrenzung der homogenen Flächen im Hang definiert werden:
- Topographie
  Wichtigstes Kriterium. Wird in der Regel mit drei Parametern berücksichtigt:
  - Hangneigung
    Beeinflusst den Energieumsatz aller Prozesse. Je steiler ein Hang, um so grösser die hangparallele Komponente der Schwerkraft, und um so grösser ist der Antrieb für hangparallele Verlagerungen.
  - Exposition
    Beeinflusst den Strahlungshaushalt einer Fläche. Hat damit grossen Einfluss auf die Verdunstung und damit den Wasserhaushalt einer Fläche.
  - Rauhigkeit der Bodenoberfläche
    Beeinflusst die Reibung, die bei einer Verlagerung entlang der Bodenoberfläche überwunden werden muss.
  Zusätzlich ist bei der Unterteilung in homogene Flächen als Grundlage für den Aufbau des Gesamtmodells Wildbach ein modelltechnisches Kriterium zu berücksichtigen. Es ist zu vermeiden, dass eine Fläche mehr als einen Gerinneabschnitt als Nachfolger hat, um die Simulation der Stoffflüsse zu vereinfachen. Grenzen von homogenen Gerinneabschnitten und Flächen müssen deshalb Rücksicht auf die Topographie nehmen. Sie sind in der Regel bei topographischen Wasserscheiden festzulegen.
- Geologischer Untergrund
  Der Geologische Untergrund kann, wenn er relativ nahe an der Oberfläche ansteht, die oberflächennahen Prozesse direkt beeinflussen. Dann interessieren Parameter wie Stabilität und Durchlässigkeit, aber auch Verwitterungsanfälligkeit und Art der Verwitterungsprodukte.
  Ist die Lockermaterialüberdeckung so gross, dass eine wesentliche direkte Beeinflussung der Prozesse nicht mehr möglich ist, interessiert vor allem die Art der Verwitterungsprodukte.
  Wenn sehr lange Zeiträume betrachtet werden, interessiert unabhängig von der Tiefe der Felsoberfläche vor allem die Rate der Neubildung von Lockermaterial.
- Boden und Substrat
  Nach der Topographie zweitwichtigstes Kriterium.

Beeinflusst den Wasserhaushalt über die Durchlässigkeit und das Speichervolumen, sowie über die Stabilitätseigenschaften, die Korngrössenzusammensetzung und über das mobilisierbare Volumen den Feststoffhaushalt.
Ist zudem wichtiger Einflussfaktor für die Vegetation, welche ihrerseits den Wasser- und Feststoffhaushalt beeinflusst.

- Vegetation
  Die Vegetation hat über die Evapotranspiration grosse Auswirkungen auf den Wasserhaushalt. Beim Feststoffhaushalt spielt einerseits der oberirdische Teil der Pflanzen eine Rolle, in dem er die Rauhigkeit der Bodenoberfläche stark beeinflussen kann. Andererseits haben die unterirdischen Pflanzenteile (Wurzeln) einen Einfluss auf die Stabilität der oberen Bodenschichten.

3 DER FESTSTOFFHAUSHALT VON WILDBACHEINZUGSGEBIETEN

Wie in der Einleitung erwähnt, stehen die Prozesse des Wasser- und des Feststoffhaushalts in einem Wildbacheinzugsgebiet im Zentrum des Interesses. Die hydrologischen Prozesse, die in einem Einzugsgebiet ablaufen, wurden bis heute in zahlreichen Forschungsprogrammen analysiert, und es besteht eine grosse Zahl von mikroskaligen Modellen, welche diese Vorgänge beschreiben. Einen kleinen Einblick in die Vielzahl der Konzepte und Modelle geben z.B. Beven und Moore (1992) oder Beven und Kirkby (1993).

Weingartner (1996) unterscheidet drei Arten von mikroskaligen hydrologischen Modellen:
- Mikroskalige Modelle i.e.S.
  Mikroskalige Modelle im engeren Sinn versuchen alle hydrologischen Prozesse physikalisch exakt wiederzugeben. Sie sind in ihrem Einsatz sehr aufwendig, da die Steuergrössen sehr detailliert erhoben werden müssen. Sie eignen sich deshalb nur für den Einsatz auf kleinen Flächen und kaum für die Simulation eines ganzen Einzugsgebiets.
- Konzeptionelle Modelle
  In konzeptionellen Modellen werden nur die wichtigsten hydrologischen Prozesse physikalisch korrekt abgebildet, weniger wichtige werden vereinfacht wiedergegeben oder ganz weggelassen (Huggett, 1985). Sie sind in ihrem Einsatz somit weniger anspruchsvoll und eignen sich auch für den Einsatz über grössere Gebiete. Die im Rahmen des Projektes des Projektes 'Wildbachsysteme - Projekt Leissigen' eingesetzten hydrologischen Modelle, das BROOK-Modell und das TOPMODEL, sind Beispiele für konzeptionelle Modelle (vgl. Kienholz et al. 1996).
- Black-Box-Modelle
  In Black-Box-Modellen wird der Systemoutput (der Abfluss) mit Hilfe des Inputs (Niederschlag) und des Gebietszustands erklärt. Die einzelnen an der Abflussbildung beteiligten Prozesse werden nicht simuliert. Black-Box-Modelle sind in ihrer Anwendung relativ einfach und werden oft für praktische Fragen eingesetzt, z.B. für die Hochwasserabschätzung in ungemessenen Einzugsgebieten. Einen Überblick über verschiedene Black-Box-Modelle, die in der Schweiz zur Hochwasserabschätzung eingesetzt werden, geben Weingartner und Spreafico (1990) oder Zeller (1995).

Mikroskalige Modelle i.e.S. und konzeptionelle Modelle beschreiben die ablaufenden Prozesse sehr detailliert und basieren auf einer entsprechend genauen Kenntnis des Wasserhaushalts. Für den Feststoffhaushalt eines Wildbacheinzugsgebiets dagegen gibt es keine vergleichbaren Modelle, was Ausdruck dafür ist, dass die Kenntnisse in diesem Zusammenhang wesentlich weniger gut sind. Es gibt wohl einige sehr detaillierte Modelle, welche einzelne Prozesse, z.B. die Bewegungen eines stürzenden Steins, physikalisch korrekt beschreiben. Ein Modell aber, das den Feststoffhaushalt in Wildbächen als ganzes anders als mit einem einfachen Black-Box-Modell beschreibt, ist dem Autor nicht bekannt. Einen Überblick über verschiedene Modelle für Prozesse des Feststoffhaushalts vermittelt Kap. 3.3.

Die Prozesse des Feststoffhaushaltes in Wildbacheinzugsgebieten wurden bis heute meist aus dem Blickwinkel der Gefahrenbeurteilung analysiert, und nicht im Hinblick auf die Erfassung und Modellierung eines ganzen Einzugsgebiets. Dies zeigt sich unter anderem darin, dass keine umfassende Gliederung der Prozesse besteht. So beschränken sich die häufig verwendeten Klassifikationen von Hutchinson (1988) und Varnes (1978) auf Massenbewegungen im Hang, oder diejenige der GHO (1982) auf Gerinneprozesse. Sie sind zudem oft auf die Bedürfnisse des Praktikers ausgerichtet, der ein typisches Phänomen mit einem einfachen und aussagekräftigen Namen bezeichnen will. Die korrekte Bezeichnung der physikalischen Prozesse, welche zum beobachteten Phänomen führten, ist dabei von untergeordneter Bedeutung.

Ein typisches Beispiel dafür ist der Begriff 'Sturzstrom', der von Heim (1932) eingeführt und u.a. von Hutchinson (1988) übernommen wurde. Er bezeichnet die Verlagerung eines grossen Bergsturzes, und impliziert, dass dabei eine Form von Fliessen beteiligt sei. Aus physikalischen Überlegungen muss das trockene Fliessen eines Bergsturzes aber ausgeschlossen werden. Nach Erismann (1979) handelt es sich dabei vielmehr um verschiedene Formen des Gleitens. Die Ablagerungen dieser Prozesse können allerdings Formen aufweisen, welche Assoziationen zu einem Gletscher und zu dessen Fliessbewegungen hervorrufen.

Diese Klassifikationen sind somit wenig geeignet, als Grundlage für ein soweit als möglich physikalisch basiertes Modell zu dienen, das alle wichtigen Prozesse in einem Wildbacheinzugsgebiet umfassen soll. Es wird deshalb nachfolgend eine Gliederung vorgeschlagen, die verschiedene Ideen aus bestehenden Klassifikationen übernimmt, und versucht, diese zu einer einheitlichen Gliederung aller wichtigen Prozesse in einem Wildbach zusammenzufügen.

3.1 FESTSTOFFAUFBEREITUNG

Das Hauptinteresse bei den Prozessen des Feststoffhaushaltes ist in dieser Arbeit auf diejenigen Vorgänge konzentriert, die zu einer Verlagerung von Feststoffen führen. Voraussetzung für jede Feststoffverlagerung in einem Wildbacheinzugsgebiet ist aber das Vorhandensein von Material, das bewegt werden kann. Dieses Material wird in der Regel durch Verwitterungsvorgänge bereitgestellt (z.B. Gehängeschutt) oder wurde in der Vergangenheit an seinem heutigen Ort verfrachtet (z.B. Moränenmaterial). Die Materialaufbereitung nimmt in der Regel lange bis sehr lange Zeiträume in Anspruch. Das heutige Angebot an mobilisierbarem Material kann deshalb für die hier interessierenden Zeiträume von maximal einigen hundert Jahren in in vielen Fällen als annähernd gleichbleibend angenommen werden. Einzig bei einer fehlenden oder nur gering mächtigen Lockermaterialüberdeckung kann die Materialaufbereitung die Verfügbarkeit von mobilisierbarem Material erheblich beeinflussen. Längerfristig bildet aber die Neubildung an mobilisierbarem Material in jedem Fall und unabhängig vom Verlagerungsprozess eine Obergrenze der möglichen Feststofffrachten. Einen Überblick über die an der Feststoffaufbereitung beteiligten Prozesse vermittelt z.B. Easterbrook (1993: 13ff).

Die Prozesse der Feststoffverlagerung werden stark von den Eigenschaften des jeweiligen Substrats beeinflusst, welches eine Funktion des Ausgangsmaterials und der an der Aufbereitung beteiligten Prozesse ist. Es gibt verschiedene detaillierte Klassifikationen, die das Lockermaterial nach seiner Entstehung und/oder seinen heutigen Eigenschaften beschreiben. Beispiele dazu finden sich z.B. in Stiny (1931) oder in Kienholz et al. (1990). Die häufig verwendeten Gliederungen von Varnes (1978:24) und von Bunza et al. (1976 : 7) sind auch in Kienholz und Hegg (1993:6) zusammengefasst.

3.2 GLIEDERUNG DER PROZESSE DER FESTSTOFFVERLAGERUNG

Wie in Kap. 2.2 erläutert, bestehen zwischen Prozessen, die im Hang und solchen die vorwiegend im Gerinne ablaufen verschiedene Unterschiede. Die vorgeschlagene Klassifikation der Prozesse des Feststoffhaushaltes unterscheidet deshalb zwischen Hang- und Gerinneprozessen. Weiter lassen sich alle Prozesse einem der drei zentralen Vorgänge zuordnen:
- Das Mobilisieren (in Bewegung setzen, aus dem bisherigen Verband herauslösen),
- das eigentliche Verlagern (Bewegen) und
- das Ablagern (zur Ruhe kommen) von Material.

Nachfolgend werden die wichtigsten Prozesse entsprechend dieser Gliederung erläutert. Nicht berücksichtigt wird der Transport von gelösten Substanzen im Wasser, da dieser kaum einen Einfluss auf die Gefährlichkeit eines Wildbaches hat.

3.2.1 FESTSTOFFMOBILISIERUNG UND -VERLAGERUNG IM HANG

In Fig. 11 sind neun Prozesse unterschieden, welche an der Mobilisierung und Verlagerung von Feststoffen im Hang beteiligt sind. Eine Erläuterung der einzelnen Prozesse folgt in den nächsten Abschnitten. Der Prozess des Kriechens, der nicht klar der Mobilisierung oder der Verlagerung zugewiesen werden kann, wird bei den verlagernden Prozessen erläutert.

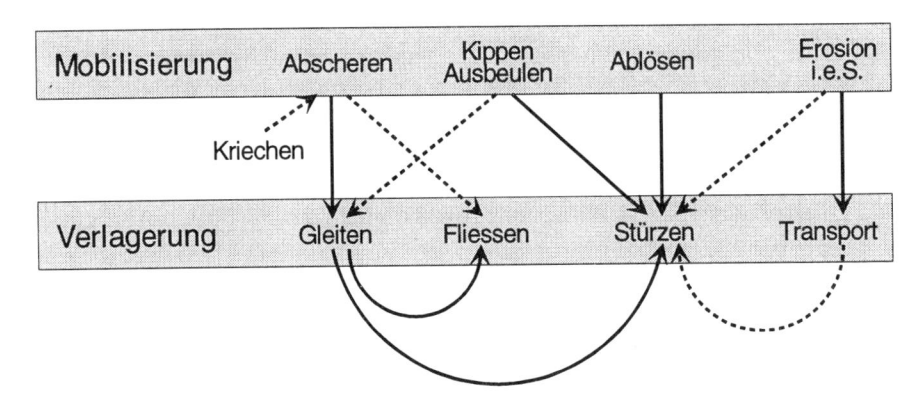

Fig. 11   Prozesse der Feststoffmobilisierung und -verlagerung im Hang, sowie mögliche Übergänge von einem Prozess zu einem anderen. Mit durchgezogen Linien sind häufige Übergänge dargestellt. Seltenere Kombinationen sind mit gestrichelten Linien angegeben. Die Pfeile geben die Richtung des Überganges an.

Mobilisierung
Die Gliederung der mobilisierenden Prozesse stützt sich u.a. ab auf Bunza (1976), DIN 19663 und Hutchinson (1988). Einige zusätzliche Punkte sind nachfolgend erläutert (vgl. auch Tab. 1):
- **Abscheren** von grösseren Fels- oder Lockermaterialpartien
  Dabei löst sich das bewegende Kompartiment ganz aus seinem bisherigen Verband heraus. Die Bewegung erfolgt entlang einer Gleitfläche, die sich während dem Prozess bildet oder einer präformierten Schwächezone folgt. Die Verlagerung nach der Ablösung kann als Gleiten erfolgen oder in Sturz- oder Fliessbewegungen übergehen.

3 Der Feststoffhaushalt von Wildbacheinzugsgebieten 47

- **Kippen, Ausbeulen** von Felspaketen
  Beim Kippen bzw. Ausbeulen handelt es sich um eine Übergangsform zwischen dem Abscheren und dem Ablösen. Der Prozess ist eher selten und tritt bei Felspaketen auf, die nur noch zum Teil mit dem Ausgangsgestein verbunden sind. Unter der Wirkung der Schwerkraft und der Verwitterung wird diese Verbindung immer schwächer, bis sie zuletzt bricht und das Felspaket meist stürzend weiterverlagert wird.
- **Ablösen** von Einzelkomponenten
  Steine und kleinere Felsbrocken, die nicht mehr mit dem Untergrund verbunden und die nahe an einem labilen Zustand sind, können durch einen äusseren Impuls abgelöst werden. Dieser Impuls kann z.B. durch den Wind, einen anderen Stein oder auch durch das Auftauen einer bestehenden Verbindung mit dem Untergrund aus Eis bestehen. Mit der Ablösung von Einzelkomponenten muss in Felswänden (Gefälle > 30°) oder steilen Lockermaterialböschungen (Gefälle > 45°) gerechnet werden (Grunder, 1984:44).
  Die Verlagerung nach der Ablösung erfolgt vor allem als Sturzbewegung (Steinschlag).

	Disposition	Auslösung	Skizze
Abscheren	• Mit dem Untergrund verbundenes Fels- oder Lockermaterialpaket an einer Böschung mit Sicherheitsgrad F nahe bei 1	• Verringerung der Reibung und Kohäsion durch Anstieg Wassergehalt • Auflast • Geometrieveränderung	
Kippen Ausbeulen	• nur teilweise mit Untergrund verbundenes Felspaket in exponierter Lage	• Schwächung der Verbindung mit dem Untergrund durch Verwitterung und progressiven Bruch	
Ablösen	• nicht mit Untergrund verbundene Komponente nahe am labilen Zustand	• äusserer auslösender Impuls (z.B. Wind, Auffrieren)	
Erosion i.e.S.	• nicht mit Untergrund verbundene Komponente im Weg eines schürfenden Prozesses (Wasser, Schnee)	• Auftreten eines schürfenden Prozesses mit genügender Erosionskraft	

Tab. 1   Zusammenstellung der mobilisierenden Prozesse im Hang

- **Erosion i.e.S.**
  Grundsätzlich kann jedes Medium, das sich über eine Oberfläche bewegt, erosiv wirken. Voraussetzung ist allerdings, dass die auftretende Schubspannung gross genug ist, um einzelne Komponenten aus ihrem bisherigen Verband herauslösen. Als Medium können z.B. Wasser, Luft, Schnee oder Gemische davon auftreten. In Wildbacheinzugsgebieten treten im wesentlichen die folgenden Erosionsprozesse auf:
  - Erosion durch Schnee und Lawinen
    Durch Gleitschnee oder Grundlawinen können vorstehende oder in den Schnee eingefrorene Feststoffteile aus ihrer bisherigen Lage herausgerissen werden. Die weitere Verlagerung erfolgt bei Gleitschnee meist als Geröll, bei Lawinen oft auch in Suspension, wobei der Schnee als Transportmedium dient.
  - Erosion durch fliessendes Wasser
    Sobald auf einem Hang bei stärkerem Niederschlag Oberflächenabfluss auftritt, beginnt dieser kleine und kleinste Bodenteilchen aus ihrem Verband herauszulösen und als Geröll, meist aber in Suspension weiterzuverlagern. Bei ganz oder teilweise vegetationslosem Boden ist zudem die erosive Wirkung der auftreffenden Regentropfen zu berücksichtigen.
  - Erosion durch einen anderen Hangprozess
    Material kann auch durch einen anderen Hangprozess erodiert werden. Im Vordergrund stehen dabei die Prozesse Gleiten und Fliessen, da gleitende bzw. fliessende Massen mobilisierte Komponenten mit sich weiter verlagern können. Im Gegensatz dazu wird die Mobilisierung durch einen stürzenden Stein als Ablösung betrachtet.

Verlagerung:
Die Verlagerung von Feststoffen wird entscheidend von der Art der Mobilisierung (vgl. Fig. 11) und von der Zusammensetzung des mobilisierten Materials (besonders vom Wassergehalt) beeinflusst. Zusätzlich spielt die Ausgestaltung der Verlagerungsbahn eine grosse Rolle. So können Diskontinuitäten zu Übergängen zwischen verschiedenen Prozessen führen. Beispielsweise kann eine Gleitbewegung bei einer Steilstufe im Hang in einen Sturzprozess übergehen. Zwischen den verschiedenen Prozessen gibt es zahlreiche Übergangsformen. Dementsprechend herrscht keine 'Unité de doctrine', wie die Prozesse Stürzen, Gleiten, Fliessen, Transport durch ein Medium sowie Kriechen definiert und gegeneinander abgegrenzt werden sollen. Die folgende Gliederung stützt sich weitgehend auf Erismann (1979, 1986a, b und 1992) und übernimmt z.T. Überlegungen aus Bunza (1976), Varnes (1978) und Körner (1980).
- **Stürzen**
  Unter Stürzen wird das rollende und springende Verlagern von Einzelkomponenten oder grösseren Fels- oder Lockermaterialpaketen entlang von individuellen Sturzbahnen unter dem Einfluss der Schwerkraft verstanden.

3 Der Feststoffhaushalt von Wildbacheinzugsgebieten

Bei einem Sturz werden die Strukturen, wie sie im Abgangsgebiet bestanden haben, vollständig aufgelöst.

- **Gleiten**
Unter Gleiten wird das Verlagern eines Fels- oder Lockermaterialpakets entlang einer definierten Gleitbahn unter der Wirkung der Schwerkraft verstanden.
Das Fels- oder Lockermaterialpaket kann während der Bewegung in einzelne Teile zerbrechen. Im Innern der sich bewegenden Masse bleiben die einzelnen Partikel aber immer in Kontakt mit ihren Nachbarn. Ein Springen und Rollen entlang von individuellen Sturzbahnen wird dadurch praktisch verunmöglicht und die relative Lage der einzelnen Teile verschiebt sich nur wenig. Dies führt dazu, dass Strukturen aus dem Abgangsgebiet teilweise auch im Ablagerungsgebiet erhalten bleiben.

- **Fliessen**
Feststoffe, wie sie in Wildbächen normalerweise vorkommen, können nur in einem Gemisch mit Wasser tatsächlich fliessen. Je nach dem Feststoff/Wasser-Verhältnis hat dieses Gemisch andere Fliesseigenschaften (vgl. Pierson, Costa 1987).
Bei sehr kleinen Wassergehalten findet ein Übergang zu Gleit- bzw. Sturzbewegungen statt, bei sehr hohen Wassergehalten zum Transport durch ein Medium.

- **Transport durch ein Medium**
Feststoffe können durch die Transportmedien Wasser und Schnee und - in Wildbächen von untergeordneter Bedeutung - durch Wind verlagert werden. Der Transport kann in Suspension oder als Geröll erfolgen.

- **Kriechen**
Kriechen als langsamer Verlagerungsprozess entsteht durch Bewegungen von Lockermaterial- oder Felspartikeln entlang kleiner und kleinster Scherflächen, die meist auf den ganzen kriechenden Komplex verteilt sind. Typisches Beispiel für tiefgründige Kriechbewegungen sind Talzuschübe. Die einzelnen Abscherungen können auch als Gleitungen betrachtet werden. Örtlich begrenzt können in kriechenden Massen auch Fliessbewegungen vorkommen. Der Begriff des Kriechens ist physikalisch nicht unbedingt korrekt, wird aber hier trotzdem verwendet, da er eine Art von Bewegung beschreibt, die mit den üblichen Gleit- und Fliessmodellen nur schlecht nachgebildet werden kann.

Ablagerung:
Ein Prozess kann u.a. an einem Hindernis oder bei einer Gefällsreduktion zum Stillstand kommen. Dabei wird das Material abgelagert. Beim Transport durch ein Medium kommt es zu Ablagerungen, wenn die Transportkraft unter eine gewisse, von den Eigenschaften des Mediums sowie von der Grösse und Form der bewegten Komponenten abhängige Grenze fällt. Die Ablagerungen weisen in der Regel eine für den Verlagerungsprozess typische Form auf.

3.2.2 FESTSTOFFMOBILISIERUNG UND -VERLAGERUNG IM WILDBACHGERINNE

Beim Verlagern von Feststoffen in Wildbachgerinnen sind grundsätzlich die gleichen Prozesse beteiligt, wie beim 'Fliessen' und 'Transport durch ein Medium' in den Hängen eines Einzugsgebiets. Dabei sind aber wesentlich grössere Wasser- und Feststoffmengen im Spiel, als dies im Hang üblicherweise der Fall ist, und es treten deshalb auch einige spezielle Phänomene auf. Deshalb sollen die beteiligten Prozesse hier etwas detaillierter beschrieben werden.

Mobilisierung
Bei der Mobilisierung von Material in einem Wildbachgerinne können grob zwei Prozesse unterschieden werden, wobei die Grenze dazwischen fliessend ist:
- **Mobilisierung einzelner Komponenten**
  Zur Mobilisierung von einzelnen Komponenten aus der Sohle oder der Böschung eines Bachbetts kommt es, wenn die Schleppspannung des fliessenden Wassers gross genug ist, um ein Partikel aus seinem bisherigen Verband herauszureissen. Die dazu notwendige Kraft hängt einerseits von der Grösse des Partikels ab, aber auch von der Art und Festigkeit seiner Einbindung in die Sohle bzw. Böschung. Die Schleppspannung ihrerseits hängt ab von der Fliessgeschwindigkeit und der Abflusstiefe des Wassers. Diese werden von der Abflussmenge, vom Längs- und Querprofil des Gerinnes, aber auch von der Rauhigkeit der Sohle und der Böschungen beeinflusst. Die Schleppspannung schwankt zeitlich wie räumlich sehr stark.
  Die erosive Wirkung des Wassers ist um so grösser, je unregelmässiger die Wasserführung ist und je unregelmässiger sich der Stromstrich bei Hochwassern verlagert (Bunza 1976:69, Mortensen und Hövermann 1957). In den steilen Gerinnen von Wildbächen können durch Unterkolkung auch grosse Blöcke ins Kollern gebracht werden, für welche die Schleppkraft des Wassers bzw. des Wasser-Geschiebe-Gemisches allein nicht ausreichen würde.
  Erfolgt durch das Herauslösen einzelner Partikel längerfristig eine Tieferlegung der Sohle, wird dies als Tiefenerosion bezeichnet. Führt sie zu einem seitlichen Verschieben der Böschung, wird dies Seitenerosion genannt.
  Die Mobilisierung von einzelnen Komponenten findet grundsätzlich immer statt, sofern Wasser fliesst und dieses auf seinem Weg Partikel findet, die von den wirkenden Schleppspannungen mobilisiert werden können. Die weitere Verlagerung erfolgt in der Regel als Schwebstoff oder Geschiebe.

- **Mobilisierung grösserer Kompartimente**
  Im Gegensatz zur Mobilisierung von Einzelkomponenten handelt es sich bei der Mobilisierung grösserer Kompartimente um einen episodischen Prozess, der nur unter bestimmten Bedingungen abläuft. Die weitere Verlagerung von grossen, auf einen Schlag in Bewegung gesetzten Feststoffmassen erfolgt oft als Murgang. In

3 Der Feststoffhaushalt von Wildbacheinzugsgebieten

einem Wildbachgerinne können derartige Mobilisierungen grundsätzlich auf zwei Arten geschehen (vgl. VAW 1991 und Häberli et al. 1991):

- **Verflüssigung der Bachsohle**
  Unter der Auflast und der wirkenden Schleppkraft eines grossen Hochwassers kann es vorkommen, dass nicht mehr nur einzelne Partikel aus der Bachsohle herausgelöst werden, sondern dass grössere Teile der Sohle zusammen in einer Art Rutschung abscheren und in Bewegung geraten.
- **Durchbruch einer Verklausung**
  Bei einer Verklausung handelt es sich um eine mehr oder weniger lange dauernde Verstopfung des Gerinnebetts durch Unholz und/oder Geröll. Hinter einer derartigen Verklausung sammelt sich mit Wasser gesättigtes Material an, das sich beim Bruch des Dammes als Ganzes in Bewegung setzt.

Verlagerung
Im Gerinne aufgenommenes bzw. dem Gerinne aus dem Hang zugeführtes Material wird durch das Bachsystem hindurch auf den Schwemmkegel bzw. in den Vorfluter verlagert. Dabei wird zwischen drei Verlagerungsformen unterschieden:
- **Schwebstofftransport**
  Verlagerung von Feststoffen in einem Gerinne ohne Kontakt zur Gerinnesohle, wobei diese Partikel vor allem durch die Turbulenz der Strömung in der Schwebe gehalten werden.
- **Geschiebetransport**
  Rollende, gleitende oder springende Verlagerung von Feststoffen entlang der Sohle des Gerinnes unter der Wirkung der Schleppspannung des Wassers.
- **Murgang**
  - nach GHO (1982): "Abfluss eines Gemisches von Wasser und Feststoffen mit hoher Feststoffkonzentration"
  - nach DIN 19663 (S.4):
    "Muren sind eine wildbachtypische Sonderform der Hochwasserabflüsse. Sie sind Gemische aus Wasser und Feststoffen (Boden, Gesteinsschutt aller Korngrössen, Holz). Sie bewegen sich in Wildbachbetten oder Hangfurchen schnell bis sehr schnell zu Tal und erreichen den Vorfluter unmittelbar oder entmischen sich im Bereich abnehmenden Gefälles, wobei sich die Feststoffe ganz oder teilweise in Umlagerungsstrecken, auf Schwemmkegeln oder im Talboden ablagern. Muren entstehen durch starke Feststoffeinstösse, beim Durchbruch von Verklausungen oder bei Dammbrüchen".

Bei sonst gleichen Bedingungen werden in einem Bach kleinere Partikel als Schwebstoff und grössere als Geschiebe transportiert. Bei welchem Korndurchmesser die Grenze zwischen Schwebstoff und Geschiebe liegt, hängt von der Strömungsgeschwindigkeit des Wassers ab (vgl. Vischer, Huber, 1985:33 oder Zimmermann 1989:16). In einem Wildbach ändert sich diese Geschwindigkeit sehr rasch innerhalb einer grossen Bandbreite. Die Unterscheidung zwischen 'Schwebstofftransport' und 'Geschiebetrieb' ist deshalb oft schwierig und z.T. wenig sinnvoll.

Ablagerung
Zu Ablagerungen kommt es in einem Wildbachgerinne dann, wenn die Transportkraft des Wassers so stark nachlässt, dass nicht mehr alles mobilisierte Material weiterbewegt werden kann. Ausgelöst werden kann eine solche Abnahme der Transportkraft durch eine geringere Abflusstiefe (z.B. bei einer Verbreiterung des Gerinnequerschnitts) oder durch abnehmende Fliessgeschwindigkeiten in einer Verflachung. Beim Schwebstofftransport und beim Geschiebetransport wird mit abnehmender Transportkraft immer mehr Material abgelagert. Einzig beim Murgang kann auch zu einem plötzlichen Stillstand kommen, der mit einer Entwässerung des Murkörpers einhergeht.

3.3 MODELLE FÜR PROZESSE DES FESTSTOFFHAUSHALTS

Bei den Modellen für Prozesse des Feststoffhaushaltes lassen sich grob zwei Typen unterscheiden. Zum einen Typ werden alle Modelle gezählt, die einzelne Prozesse mehr oder weniger detailliert erläutern. Sie sind in den Kapiteln 3.3.1 und 3.3.2 für Hang- bzw. Gerinneprozesse zusammengestellt.

Die zweite Gruppe bilden diejenigen Modelle, welche versuchen, die Entwicklung eines ganzen Einzugsgebiets zu beschreiben. Dabei wird immer in der einen oder anderen Form der Wasserhaushalt berücksichtigt, da die Wasserflüsse den entscheidenden Motor für viele Feststoffverlagerungen bilden. Diese Einzugsgebietsmodelle werden deshalb als hydrologisch-geomorphologische Modelle bezeichnet. Sie sind in Kap 3.3.3 erläutert.

Bei den Modellen für einzelne Prozesse des Feststoffhaushalts können grob drei Arten von Modellen unterschieden werden:
- Mobilisierungsmodelle:
  Diese Modelle beschreiben den Ablauf von Prozessen, die an der Mobilisierung von Material beteiligt sind. Sie beschreiben die Hangprozesse Abscheren, Kippen/Ausbeulen, Ablösen und Erosion i.e.S., sowie die Ablösung von Einzelkomponenten und grösseren von Kompartimenten im Gerinne. Mit Mobilisierungsmodellen werden Fragen der folgenden Art bearbeitet: 'Wieviel Material wird wann und wo von einem Prozess unter welchen Umständen in Bewegung gesetzt?'
- Trajektorienmodelle:
  Ein Trajektorienmodell bestimmt den Weg eines Prozesses nach dessen Ablösung (vgl. Hegg, Kienholz 1992:177).

- Verlagerungsmodelle:
  Diese dritte Gruppe von Modellen beschreibt das Verhalten der Prozesse entlang ihres Weges. Sie umfasst die Modelle für die Hangprozesse Stürzen, Gleiten, Fliessen und Transport durch ein Medium, sowie für die Gerinneprozesse Schwebstofftransport, Geschiebetransport und Murgang. Ebenfalls zu dieser Gruppe werden die Modelle für den Spezialfall Kriechen gezählt. Im Zusammenhang mit Hangprozessen werden diese Modelle oft auch als Reibungsmodelle bezeichnet.
  Nicht zu den Verlagerungsmodellen sondern zu den Mobilisierungsmodellen gezählt werden Simulationsverfahren, welche die Erosion von Material durch Hangprozesse beschreiben.
  Diese strikte Trennung zwischen Mobilisierung und Verlagerung erfolgt aufgrund der Beobachtung, dass in einem Gerinne eine grössere Geschwindigkeit nötig ist, um einen Stein in Bewegung zu setzen, der sich in einer labilen Gleichgewichtslage befindet, als sie benötigt wird, um den gleichen Stein in Bewegung zu halten (vgl. z.B. Hjulström, 1932).

Die nachfolgende Aufzählung einiger ausgewählter Modelle für die in Kap. 3 definierten geomorphologischen Prozesse erhebt keinen Anspruch auf Vollständigkeit. Bei Prozessen, wo eine grosse Anzahl von Modellen besteht, werden nur einzelne typische Beispiele erwähnt.

3.3.1 MODELLE FÜR HANGPROZESSE

Modelle für Hangprozesse beschreiben alle in Fig. 11 dargestellten und in Kap. 3.2.1 erläuterten Prozesse sowie die Übergänge zwischen diesen Prozessen. Diese Übergänge werden dabei als ein Teil der Verlagerung betrachtet und sind dort erläutert.

Mobilisierungsmodelle
Echte Mobilisierungsmodelle für Hangprozesse sind selten. Einzig für die Erosion durch fliessendes Wasser auf Ackerflächen (Bodenerosion) wurden verschiedene Mobilisierungsmodelle entwickelt. Für wildbachspezifische Hangprozesse bestehen wohl verschiedene Dispositionsmodelle bzw. 'händische' Verfahren, welche die Aufgabe von Dispositionsmodellen erfüllen. Diese Methoden wurden aber kaum zu echten Mobilisierungsmodellen weiterentwickelt. Deshalb sind hier nur die wichtigsten Grundlagen für den Aufbau von Mobilisierungsmodellen für die verschiedenen Prozesse erläutert.
- Abscheren
  Einen Überblick über die zahlreichen Möglichkeiten, die Gefahr von Ablösungen ganzer Kompartimente (Rutschungen i.w.S.) für ein grösseres Gebiet zu bestimmen, gibt Hutchinson (1995). Traditionellerweise basieren diese Verfahren vor allem auf der Interpretation von Felderhebungen (vgl. z.B. Kienholz 1977). In neuerer Zeit wird versucht, die Rutschungsgefahr indirekt mit statistischen Ver-

fahren zu bestimmen (z.B. Carrara et al. 1990), Aussagen zur Wahrscheinlichkeit von Rutschungen und zur dabei mobilisierten Feststoffmenge sind grundsätzlich möglich, wobei die Unsicherheiten dabei relativ gross sind. Einen anderen Ansatz verfolgen z.b. Liener (1995) und Terlien et al. (1995), welche versuchen, Methoden zur Berechnung der Stabilität einzelner Böschungen in die Fläche zu übertragen.

Liener unterscheidet dabei auch flach- und mittelgründige Rutschungen. Wichtigste Input-Parameter bilden eine detaillierte Substratkarte sowie ein digitales Geländemodell. Eine Substratkarte scheidet Gebiete aus, welche in Bezug auf ihre Festigkeitseigenschaften als homogen betrachtet werden können. Für jedes dieser Gebiete werden anhand der SNV 670 010a-Norm die Festigkeitseigenschaften bestimmt. Mit Stabilitätsberechnungen werden für jedes homogene Teilgebiet die Hangneigungen bestimmt, oberhalb derer mit Rutschungen zu rechnen ist. Durch eine Überlagerung von Geländemodell und Substratkarte werden dann diejenigen Gebiete identifiziert, welche rutschgefährdet sind.

Dieses Verfahren eignet sich beim Vorliegen der benötigten Inputdaten einerseits für das Erstellen von Gefahrenhinweiskarten. Andererseits ist es aber auch integraler Bestandteil des Gesamtmodells Wildbach, in dem es die Identifikation derjenigen Flächen erlaubt, bei denen der bei den episodischen Hangprozessen in Kap. 2.3 aufgeführte Regler STAB von Bedeutung ist. Zusammen mit einem noch zu entwickelnden Modell über die Auftretenswahrscheinlichkeit von Rutschungen, bildet das von Liener (1995) entworfene Modell auch die Grundlage für die Abschätzung der mittleren jährlichen Feststoffmobilisierung durch Rutschungen.

- Kippen, Ausbeulen
  Modelle für diese Übergangsform zwischen Abscheren und Ablösen sind selten. Aydan et al. (1992) haben im Zusammenhang mit Untersuchungen zur Bestimmung der Reichweite von einstürzenden steilen Felswänden Mobilisierungen durch Kippen und Ausbeulen im Labor simuliert.
- Ablösung von Einzelkomponenten
  Mögliche Standorte für ein Ablösen von Einzelkomponenten können mit den auf Seite 47 aufgeführten Faustregeln bestimmt werden. Damit sind weder Angaben über die Wahrscheinlichkeit eines Anbruches noch über die dabei mobilisierten Feststoffmengen verbunden.
- Erosion durch Schnee und Lawinen
  Erosion durch Schnee und Lawinen kann für einzelne Ereignisse örtlich sehr grosse Werte annehmen. So beobachtete Becht (1994: 182) Erosionsbeträge von bis zu 5 mm in einem Winter. Angaben über die Wahrscheinlichkeit derartiger Ereignisse und damit über den mittleren Abtrag fehlen allerdings.
  Die bestehenden Anleitungen und Modelle zum Bestimmen der Anrisszonen von Lawinen für Gefahrenhinweiskarten (z.B. Salm et al. 1990) erlauben wohl das Bestimmen der möglichen Lawinenanrisse. Ob diese aber als Bodenlawinen (de

Quervain 1972: 29) abgehen und dabei Material mobilisieren, kann damit nicht beurteilt werden.
- Erosion durch fliessendes Wasser
Die Erosion durch das fliessende Wasser wurde vor allem von Wetzel (1992) im Lainbachtal detailliert untersucht, und er konnte verschiedene qualitative Regeln aufstellen, die den Feststoffabtrag beschreiben. Aufgrund der grossen räumlichen und zeitlichen Variabilität der Erosion durch Wasser können diese Regeln aber nicht ohne ergänzende Messungen in andere Einzugsgebiete übertragen werden. Verschiedene Verfahren zur Abschätzung der Erosion durch fliessendes Wasser wurden für Ackerböden entwickelt (z.b. Wischmeier und Smith 1978). Diese sind jedoch, wie Wetzel (1992: 98) zeigte, wenig geeignet, die Erosion zuverlässig zu simulieren, wenn die Reliefverhältnisse durch grosse Hangneigungen und Runsen geprägt sind, wie dies in Wildbächen oft der Fall ist.
- Erosion durch andere Hangprozesse
Ablaufende Hangprozess können während ihrer Verlagerung erhebliche zusätzliche Volumina mobilisieren. So wurde beim Val Pola Bergsturz im Jahre 1987 das Ausgangsvolumen auf 32 Mio. m^3 geschätzt. Da sich die Ablagerungen aber auf 40 Mio. m^3 belaufen, mussten etwa 8 Mio. m^3 während der Verlagerung der Sturzmasse erodiert worden sein (Cancelli et al. 1990). Modelle zur Simulation der daran beteiligten Prozesse bestehen aber nicht, nicht zuletzt deshalb, weil ein Beobachten oder Messen nur mit sehr grossem Aufwand möglich ist.

Trajektorienmodelle
In der Vergangenheit wurden Trajektorienmodelle oft in Kombination mit einem Reibungsmodell entwickelt, um damit Gefahrenzonen, z.B. für Steinschlag, zu bestimmen. Einige Bespiele dazu sind bei den Verlagerungsmodellen erläutert. Eigenständige Trajektorienmodelle bestimmen den Weg eines Prozesses oft über eine Aneinanderreihung (Kaskadierung) von Elementen eines Geländemodells. Je nach Art des Geländemodells können dies Gridzellen (vgl. z.B. Jenson und Domingue, 1988) oder Dreiecke eines TIN's (vgl. ESRI, 1988) sein. Dabei werden schrittweise von einem Element des Geländemodells zum nächsten Vorgänger-Nachfolger-Relationen aufgebaut, und so der Weg eines Prozesses bestimmt. Untersuchungen von Hegg und Kienholz (1992, 1995) haben aber gezeigt, dass diese Vorgänger-Nachfolger Relationen nicht in jedem Fall transitiv sind. Die auf diese Weise bestimmten Wege von Hangprozessen können deshalb erheblich von der effektiven Bewegungsrichtung abweichen.

Deshalb wurde das Trajektorienmodell 'Vektorenbaum' entwickelt, bei dem die Wege von Prozessen nicht durch eine Aneinanderreihung von Flächen, sondern durch eine von Vektoren abgebildet werden. Das Problem der nicht transitiven Vorgänger-Nachfolger Relation und das Verfahren sind in Kap. 5 detailliert erläutert.

Verlagerungsmodelle
Der erste Schritt bei der Simulation einer Feststoffverlagerung ist die Bestimmung des Verlagerungsprozesses. Dieser hängt unter anderem von der Art der Mobilisierung ab. Häufige Kombinationen von Prozessen der Mobilisierung und der Verlagerung im Hang sind in Fig. 11 dargestellt. Daraus wird ersichtlich, dass den Prozessen Ablösen, Erosion i.e.S. sowie Kippen/Ausbeulen in den meisten Fällen eindeutig ein Verlagerungsprozess zugeordnet werden kann. Etwas anders sieht dies beim Abscheren aus. Während die erste, z.T. nur sehr kurze Verlagerungsphase meist als Gleiten erfolgt, sind Übergänge zu einer fliessenden Bewegung oder zu einem Stürzen in der zweiten Verlagerungsphase häufig zu beobachten. Ausdruck der Vielzahl von Prozesskombinationen, die auf diese Weise entstehen, sind die Rutschungsklassifikationen von Varnes (1978) und Hutchinson (1988), welche beide eine grosse Anzahl von verschiedenen Rutschungstypen unterscheiden. Dies deshalb, weil jede häufige Kombination von Mobilisierung und Verlagerung als eigener Rutschungstyp angesprochen wird. Untersuchungen zur Bestimmung des Verlagerungsprozesses nach einer Mobilisierung durch Abscheren wurden vor allem in Japan durchgeführt (vgl. z.B. Sassa und Fukoka, 1995).

Für verschiedene der in Fig. 11 dargestellten Prozesse wurden im Zusammenhang mit Gefahrenbeurteilungen Verlagerungsmodelle erstellt. Nachfolgend sind diese Modelle erläutert. Bei Prozessen, für die noch keine Verlagerungsmodelle bestehen, werden die wichtigsten Grundlagen solcher Entwicklungen dargelegt:

- Stürzen
  Zur Simulation der Sturzprozesse einzelner Komponenten bestehen verschiedene Modelle, die in der Lage sind, die Bewegungsbahnen und Reichweiten einzelner Komponenten zu simulieren und/oder das vom Steinschlag gefährdete Gebiet zu bestimmen. Dabei sind in der Regel Trajektorienmodell und Verlagerungsmodell zu einem Modell kombiniert worden. Beispiele dafür sind die Modelle von Bozzolo et al. (1988), Descoeudres (1990) oder Zinggeler et al. (1991).
- Gleiten
  Der Prozess des Gleitens wurde vor allem im Zusammenhang mit grossen Bergstürzen untersucht. Seit Heim (1932) ist bekannt, dass grössere Bergstürze tendenziell grössere Reichweiten erreichen können. Scheidegger (1975) leitete aus abgelaufenen Bergstürzen eine Beziehung zwischen Volumen und Winkel der Fahrböschung ab. Eine plausible Erklärung für die beobachtete Zunahme der Reichweite mit dem Volumen liefert Erismann (1992). Untersuchungen zu Gleitbewegungen kleiner Massen sind selten, da dabei die Rutschmasse oft noch innerhalb der Anrisszone sitzen bleibt und deshalb eine Auslaufberechnung für eine Gefahrenbeurteilungen nicht nötig ist.
- Fliessen
  Typische Vertreter der Fliessvorgänge im Hang sind Murgänge. Bei den Untersuchungen im Zusammenhang mit der Ursachenanalyse der Unwetter 1987 zeigte sich (VAW, 1991), dass die Reichweite von Murgängen theoretisch mit dem

gleichen Modell bestimmt werden können, wie es Voellmy (1955) für Lawinen vorschlägt. Für eine praktische Anwendung ist die Unsicherheit der Parameter-Bestimmung jedoch noch zu gross. In diesen Untersuchungen wurden vor allem Murgänge in Gerinnen verwendet. Eine Übertragung der Erfahrungen in den Hang hat bis jetzt noch nicht stattgefunden.
- Transport durch ein Medium
Modelle, die sich explizit mit dem Transport durch ein Medium im Hang befassen, sind dem Autor nicht bekannt. Die erwähnten Modelle zur Simulation der Bodenerosion beschränken sich in der Regel auf Mobilisierungsmodelle. Die Verlagerung und eine eventuelle Ablagerung an einem anderen Ort werden nicht berücksichtigt.
Der Transport durch Wasser im Hang verläuft nach den gleichen physikalischen Gesetzmässigkeiten wie der Transport im Gerinne. Es ist deshalb naheliegend, für den Transport im Hang die gleichen Formeln und Regeln zu verwenden, wie für den Transport im Gerinne. Die Zweckmässigkeit dieser Annahme muss aber noch mit Felddaten verifiziert werden.
Beim Transport durch Lawinen und Schnee muss unterschieden werden zwischen dem Transport in Suspension durch Lawinen und den Transport als 'Geschiebe' durch eine Lawine oder durch Gleitschnee. Beim ersteren kann davon ausgegangen werden, dass das Material gleich weit transportiert wird, wie die Lawine kommt. Der Ablagerungsort kann deshalb mit herkömmlichen Lawinenmodellen bestimmt werden (vgl. Teil C). Über den Transport als 'Geschiebe' sind den Autoren keine Untersuchungen oder Modelle bekannt.
- Kriechen
Savage und Smith (1986) schlagen ein Modell vor, das die Kriechbewegungen in einer tiefgründig bewegten Masse simuliert. Darauf aufbauend haben Savage und Varnes (1987) die Ablösung solcher Komplexe studiert. Da diese Modelle aber erst an wenigen Orten verwendet wurden und entsprechend mit grossen Unsicherheiten behaftet sind, werden die Bewegungsraten tiefgründig kriechender Massen meist konventionell mit Hilfe von Inklinometermessungen bestimmt (vgl. z.B. Kienholz et al. 1992b)). Wenn Tiefe, Ausdehnung und Mächtigkeit einer kriechenden Masse bekannt sind, können Verlagerungsraten bestimmt werden.

3.3.2 MODELLE FÜR GERINNEPROZESSE

Im Gegensatz zu den Hangprozessen erübrigt sich bei den Gerinneprozessen in vielen Fällen das Bestimmen des Weges, da er durch eine ausgeprägte Tiefenlinie eindeutig vorgezeichnet ist. Auf Gerinnestrecken, wo keine eindeutige Tiefenlinie vorliegt, z.B. auf einem Schwemmkegel, können die gleichen Trajektorienmodelle verwendet werden wie sie bei den Hangprozessen zum Einsatz gelangen. Deshalb wird auf eine erneute Erläuterung dieses Modelltyps verzichtet.

Mobilisierungsmodelle
- Mobilisierung einzelner Komponenten
  Ein Verfahren, das die Mobilisierung von Material in einem Gerinne umfassend beschreibt, ist den Autoren nicht bekannt. Naden (1987) beschreibt wohl das Herauslösen einzelner Geschiebekörner unter bestimmten, strengen Rahmenbedingungen (z.B. nur kugelige Geschiebekörner). Die Umsetzung unter Feldbedingungen scheitert aber noch an der Erhebung der benötigten Informationen. Ruland (1993) schlägt ein Konzept zur Beurteilung des Erosionsrisikos vor. Darin werden sowohl die Wirkung des Strömungsangriffs des Wassers, als auch der Widerstand des Sediments gegen Erosion als stochastische Elemente betrachtet.
  Geschiebetransportformeln umfassen meist einen Term, mit dem versucht wird, die notwendige Scherkraft zum Herauslösen von Steinen aus dem Gerinnebett in der einen oder anderen Form zu berücksichtigen. Oft wird davon ausgegangen, dass Geschiebetrieb nur dann stattfindet, wenn die Scherkraft einen bestimmten Schwellenwert überschritten hat. Diese Formeln werden beim Transport im Gerinne genauer erläutert.
  Von einem anderen Konzept geht Einstein (1937) aus. Er fasst die Geschiebebewegung als Wahrscheinlichkeitsproblem auf, und postuliert aufgrund von Beobachtungen im Labor, dass sich Geschiebekörner in Schritten bewegen, die von Ruhephasen unterschiedlicher Länge unterbrochen werden. Weiter geht er davon aus, dass ein Korn bestimmter Grösse aus der Sohle herausgelöst wird, wenn der augenblickliche Auftrieb grösser ist als sein Gewicht. Daraus leitet Einstein (1950) eine Geschiebetriebsformel ab, die nebst Gerinneparametern verschiedene Konstanten enthält, welche mit Versuchsergebnissen kalibriert wurden.
- Mobilisierung grösserer Kompartimente
  Formeln zur Bestimmung der bei der Mobilisierung grösserer Kompartimente in Bewegung gesetzten Feststoffmengen bestehen nicht. Einziger Anhaltspunkt bilden die Faustregeln, die Häberli et al. (1991) sowie Rickenmann (1995) aufgrund der Ereignisse im Jahre 1987 aufgestellt haben. Das Ablösen eines grösseren Kompartiments einer Bachsohle weist aber gewisse Ähnlichkeiten auf mit dem Abscheren im Hang. Deshalb wird zu überprüfen sein, ob Modelle der Stabilitätsberechnung von Böschungen ebenfalls für Bachsohlen Verwendung finden können, wie dies z.B. Zeller (1993) vorschlägt.

Verlagerungsmodelle
- Schwebstofftransport
  Die Bedeutung des Schwebstofftransports für die Feststoffbilanz eines Einzugsgebiets wurde in verschiedenen Untersuchungen nachgewiesen (vgl. z.B. Becht et al. 1989, oder Cambon et al. 1990), und es bestehen verschiedene Versuche, diese Erfahrungen in ein Modell umzusetzen (vgl. z.B. Naden, 1989: 229ff). Die meisten dieser Modelle sind aber nicht für Wildbachbedingungen entwickelt worden. Eine Ausnahme bildet Borges (1993), die aufgrund der langjährigen Messreihen in den Bassins de Draix Modelle für den Schwebstofftransport aber

auch für den Geschiebetransport, vorschlägt. Aufgrund der besonderen Bedingungen in den Bassins de Draix lassen sich ihre Erkenntnisse aber nicht auf schweizerische Verhältnisse übertragen (vgl. Kap. 6).
- Geschiebetransport
Für den Geschiebetransport wurden zahlreiche verschiedene Formeln entwickelt. Die Grundstruktur der meisten dieser Formeln geht auf du Boys (1879) zurück. Sie gehen von der Grundannahme aus, dass der Geschiebetransport in einem bestimmten Verhältnis zu den aktuellen hydraulischen Verhältnissen sowie zu Gerinneparametern steht. Die hydraulischen Verhältnisse werden je nach Verfahren durch verschiedene Variablen beschrieben, z.B. durch den Abfluss oder die Sohlschubspannung. Zudem wird davon ausgegangen, dass der Geschiebetrieb erst einsetzt, wenn die hydraulischen Verhältnisse eine bestimmte Schwelle, den sogenannten Grenzabfluss, überschritten haben. Die Formeln nach du Boys haben etwa folgende Form:

$$\text{Geschiebetrieb} = C * (\text{Wert}_{\text{aktuell}} - \text{Wert}_{\text{kritisch}})^m$$

$\text{Wert}_{\text{aktuell}}$ beschreibt die aktuellen hydraulischen Bedingungen an der Gerinnesohle, und $\text{Wert}_{\text{kritisch}}$ entspricht dem Schwellenwert zur Mobilisierung der betrachteten Korngrösse. C und m sind Konstanten, welche anhand von Feld- oder Labormessungen kalibriert werden. Übersichten über die zahlreichen ähnlichen Formeln für den Feststofftransport geben z.B. Graf (1971), Zanke (1982), Bathurst et al. (1987), Naden (1988), Singh, et al. (1988), Rickenmann (1990) oder auch Busskamp (1993). Die darin beschriebenen Formeln sind allerdings zum grossen Teil nur für relativ geringe Gefälle (< 1%) anwendbar.
In grösseren Gefällsbereichen und in wildbachtypischen Gerinnemorphologien wurden nur relativ wenige Untersuchungen durchgeführt (Bathurst, 1993:87). Für Gefälle bis ca. 20% wurden die Formeln von Smart und Jäggi (1983) und Rickenmann (1990) entwickelt. Beide basieren auch auf dem Prinzip von du Boys (1879).
Alle Formeln nach dem Prinzip von du Boys sind stark empirisch und entsprechend eng an die Bedingungen gebunden, unter denen sie entwickelt wurden. Dies ist besonders bei denjenigen Formeln zu beachten, die mit Labordaten kalibriert wurden. So zeigt z.B. Komar (1988), dass die kritischen Schubspannungen, die zur Mobilisierung einer bestimmten Kornfraktion nötig sind, nicht unabhängig vom Korngemisch sind, in dem sie liegen.
Deshalb wurde verschiedentlich versucht, Geschiebetransportformeln nach dem Ansatz von Einstein (1950) aufzubauen. Diesen Arbeiten war aber wegen der begrenzten Möglichkeiten, die Bewegungen einzelner Geschiebekörner zu beobachten, sowie durch den hohen Rechenaufwand enge Grenzen gesetzt (vgl. Busskamp, 1993:12). Erst mit Hilfe eines neuen Radiotracers und dank der immer besser werdenden Rechenleistung der Computer gelang es deshalb Busskamp, eine Geschiebetriebsformel aufzustellen, die mit Hilfe in einem Wildbach aufge-

zeichneter Bahnen einzelner Geschiebekörner geeicht wurde. Das in Kap. 4 erläuterte Verfahren PROBLOAD baut auf Ideen von Einstein auf, und versucht diese so weiterzuentwickeln, dass sie auch den grossen Variationen in sehr steilen Wildbachgerinnen gerecht werden.

Whitacker (1987a) und b)) versucht explizit, die in Wildbächen häufig beobachteten 'step-pool' Sequenzen zu berücksichtigen. Aufgrund von Laborversuchen konnte er die Formel von Smart und Jäggi (1983) so anpassen, dass der Einfluss der Stufen berücksichtigt wird. Ungelöst bleibt allerdings noch die Übertragung dieses Ansatzes auf Feldbedingungen, wo das Bestimmen der Parameter der Stufen ungleich schwieriger ist als im Labor.

- Verlagerung grösserer Kompartimente
Verglichen mit der grossen Zahl von Modellen zur Berechnung der Verlagerung einzelner Komponenten sind die Modelle zur Simulation der Verlagerung grösserer Kompartimente nahezu inexistent. Das wohl am weitesten entwickelte Verfahren basiert wieder auf der Analyse der Hochwasser von 1987 (VAW 1991) und ist u.a. in Rickenmann (1992) beschrieben. Dabei wird nachgewiesen, dass mit dem von Voellmy (1955) für die Lawinen vorgeschlagenen Modell auch Murgänge näherungsweise simuliert werden können. Allerdings ist die Basis zur Festlegung der Parameter wegen der eher geringen Anzahl ausgewerteter Ereignisse noch recht unsicher. Ein zusätzliches modelltechnisch bedingtes Problem ergibt sich, wenn ein Gerinneabschnitt ein ähnliches Gefälle aufweist, wie der Reibungsparameter μ im Modell von Voellmy (Rickenmann 1992: 44).

3.3.3 HYDROLOGISCH-GEOMORPHOLOGISCHE MODELLE

Bei den hydrologisch-geomorphologischen Modellen wird unterschieden zwischen der grossen Gruppe von Modellen zur Simulation der langfristigen Entwicklung der Landschaft ('landform evolution models'), und Verfahren, welche versuchen Feststofffrachten in Fliessgewässern durch eine Kombination von Abfluss- und Feststofftransportmodellen zu simulieren. Einen Überblick dazu vermittelt Pickup (1988). Für wildbachspezifische Bedingungen wurde das Verfahren TORSED entwickelt. Einen Spezialfall der hydrologisch-geomorphologischen Modelle bilden diejenigen Abflussmodelle, die versuchen, mit einfachen Parametern den Einfluss der Geomorphologie eines Einzugsgebiets auf die Abflussbildung zu erfassen und deshalb den Begriff 'geomorphologisch' in ihren Namen tragen (vgl. z.B. Rodriguez-Iturbe, 1993 oder Bérod, 1995). Auf diese Modelle wird hier jedoch nicht weiter eingegangen.

landform evolution models
Grundlage der 'landform evolution models' bilden langfristige Untersuchungen zum Wasser- und Feststoffhaushalt eines Einzugsgebiets, aus denen z.B. mittlere Abtragsraten oder mittlere Verweilzeiten des Geschiebes in einem Gerinneabschnitt abgeleitet werden (vgl. z.B. Caine und Swanson, 1989 oder Richards, 1993). Mit Hilfe von derartigen Informationen werden dann Modelle kalibriert, die durch theoretische

Herleitungen aufgebaut wurden. Zahlreiche Geomorphologen haben sich diesen Fragestellungen angenommen und entsprechend umfangreich ist die Publikationsliste. Einen Einstieg können z.b. die von Ahnert (1987), Anderson (1988), Beven und Kirkby (1993), oder Kirkby (1994) herausgegebenen Bücher ermöglichen, die alle Beiträge von mehreren Autoren enthalten. Verschiedentlich wurden Modelle zur Landschaftsentwicklung mit Geographischen Informationssystemen gekoppelt (z.B. Dikau, 1990).

Die meisten dieser Modelle versuchen die Landschaftsentwicklung über relativ lange Zeiträume (mehrere Jahrzehnte bis Jahrtausende) zu simulieren. Dabei müssen oft die Wirkungen mehrerer beteiligter Prozesse zu langjährigen Mittelwerten zusammengefasst werden. Die Modelle eignen sich deshalb nicht dazu, z.B. die Veränderung im Murganggeschehen aufgrund von Klimaveränderungen zu simulieren. Sie können aber dazu verwendet werden, zu überprüfen, ob Landschaftsentwicklungen, wie sie mit noch zu entwickelnden, detaillierteren Modellen simuliert werden, mit den gängigen Vorstellungen übereinstimmen.

Verfahren TORSED
Das Verfahren TORSED wird hier als Beispiel für ein Modell zur Abschätzung der Feststofffrachten in einem Wildbacheinzugsgebiet erläutert. Die Grundstruktur für dieses Verfahren wurde von Kienholz et al. (1990) vorgeschlagen, und basiert auf Erfahrungen bei der Analyse der Geschiebelieferung durch Wildbäche im Rahmen der Ursachenanalyse für die Unwetter 87. Darauf aufbauend hat Lehmann (1993) das Konzept zu einem Verfahren zur Beurteilung von Wildbächen weiterentwickelt, das auf die Bedürfnisse der Praxis bei Gefahrenbeurteilungen oder Verbauungsmassnahmen ausgerichtet ist. Die Umsetzung dieses Konzepts in eine konkrete Anleitung steht zur Zeit kurz vor dem Abschluss.

Das Verfahren besteht aus mehreren Schritten. Nach einer Analyse der verfügbaren Unterlagen (Luftbilder, Archivaufzeichnungen, etc.), wird das Gerinne begangen und in Abschnitte mit ähnlichem Abflussverhalten unterteilt. Für jeden Abschnitt wird anhand von vorgegebenen Anleitungen geschätzt, wieviel Material bei einem Hochwasser maximal erodiert bzw. abgelagert werden kann. Weiter werden an sogenannt 'kritischen' Stellen Querprofile vermessen. Kritische Stellen sind Orte, wo sich die Gefällsverhältnisse oder der Abflussquerschnitt deutlich verändern.

Dann wird für jedes Querprofil eine Hochwasserganglinie bestimmt. Lehmann verwendet dazu ein erweitertes Verfahren nach Koella (1986). Weiter wird für diese aufgrund von Gebietskenngrössen generierten Hochwasserganglinien die Feststofftransportkapazität bestimmt. Dabei gelangt die Formel von Rickenmann (1990) zur Anwendung, welche die maximale Transportkapazität für die gegebenen Bedingungen berechnet. Da in den meisten Wildbachgerinnen weniger erodierbares Material zur Verfügung steht, als grundsätzlich transportiert werden kann, wird im letzten

Schritt die berechnete Transportkapazität mit dem im Feld erhobenen Feststoffpotential verglichen.

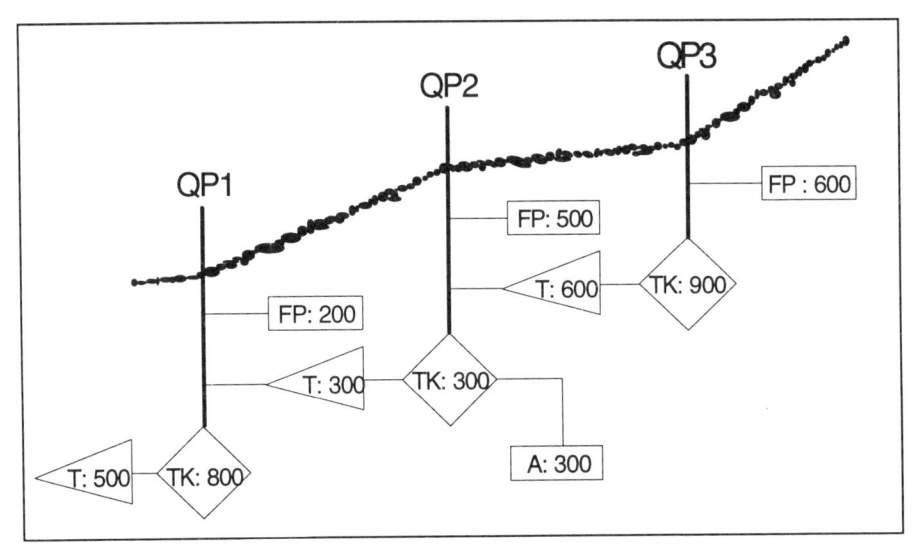

Fig. 12 Schematisches Beispiel zur Bestimmung der Feststofffracht
QP: Querprofil
FP: Feststoffpotential
TK: Transportkapazität
T: Feststofffracht
A: Ablagerung

Dies geschieht schrittweise von Querprofil zu Querprofil von oben nach unten (vgl. Fig. 12). Die Feststofffracht, die durch ein Querprofil verlagert wird, kann nicht grösser sein als die berechnete Transportkapazität. Überschreitet die Feststofffracht aus dem vorangehenden Querprofil die Transportkapazität, kommt es zu Ablagerungen. Ablagerungen treten immer bei abnehmendem Gefälle oder zunehmender Gerinnebreite auf. Ist die Transportkapazität grösser als die Feststofffracht, kann weiter Material erodiert werden, bis das vorhandene Feststoffpotential ausgeschöpft oder die Transportkapazität ausgelastet ist. Auf diese Weise wird die Feststofffracht von Querprofil zu Querprofil bestimmt. Die Feststofffracht, die durch das unterste Querprofil transportiert wird, entspricht der gesuchten Fracht am Kegelhals.

Das Verfahren wurde mit Hilfe von Angaben über den Feststoffumsatz kalibriert, die bei zahlreichen, in den letzten Jahren in der Schweiz abgelaufenen Wildbachereignissen erhoben wurden. Dabei zeigte sich, dass die aufgrund der Laborformel von Rickenmann (1990) berechneten Feststofffrachten generell wesentlich höher liegen, als die im Feld beobachteten (vgl. Kap. 4). Deshalb wurden verschiedene empirische Korrekturfaktoren eingeführt, welche die berechneten Feststofffrachten auf eine Grössenordnung reduzieren, die für Naturbedingungen realistisch ist.

4 DAS VERFAHREN PROBLOAD

Das in diesem Kapitel beschriebene Konzept PROBLOAD (**prob**able sediment **load**) zur Simulation von Feststofffrachten in Wildbachgerinnen entstand aus dem Versuch, die grossen Variationen theoretisch zu erklären, die bei der Feststofffracht in Wildbachgerinnen ohne entsprechende Schwankungen beim Abfluss beobachtet werden. Zudem weichen berechnete Transportkapazitäten oft sehr erheblich von den effektiv in der Natur gemessenen Frachten ab. In Kap 4.1 werden einige Beispiele zu diesen Feststellungen erläutert. Eine mögliche Ursache für die grossen Variationen bilden Feststoffpulse, die durch seitliche Geschiebeeinstösse verursacht werden (vgl. z.B. Whittaker, 1987b)). Die grossen Abweichungen zwischen gemessenen und berechneten Frachten können aber auch so nicht erklärt werden.

Das Verfahren PROBLOAD geht von der Feststellung aus, dass in einem Wildbachgerinne die Streuung aller wichtigen Parameter sehr gross ist und versucht, diese Streuung zu berücksichtigen. Deshalb wird die in einem Wildbach gemessene momentane Feststofffracht als eine zufällige Realisierung aus einer Wahrscheinlichkeitsfunktion betrachtet. Den Hauptteil dieses Kapitels bildet die detaillierte Erläuterung des Verfahrens, wie diese Funktionen hergeleitet werden können (Kap. 4.2). Dabei wird besonders auf die z.T. sehr einschränkenden Annahmen eingegangen, die nötig waren, um die Herleitung durchzuführen. In Kap. 4.2.1.3 werden bestehende Formeln zur Berechnung von Feststofffrachten ins Konzept PROBLOAD eingeordnet, woraus sich plausible Erklärungen für die in Kap. 4.1 erläuterten Abweichungen ergeben. Den Abschluss bildet in Kap. 4.2.1.4 eine Bewertung des Modells sowie ein Ausblick, wie das hier erläuterte theoretische Konzept zu einem einsetzbaren Modell weiterentwickelt werden kann.

4.1 GRENZEN DER SIMULATION DES GESCHIEBETRANSPORTS IN WILDBÄCHEN

In der Schweiz wird heute bei der Berechnung von Feststofffrachten in Wildbächen vor allem die Formel von Rickenmann (1990) eingesetzt. Sie bildet u.a. auch Bestandteil des in Kap. 3.3.3 erläuterten Verfahrens TORSED. Die Formel von Rickenmann wurde anhand von Labormessungen kalibriert und basiert auf dem Ansatz von du Bois (vgl. Kap. 3.3.2). D.h. die Formel basiert auf der Annahme, dass ein bestimmter Grenzabfluss überschritten sein muss, damit es zur Mobilisierung von Material an der Gerinnesohle kommen kann. Weiter wird angenommen, dass die

Feststofffracht in einem bestimmten Verhältnis zur transportwirksamen Wasserfracht steht, d.h. zu jener Wassermenge, die über den Grenzabfluss hinausgeht.

Rickenmann und Dupasquier (1995) haben die Feststofftransportkapazitäten, die mit der Formel von Rickenmann (1990) berechnet werden, mit den effektiv im Erlenbach (vgl. Kap. 6.1) gemessenen Feststofffrachten verglichen. Dazu wurden für alle im Erlenbach aufgezeichneten Hochwasser die mittlere Geschiebekonzentration C_m berechnet und in Fig. 13 gegen die transportwirksame Wasserfracht aufgetragen. Die beobachteten Feststoffkonzentrationen streuen auch bei ähnlicher transportwirksamer Wasserfracht sehr stark, und liegen immer deutlich unter der Konzentration, welche aufgrund der Berechnungen mit der Formel von Rickenmann (1990) erwartet würde. Diese liegt für die im Erlenbach oberhalb der Messstation herrschenden Bedingungen deutlich über 15% (Rickenmann und Dupasquier, 1995: 45), also um ein erhebliches über dem was mit den Messungen festgestellt wurde. Mit diesen Feststellungen decken sich die Beobachtungen im Spissibach, die allerdings auf einer wesentlich kürzeren und zeitlich weniger hochaufgelösten Messreihe beruhen (vgl. Kap. 7).

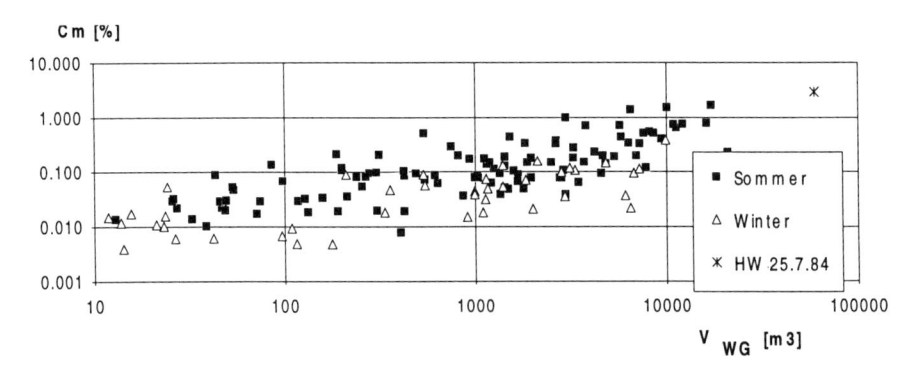

Fig. 13 Mittlere Feststoffkonzentration je Hochwasser C_m aufgetragen gegen die entsprechende transportwirksame Wasserfracht, V_{WB} (Rickenmann und Dupasquier, 1995: 45).

Rickenmann und Dupasquier (1995) erklären die grossen Abweichungen zwischen der berechneten und den effektiv gemessenen Feststoffkonzentrationen durch die teilweise Abpflästerung des Gerinnebetts im Erlenbach durch grosse Blöcke und Energieverluste wegen der unregelmässigen Gerinnegeometrie, welche bei den Versuchen im Labor nicht berücksichtigt werden konnten. Sie gehen allerdings nicht auf die grosse Streuung der im Erlenbach gemessenen Feststoffkonzentrationen ein.

Bei Messungen, die eine so starke Streuung aufweisen, ist es naheliegend, die Beobachtungen als Realisierung aus einer Wahrscheinlichkeitsfunktion zu betrachten. Es bestehen deshalb auch verschiedene Versuche, den Geschiebetransport als Wahrscheinlichkeitsproblem zu beschreiben, wobei meist auf den Arbeiten von Einstein (1950) basiert wird. Einstein hat aufgrund von Beobachtungen im Labor postuliert, dass sich die Geschiebekörner in einzelnen Schritten bewegen, zwischen die Ruhephasen von unterschiedlicher Dauer geschaltet sind (vgl. Kap. 3.3.2). Das hier beschriebene theoretische Konzept PROBLOAD baut auf den Ideen von Einstein auf, versucht aber den Transport von Geschiebekörnern nicht durch die Kombination von Einzelschritten und Ruhephasen (vgl. Busskamp, 1993), sondern durch die Modellierung der drei Prozesse zu beschreiben, die an jeder Feststoffverlagerung beteiligt sind (vgl. Kap. 3.2). D. h. im Konzept PROBLOAD wird zwischen der Erosion, dem Transport und der Ablagerung von Geschiebekörnern unterschieden.

4.2 WAHRSCHEINLICHKEITSFUNKTIONEN FÜR FESTSTOFFFRACHTEN

In diesem Kapitel werden die Grundsätze erläutert, wie Wahrscheinlichkeitsfunktionen für Feststofffrachten im Konzept PROBLOAD hergeleitet werden. Dabei handelt es sich um rein qualitative Analysen. Das Hauptziel der Überlegungen ist es, ein Konzept aufzuzeigen, welches die beobachteten grossen Schwankungen der Feststofffrachten und die Differenz zwischen den gemessenen und den mit Hilfe einer Laborformel berechneten Werten erfassen kann.

Um die Anschaulichkeit der Erläuterungen zu verbessern, werden für verschiedene Parameter fiktive Zahlenwerte bzw. Verteilungsfunktionen angenommen. Diese Werte und Funktionen basieren nicht auf Messungen oder detaillierten physikalischen Untersuchungen und sind deshalb einzig als Erklärungshilfen zu betrachten. Die in der Natur effektiv auftretenden Wahrscheinlichkeitsfunktionen sind in weiterführenden Untersuchungen zu bestimmen.

4.2.1 GRUNDPRINZIP DES VERFAHRENS PROBLOAD

Das hier beschriebene Verfahren PROBLOAD geht wie das in Kap. 3.3.3.1 beschriebene Verfahren TORSED davon aus, dass ein Wildbach in homogene Gerinneabschnitte unterteilt wird. Ziel ist es, die Feststofftransportrate in m^3/s am unteren Ende jedes Gerinneabschnitts aufgrund des Inputs am oberen Ende, den herrschenden Abflussbedingungen und den Eigenschaften des Gerinneabschnitts zu bestimmen.

Diese Rate hängt nebst dem Input aus vorangehenden Abschnitten vom im betrachteten Abschnitt erodierten Feststoffvolumen, vom abgelagerten Volumen und von der Geschwindigkeit ab, mit der das Material transportiert wird. Der Input aus vorangehenden Abschnitten seinerseits hängt von der Erosion und Ablagerung in diesen Abschnitten und den dort herrschenden Transportgeschwindigkeiten ab. Beim

Geschiebetransport kann somit wie bei jedem Prozess der Feststoffverlagerung zwischen der Mobilisierung (Erosion), der Verlagerung (Transport) und der Ablagerung unterschieden werden (vgl. Kap. 3.2.2).

In den nachfolgenden Erläuterungen wird der Einfluss der Transportgeschwindigkeit auf die Feststofftransportrate vernachlässigt. Es wird davon ausgegangen, dass alle Feststoffe mit der gleichen Geschwindigkeit transportiert werden. Dann kann vereinfachend postuliert werden:

$$\text{Transportrate} = \text{Input} + \text{Erosion} - \text{Ablagerung} \qquad [m^3/s]$$

In den nachfolgenden Kapiteln wird erläutert, wie die Erosion und die Ablagerung bestimmt werden können. Um schon im Namen anzuzeigen, dass es sich hier um Realisierungen aus einer Wahrscheinlichkeitsfunktionen handelt, wird im folgenden die Erosion in m^3/s als **wahrscheinliche Erosionsrate** (englisch 'probable erosion rate' **PER**) bezeichnet. Die Ablagerung in m^3/s wird analog **wahrscheinliche Ablagerungsrate** (englisch 'probable deposition rate' **PDR**) genannt. Dabei wird ein Gerinneabschnitt in einem Wildbach betrachtet, bei dem keine Feststoffzufuhr aus dem Hang oder einem vorangehenden Abschnitt erfolgt. Die Transportrate ist dann nur noch eine Funktion der Erosion und Ablagerung im untersuchten Abschnitt.

4.2.1.1 BESTIMMUNG DER WAHRSCHEINLICHEN EROSIONSRATE

Ein Geschiebekorn wird dann mobilisiert, wenn die aktuelle Schubspannung gross genug ist, das Korn aus der Sohle herauszulösen. Dies ist dann der Fall, wenn die Kräfte S_r, die das Korn zurückhalten, kleiner sind, als die aktuelle, treibende Schubspannung S_t.

Die an einer Gerinnesohle bei einem gegebenen Abflusszustand wirkenden Schubspannungen S_t können als Realisierungen aus einer Wahrscheinlichkeitsfunktion betrachtet werden (vgl. z.B. Ruland 1993). Ob es sich bei dieser Funktion um eine Normalverteilung oder um eine log-normale Verteilung handelt, ist unter verschiedenen Autoren umstritten. So geht z.B. Busskamp (1993) aufgrund der Arbeiten zahlreicher Autoren davon aus, dass sich die hydrodynamischen Schub- und Antriebskräfte durch eine normalverteilte Funktion annähern lassen. Davies (1987) dagegen schlägt aufgrund der Arbeiten von Grass (1970) und Blinco und Simons (1974) die Verwendung einer log-normalen Verteilung vor. Der Autor verfügt über keine schlüssigen Angaben, die eine oder die andere These zu stützen oder zu verwerfen. Es wird im folgenden davon ausgegangen, dass die Schubspannungen an der Gerinnesohle etwa normalverteilt seien (vgl. Fig. 14).

4 Das Verfahren PROBLOAD

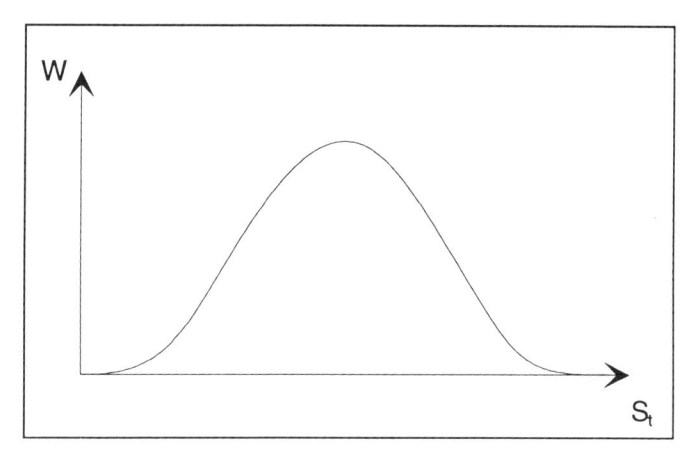

Fig. 14 Wahrscheinlichkeitsdichtefunktion der Schubspannung S_t an der Gerinnesohle bei konstantem Abfluss.

Die rückhaltenden Kräfte S_r sind eine Funktion des Korngewichts und der Einbettung in die Gerinnesohle. Die Verteilungsfunktion des Korngewichts G kann aus einer Korngrössenverteilung abgeleitet werden und hat in der Regel eine Form, wie sie in Fig. 15 schematisch abgebildet ist. Die Einbettung in die Gerinnesohle ist schwierig zu erfassen, da sehr viele verschiedene Faktoren die Stärke der Einbindung beeinflussen (z.B. Abschirmung, Kornform, Verzahnung, usw.) (vgl. z.B. Naden, 1987). Eine Verteilungsfunktion der Spannungen S_r, die zur Mobilisierung eines Korns aus einer Bachsohle überwunden werden müssen, ist somit sehr schwer herzuleiten. In einer ersten Näherung wird deshalb angenommen, dass sie ähnlich verlaufe wie die Verteilungskurve der Korngrössen. Unter dieser Annahme kann die Kurve in Fig. 15 auch als Verteilungsfunktion der rückhaltenden Spannungen S_r betrachtet werden.

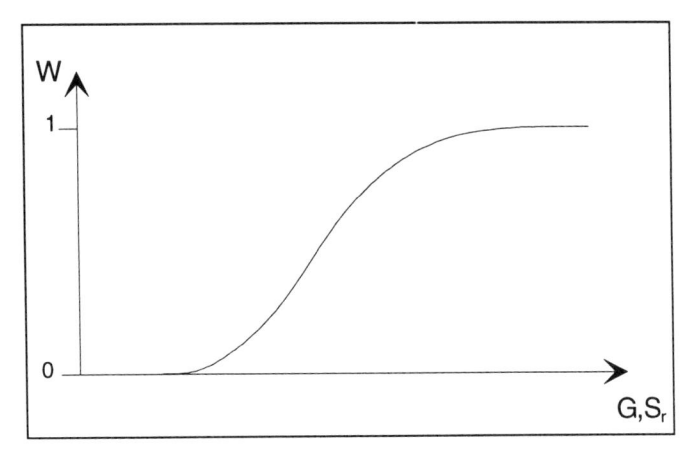

Fig. 15 schematische Darstellung der Verteilungsfunktion des Korngewichts G in einem Wildbachgerinne bzw. der rückhaltenden Spannungen S_r, die zur Mobilisierung eines Geschiebekorns aus der Bachsohle überwunden werden müssen.

Ist die Verteilungsfunktion der rückhaltenden Spannungen bekannt, kann bestimmt werden, mit welcher Wahrscheinlichkeit eine bestimmte Schubspannung S_{ti} in der Lage ist, ein Korn aus der Gerinnesohle zu lösen. Sie entspricht der Wahrscheinlichkeit $W(S_{ri})$, dass an der Gerinnesohle ein Korn auftritt, das mit einer Spannung kleiner i zurückgehalten wird und kann aus der entsprechenden Verteilungsfunktion abgeleitet werden.

Die **Mobilisierungswahrscheinlichkeit MW** beschreibt die Wahrscheinlichkeit, mit der ein Korn beliebiger Grösse bei einem bestimmten Abflusszustand aus der Sohle herausgelöst werden kann. Unter der Annahme, dass die Auftretenswahrscheinlichkeiten von treibenden und rückhaltenden Spannungen an jedem Punkt der Gerinnesohle voneinander unabhängig sind, kann sie mit Formel [1] bestimmt werden. Die Ereignisse i sind dabei alle möglichen Realisierungen einer treibenden Schubspannung S_t.

$$MW = \int_{-\infty}^{+\infty} w(S_{ti}) * W(S_{ri}) \qquad [1]$$

Das Vorgehen soll für einen fiktiven Gerinneabschnitt erläutert werden. In Fig. 16 sind die Spannungsverhältnisse für diesen Gerinneabschnitt dargestellt. Die Verteilungsfunktion der rückhaltenden Spannungen charakterisiert den Abschnitt. Für zwei Abflusszustände, einen hohen und einen niedrigen Abfluss, soll nun die Mobilisierungswahrscheinlichkeit bestimmt werden. Bei einem niedrigen Abfluss treten generell kleinere Schubspannungen auf als bei einem hohen.

4 Das Verfahren PROBLOAD 71

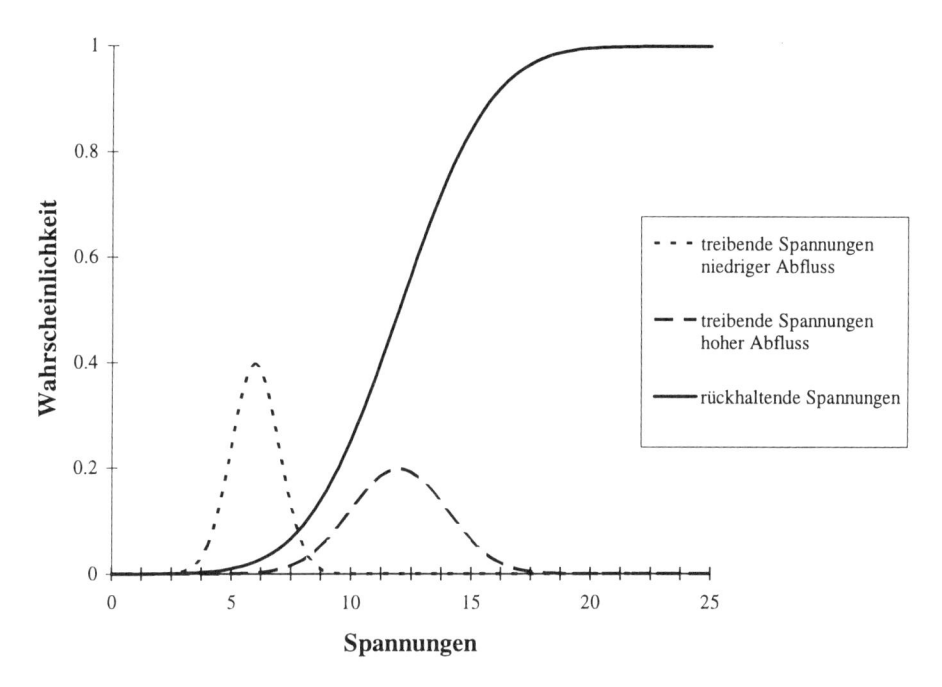

Fig. 16   Spannungsverhältnisse in einem Gerinneabschnitt bei unterschiedlichen Abflussbedingungen (schematisches Beispiel).

Werden diese Schubspannungen S_t den rückhaltenden Spannungen S_r gegenübergestellt, kann die Dichtefunktion der mobilisierenden Schubspannungen S_m bestimmt werden. Die mobilisierenden Schubspannungen sind diejenigen Ereignisse, bei denen effektiv ein Korn aus der Gerinnesohle mobilisiert wird. Sie sind in Fig. 17 dargestellt. Der Anteil der mobilisierenden Schubspannungen S_m an allen Schubspannungen S_t entspricht der Mobilisierungswahrscheinlichkeit. Sie beträgt für den niedrigen Abfluss weniger als 0.03, für den hohen Abfluss 0.5.

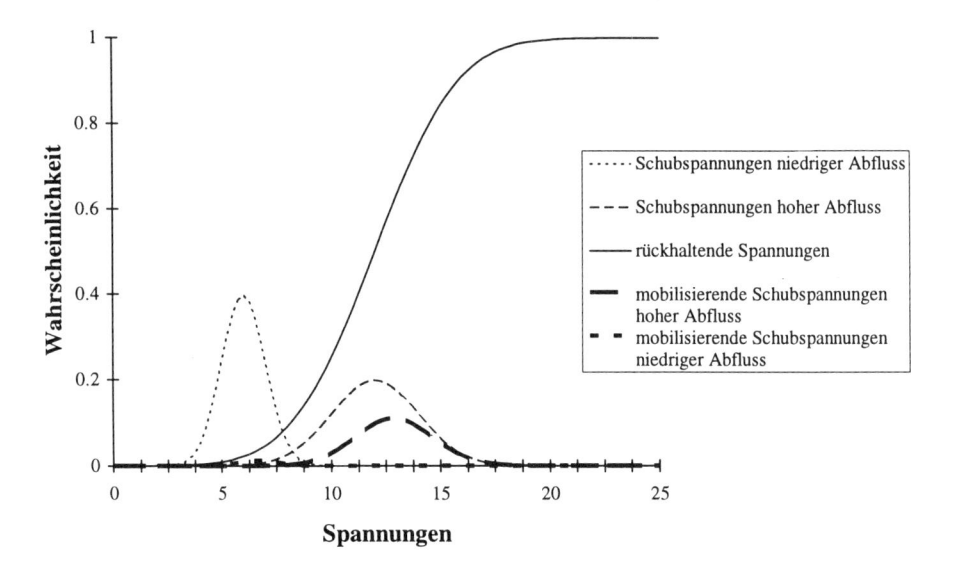

Fig. 17 Schematische Darstellung der Dichtefunktion der mobilisierenden Schubspannungen S_m (fett). Fein dargestellt sind die treibenden und rückhaltenden Spannungen aus Fig. 16.

Von Interesse ist jedoch nicht primär die Mobilisierungswahrscheinlichkeit, sondern die wahrscheinliche Erosionsrate PER. Diese kann bestimmt werden als Summe der während einer Periode effektiv auftretenden mobilisierenden Schubspannungsereignisse, multipliziert mit dem dabei in Bewegung gesetzten Feststoffvolumen,. Ein Schubspannungsereignis ist dann mobilisierend, wenn es auf ein Korn in der Gerinnesohle trifft, das mit einer geringeren Spannung zurückgehalten wird als die betrachtete Schubspannungsrealisierung, d.h. wenn S_{ti} grösser ist als S_{rj}. Die PER kann somit mit folgender Formel bestimmt werden:

$$PER = \sum_1^n \begin{pmatrix} S_{ti} > S_{rj} & 1 \\ S_{ti} \leq S_{rj} & 0 \end{pmatrix} * V_j \qquad [2]$$

S_{ti} sind dabei zufällige Realisierungen aus der Schubspannungsverteilung für die aktuellen Abflussbedingungen. S_{rj} sind unabhängig davon bestimmte zufällige Realisierungen aus der Verteilungsfunktion der rückhaltenden Spannungen im betrachteten Gerinneabschnitt. Die Wahrscheinlichkeit, dass S_{ti} grösser ist als S_{rj}, entspricht der Mobilisierungswahrscheinlichkeit MW. Wegen der kleinen Anzahl der in die Summe eingehenden Realisierungen, darf MW nicht als Faktor eingesetzt werden. Sonst kann die grosse Variabilität der Anzahl der effektiv erfolgenden Mobilisierungen nicht berücksichtigt werden.

4 Das Verfahren PROBLOAD   73

V_j entspricht dem Volumen des entsprechenden an der Gerinnesohle zu mobilisierenden Steins. Das Volumen V_j des bei einer effektiv mobilisierenden Schubspannungsrealisierung in Bewegung gesetzten Steins ist schwierig zu bestimmen, da nicht bekannt ist, wie stark ein Stein eingebettet und abgeschirmt ist, und welcher Anteil der rückhaltenden Spannungen effektiv auf das Gewicht bzw. Volumen zurückzuführen ist. Für die nachfolgenden Diskussion wird deshalb angenommen, das Volumen des mobilisierten Steins V_j entspreche dem Wert der rückhaltenden Spannung S_{rj}.

In einem Wildbach sind die Perioden mit konstantem Abfluss sehr kurz, und die Zahl der in die Summe zur Bestimmung der PER eingehenden Schubspannungsrealisierungen ist entsprechend klein. Im folgenden wird davon ausgegangen, eine Periode mit konstantem Abfluss führe zu 10 Realisierungen einer treibenden Spannung.

Unter diesen Annahmen kann die wahrscheinliche Erosionsrate PER mit Formel [2] berechnet werden. Aufgrund der vorangehenden Erläuterungen ist davon auszugehen, dass die berechnete PER von Realisierung zu Realisierung sehr stark variieren wird und ein einzelner Wert nicht viel aussagt. Deshalb wurden für die beiden in Fig. 16 schematisch dargestellten Abflusszustände je 1000 unabhängige PER Realisierungen berechnet und in Fig. 18 als Histogramm dargestellt.

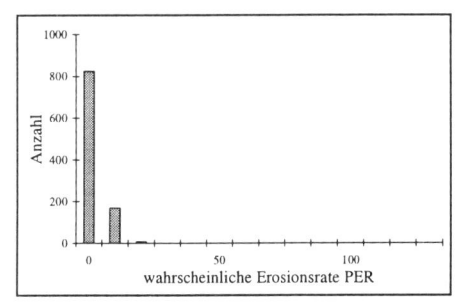

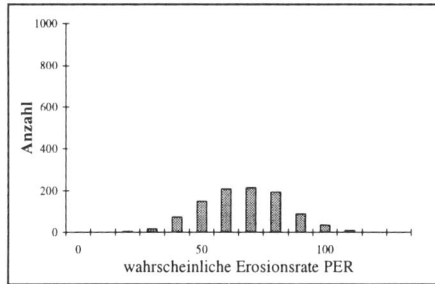

Fig. 18   Histogramme der 1000 berechneten wahrscheinlichen Erosionsraten PER für die in Fig. 16 dargestellten Spannungsverhältnisse. (links: niedriger Abfluss, rechts: hoher Abfluss)

4.2.1.2 BESTIMMUNG DER WAHRSCHEINLICHEN ABLAGERUNGSRATE

Sobald ein Gerinneabschnitt eine gewisse Länge überschreitet, hängt der Feststofftransport nicht nur von der Mobilisierung ab. Sie wird auch von der Verlagerung und von der Ablagerung beeinflusst. Wie weiter oben erläutert, wird hier der Einfluss der Verlagerung (Transportgeschwindigkeit) nicht berücksichtigt. Im folgenden wird beschrieben, wie **wahrscheinliche Ablagerungsraten PDR** bestimmt werden können.

Grundsätzlich können Ablagerungsraten ähnlich bestimmt werden wie Erosionsraten: Durch den Vergleich der treibenden Spannungen mit den Spannungen, die einen transportierten Stein bremsen (rückhaltende Spannungen). Allerdings mit einem sehr wesentlichen Unterschied. Bei der Erosion kann davon ausgegangen werden, dass jeder Schubspannungsrealisierung grundsätzlich mobilisierbares Material zur Verfügung steht, ausser das Gerinne sei bis auf den Fels ausgeräumt. Die Wahrscheinlichkeit, dass mobilisierbares Material vorhanden ist, ist somit meist 1. Diese Wahrscheinlichkeit wurde deshalb bei der Ableitung von Formel [2] nicht berücksichtigt.

Eine Ablagerung dagegen kann nur dann stattfinden, wenn ein transportierter Stein die Gerinnesohle berührt. Wie gross die Wahrscheinlichkeit ist, dass bei einer Schubspannungsrealisierung überhaupt ein ablagerbares Geschiebekorn in der Strömung präsent ist, hängt vor allem von der Anzahl der transportierten Körner und von der Transportart dieser Körner ab. Je mehr Körner transportiert werden und je kleiner der Anteil der in Schwebe transportierten Körner ist, um so grösser ist die Wahrscheinlichkeit, dass ein ablagerbares Korn präsent ist. Die Wahrscheinlichkeit, dass eine Schubspannungsrealisierung auf ein Geschiebekorn trifft, das die Gerinnesohle berührt, gebremst und abgelagert werden kann, wird als **Präsenzwahrscheinlichkeit PW** bezeichnet. In den meisten Fällen wird nur ein kleiner Teil der Gerinnesohle von einem transportierten Stein berührt, da zwischen den einzelnen Steinen recht grosse Zwischenräume bestehen. Die Präsenzwahrscheinlichkeit PW von ablagerbarem Material ist somit in der Regel deutlich kleiner als 1. Nur bei sehr intensivem Geschiebetrieb berührt praktisch immer und überall ein Stein die Gerinnesohle und PW ist auch bei der Ablagerung 1.

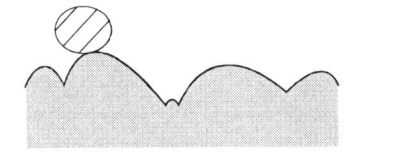

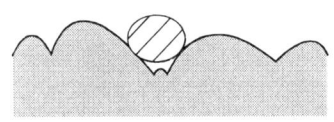

Fig. 19   links exponierter Sein,   rechts abgeschirmter Stein

Die Bestimmung der wahrscheinlichen Ablagerungsrate wird dadurch zusätzlich kompliziert, dass nicht jeder Punkt einer Gerinnesohle überhaupt für Ablagerungen geeignet ist. Verschiedene Berührungen finden an Orten statt, wo der Stein so exponiert in der Strömung liegt, dass er unmöglich liegen bleiben kann (vgl. Fig. 19). Wie gross der Anteil der Gerinnesohle ist, wo überhaupt Geschiebe abgelagert werden kann, wird mit dem **Faktor a** beschrieben. Er hängt vor allem von der Geometrie und der Rauhigkeit der Gerinnesohle ab.

4 Das Verfahren PROBLOAD

Die wahrscheinliche Ablagerungsrate hängt somit von vier Faktoren ab:
- den treibenden Spannungen
  Sie werden ausgelöst durch die Strömung des Wassers. Sie entsprechen bei gleichem Abfluss den bei der Bestimmung der wahrscheinlichen Erosionsraten verwendeten Schubspannungen.
- den bremsenden Spannungen
  Sie beschreiben die Spannungen, mit welchen transportierte Steine an der Gerinnesohle zurückgehalten werden.
- der Präsenzwahrscheinlichkeit PW von ablagerbarem Material
  Sie beschreibt die Wahrscheinlichkeit, mit der an der Gerinnesohle überhaupt transportiertes Material vorhanden ist, das abgelagert werden kann.
- dem Faktor a
  Er beschreibt, auf welchem Anteil der Gerinnesohle aufgrund der Geometrie und der Rauhigkeit überhaupt eine Ablagerung stattfinden kann.

Die Präsenzwahrscheinlichkeit PW und der Faktor a können aus den verfügbaren Informationen nicht direkt abgeleitet werden. Die Präsenzwahrscheinlichkeit PW hängt von der Anzahl der transportierten Körner ab. In einem Gerinneabschnitt ohne Feststoffzufuhr von oben hängt diese Anzahl von den effektiv erfolgten Mobilisierungen und damit von der Mobilisierungswahrscheinlichkeit MW ab. Im weiteren wird deshalb angenommen, PW entspreche in einem Gerinneabschnitt ohne Feststoffzufuhr von oben der Mobilisierungswahrscheinlichkeit MW. Für den allen Berechnungen zugrunde gelegten Gerinneabschnitt wird angenommen, 1/3 der Gerinnesohle bestehe aus Nischen und 2/3 aus Flächen von Steinen, die der Wirkung der Strömung stark ausgesetzt sind. Der Faktor a wird somit auf 0.3 festgelegt. Die bremsenden Spannungen dagegen können aus den effektiv stattgefundenen mobilisierenden Ereignissen abgeleitet werden.

Bestimmung der bremsenden Spannungen
Die bremsenden Spannungen S_b sind diejenigen Spannungen, mit welchen ein transportiertes Geschiebekorn an einem Ort, an dem es überhaupt abgelagert werden kann, gebremst bzw. zurückgehalten wird. Geschiebekörner werden in der Regel an ähnlichen Orten abgelagert, wie sie ursprünglich mobilisiert wurden. Es wird deshalb davon ausgegangen, dass die bremsenden Spannungen, die ein abzulagerndes Korn zurückhalten, in einer ähnlichen Grössenordnung liegen wie die rückhaltenden Spannungen bei dessen Mobilisierung.

Dabei ist allerdings zu berücksichtigen, dass bei relativ kleinen Abflüssen selektiv nur Geschiebekörner mobilisiert werden, die mit kleinen Spannungen zurückgehalten werden. Es werden deshalb auch nur Körner abgelagert, die mit relativ kleinen Spannungen gebremst werden. Erfolgt keine Feststoffzufuhr von oben, stammen alle transportierten Körner aus dem betrachteten Abschnitt. Die Verteilungsfunktion der bremsenden Spannungen kann dann anhand der rückhaltenden Spannungen bestimmt werden, die bei effektiv erfolgten Mobilisierungen überwunden wurden.

Ein Beispiel für eine so abgeleitete Dichteverteilung der bremsenden Spannungen ist in Fig. 20 abgebildet. Ausgangspunkt ist die Verteilung der rückhaltenden Spannungen S_r und der treibenden Spannungen S_t für den hohen Abfluss aus Fig. 16. Die in Fig. 16 angenomene Verteilungsfunktion der rückhaltenden Spannungen hat einen Mittelwert von 12 und eine Standardabweichung von 3. Die effektiv überwundenen Spannungen dagegen weisen einen Mittelwert von 10 und eine Standardabweichung von 2,16 auf. Diese Werte werden für die Verteilungsfunktion der bremsenden Spannungen bei der Berechnung der PER verwendet.

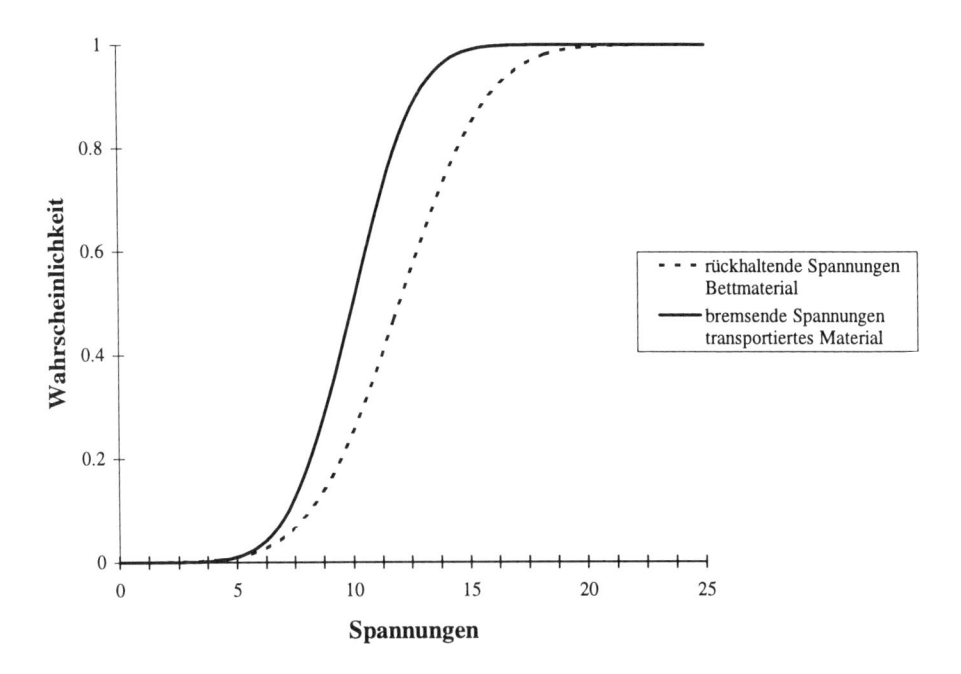

Fig. 20   Verteilungsfunktion der bremsenden Spannungen S_b. Zum Vergleich sind die rückhaltenden Spannungen S_r aus Fig. 16 für den gleichen Gerinneabschnitt gestrichelt eingezeichnet.

Bestimmung der Ablagerungswahrscheinlichkeit
Die **Ablagerungswahrscheinlichkeit AW** beschreibt, mit welcher Wahrscheinlichkeit ein Geschiebekorn bei einer Berührung mit der Bachsohle abgelagert wird. Sie kann, unter Berücksichtigung des Faktors a, aus dem Vergleich der bremsenden Spannungen S_b mit den treibenden Spannungen S_t aus Fig. 16 bestimmt werden (vgl. Fig. 21). Eine Ablagerung kann dann stattfinden, wenn an einem Ort, wo ein Geschiebekorn abgelagert werden kann, die bremsenden Spannungen S_b grösser sind

4 Das Verfahren PROBLOAD

als die treibenden Spannungen S_t. Die Ablagerungswahrscheinlichkeit kann mit Formel [3] bestimmt werden. Die Ereignisse i sind dabei alle Sohlenberührungen eines transportierten Geschiebekorns. Für den Faktor a wurde 0,3 eingesetzt.

$$AW = a * \int_{-\infty}^{+\infty} w(S_{ti}) * (1 - W(S_{bi})) \qquad [3]$$

In Fig. 21 wurden die Dichtefunktionen der ablagernden Schubspannungen für die zwei Abflusszustände aus Fig. 16 berechnet. Der Anteil der Fläche, den die ablagernden Schubspannungen an allen Realisierungen einer treibenden Spannung einnehmen, entspricht der Ablagerungswahrscheinlichkeit. Für den hohen Abfluss beträgt sie 0.11 für den niedrigen 0.07.

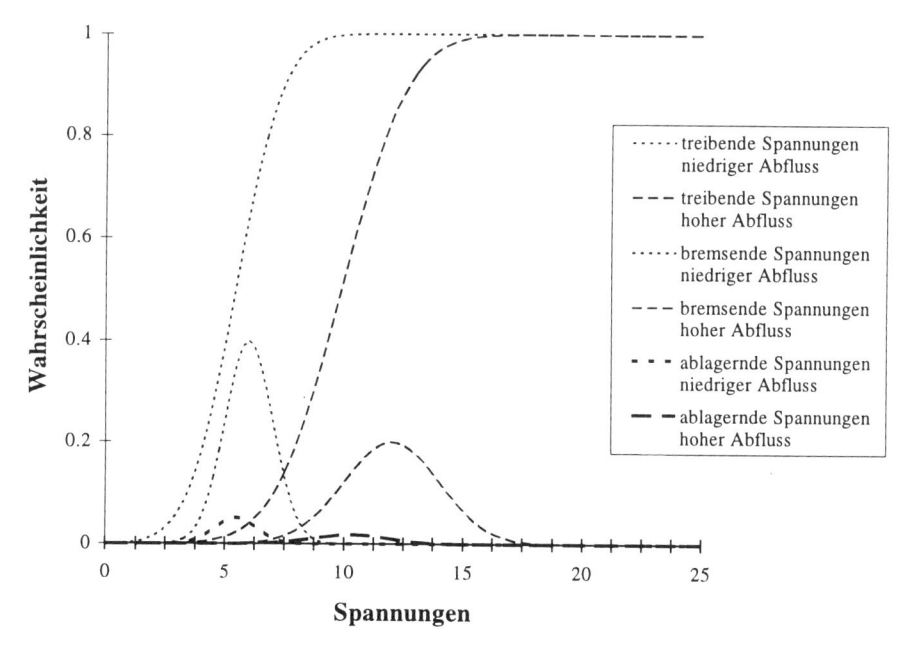

Fig. 21 Schematische Darstellung der ablagernden Schubspannungen (fett). Fein sind jeweils die Verteilungen der treibenden Schubspannung S_t und der bremsenden Spannung S_b dargestellt.

Bestimmung der wahrscheinlichen Ablagerungsrate
In Analogie zur wahrscheinlichen Erosionsrate PER kann die wahrscheinliche Ablagerungsrate PDR als Summe der während einer Periode stattfindenden Ablagerungsereignisse bestimmt werden. Zu einer Ablagerung kommt es, wenn ein Stein an einem Ort, wo er überhaupt abgelagert werden kann, die Gerinnesohle berührt, und zu dessen Remobilisierung eine grössere Spannung notwendig ist als zu diesem Zeit-

punkt dort wirkt. Der Betrag der Ablagerung hängt vom Volumen des betroffenen Steins ab. Die wahrscheinliche Ablagerungsrate lässt sich mit der folgenden Formel bestimmen:

$$PDR = \sum_1^n \begin{pmatrix} S_{ti} \leq S_{bj} & 1 \\ S_{ti} > S_{bj} & 0 \end{pmatrix} * PW * a * V_j \qquad [4]$$

S_{ti} sind dabei zufällige Realisierungen aus der Verteilung der Schubspannungen. S_{bj} sind unabhängige zufällige Realisierungen aus der Wahrscheinlichkeitsfunktion, die die bremsenden Spannungen beschreibt. Analog zur Bestimmung von PER entspricht die Wahrscheinlichkeit, dass S_{ti} grösser S_{bj} ist, AW/a. PW ist die Präsenzwahrscheinlichkeit, welche angibt, ob überhaupt ein ablagerungsbereiter Stein da ist. V_j beschreibt das Volumen des betroffenen Steins. Im folgenden wird analog zur Bestimmung der PER angenommen, das Volumen des Steins entspreche dem Wert der bremsenden Spannung.

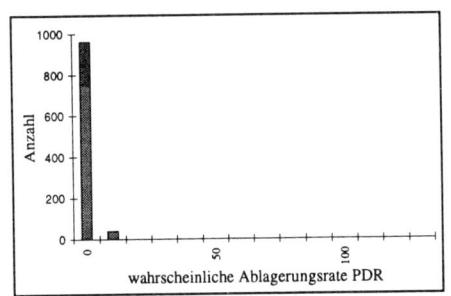

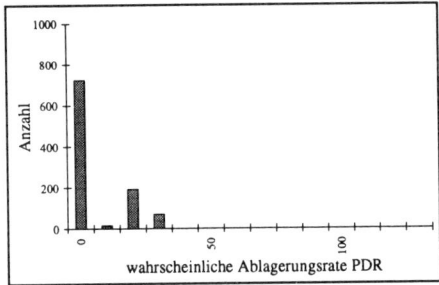

Fig. 22 Histogramme der 1000 berechneten wahrscheinlichen Ablagerungsraten PDR für die in Fig. 16 dargestellten Spannungsverhältnisse.

Für den fiktiven Gerinneabschnitt, der diesen Erläuterungen zu Grunde gelegt worden ist, wird angenommen, PW entspreche der Mobilisierungswahrscheinlichkeit und der Faktor a sei 0.3 (vgl. S. 75). Mit diesen Annahmen und den Spannungsverhältnissen aus Fig. 16 lassen sich wahrscheinliche Ablagerungsraten berechnen. In Fig. 22 sind die Histogramme der wahrscheinlichen Ablagerungsraten für die zwei angenommenen Abflusszustände abgebildet. In die Darstellung sind je 1000 Realisierungen eingegangen. Auf den ersten Blick erstaunlich ist dabei die Zweigipfligkeit der PDR für den hohen Abfluss. Sie wird verursacht durch den kleinen Anteil von Geschiebekörnern, die mit einer Spannung zwischen 0 und 10 gebremst werden.

Unter den beschriebenen, sehr strikten Annahmen lassen sich sowohl die wahrscheinlichen Erosionsraten als auch die wahrscheinlichen Ablagerungsraten für einen Gerinneabschnitt ohne Feststoffzufuhr von oben bestimmen. Damit können auch die Feststofftransportraten am unteren Ende dieses Abschnitts berechnet werden. Da

4 Das Verfahren PROBLOAD

sowohl PER als auch PDR zufällige Realisierungen aus einer Wahrscheinlichkeitsfunktion sind, wird auch die Feststofftransportrate als Wahrscheinlichkeitsfunktion dargestellt. Sie wird deshalb auch **wahrscheinliche Feststofftransportrate PQ_s** bezeichnet. Die wahrscheinliche Feststofftransportrate PQ_{si} zum Zeitpunkt i kann mit Formel [5] berechnet werden.

$$PQ_{si} = PER_i - PDR_i \qquad [5]$$

Wobei PER_i und PDR_i je eine zufällige Realisierung aus den Dichteverteilungen für die herrschenden Bedingungen bilden. In Fig. 23 sind die Dichtefunktionen der treibenden Spannungen von 8 verschiedenen Abflusszuständen abgebildet, für welche die Feststoffraten simuliert wurden. Als Verteilung der rückhaltenden Spannungen wurde die gleiche Funktion verwendet wie in Fig. 16. Der Faktor a wurde ebenfalls wieder auf 0,3 gesetzt. Im übrigen wurde so vorgegangen, wie dies auf den vorangehenden Seiten beschrieben wurde.

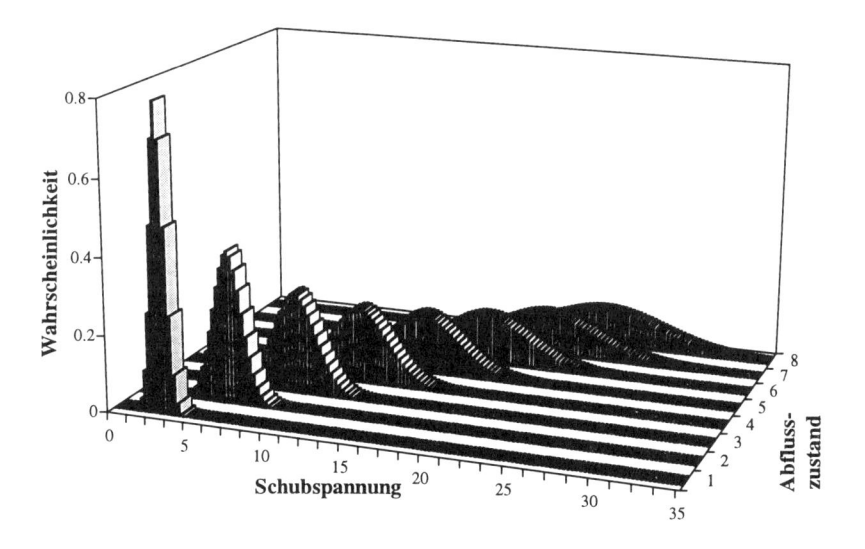

Fig. 23 Dichtefunktionen der treibenden Spannungen für 8 unterschiedliche Abflussereignisse.

Für jeden Abflusszustand wurden je 1000 unabhängige PER und PDR bestimmt, und daraus die in Fig. 24 dargestellten Dichtefunktionen der wahrscheinlichen Feststofftransportraten PQ_s berechnet.

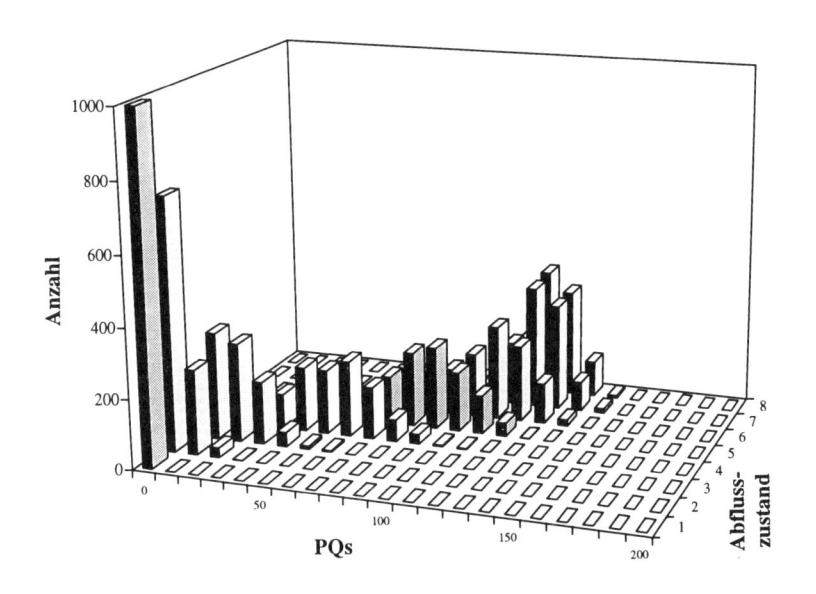

Fig. 24 Dichtefunktionen der wahrscheinlichen Feststofftransportrate PQ_s aus einem Gerinneabschnitt ohne Feststoffzufuhr von oben

Der Vergleich der beiden Diagramme zeigt, dass die Zunahme des Feststofftransports nicht parallel zur Zunahme der Schubspannungen verläuft. Während bei den Schubspannungen der Mittelwert und die Standardabweichung gleichmässig zunehmen, zeigt sich bei den wahrscheinlichen Feststofftransportraten ein ganz anderes Bild. Der Mittelwert der wahrscheinlichen Transportraten nimmt nicht proportional mit der Zunahme der treibenden Spannungen zu. Verhältnismässig gross ist die Zunahme der Transportrate im Bereich der mittleren Schubspannungen. Bei grossen und kleinen Schubspannungen bleibt die mittlere Transportrate auch bei zunehmender Schubspannung beinahe gleich gross.

Die grossen Zunahmen der Transportraten stehen in Zusammenhang mit einer starken Zunahme der Mobilisierungswahrscheinlichkeit (vgl. Tab. 2). Während der Wert von MW bei kleinen Schubspannungen nur wenig über 0 liegt, nimmt er dann sehr rasch zu und kommt bald in die Nähe von 1 zu liegen. Dies ist ein Ausdruck dafür, dass immer grössere Teile der Bachsohle mobilisierbar werden.

Einen kleinen Einfluss auf die wahrscheinliche Transportrate hat die Ablagerungswahrscheinlichkeit. Hohe Werte gehen mit niedrigen Präsenzwahrscheinlichkeiten einher und umgekehrt, und die Zahl der effektiv stattfindenden Ablagerungen ist in einem Gerinneabschnitt ohne Feststoffzufuhr von oben in jedem Fall klein. Für den Abflusszustand 1 konnte die Ablagerungswahrscheinlichkeit nicht bestimmt werden, da die Anzahl der Mobilisierungen zu klein ist, um die Verteilung der bremsenden Spannungen zu bestimmen.

Abflusszustand	Mobilisierungs-wahrscheinlichkeit	Ablagerungs-wahrscheinlichkeit
1	0.002	-
2	0.03	0.12
3	0.18	0.11
4	0.5	0.07
5	0.78	0.04
6	0.92	0.02
7	0.97	0.008
8	0.99	0.002

Tab. 2   Mobilisierungs- und Ablagerungswahrscheinlichkeiten der acht in Fig. 23 und Fig. 24 verwendeten Abflusszustände

In Bereich der grossen Zunahme des Feststofftransports schwanken die wahrscheinlichen Raten sehr erheblich um den Mittelwert. Die Schwankungen sind grösser als bei ganz kleinen oder ganz grossen Schubspannungen.

4.2.1.3 EINORDNUNG VON GESCHIEBETRANSPORTFORMELN, DIE UNTER LABORBEDINGUNGEN HERGELEITET WURDEN

Zum Vergleich der mit Laborformeln berechneten Geschiebetransportraten mit den im vorangehenden Kapitel hergeleiteten Dichtefunktionen für natürliche Gerinneabschnitte, müssen auch für Laborbedingungen entsprechende Dichtefunktionen aufgestellt werden. Grundlage dazu bilden die Beschreibungen der Versuchsanordnungen in Smart und Jäggi (1983) und in Rickenmann (1990).

Beide Autoren bestimmten die Feststofftransportkapazität bei bestimmten Abfluss- und Neigungsbedingungen dadurch, dass die Beschickung mit Geschiebe so lange verändert wurde, bis sich Gleichgewichtsbedingungen einstellten. (vgl. Smart und Jäggi 1983: 24, Rickenmann 1990: 103). Bei Gleichgewichtsbedingungen entspricht der Feststoffinput etwa dem Output. Die schematischen Dichtefunktionen für den Feststoffoutput aus einem natürlichen Wildbachgerinne wurden aber für einen Abschnitt ohne Feststoffzufuhr von oben abgeleitet. Die Ergebnisse der Simulationen im Labor können deshalb nicht direkt mit den Funktionen aus Kap. 4.2 verglichen werden. Um diesen Vergleich trotzdem durchführen zu können, werden nachfolgend die gleichen Überlegungen für die Bedingungen in der Laborrinne durchgeführt, wie sie als Grundlage für Fig. 24 unter 'Feldbedingungen' erläutert sind.

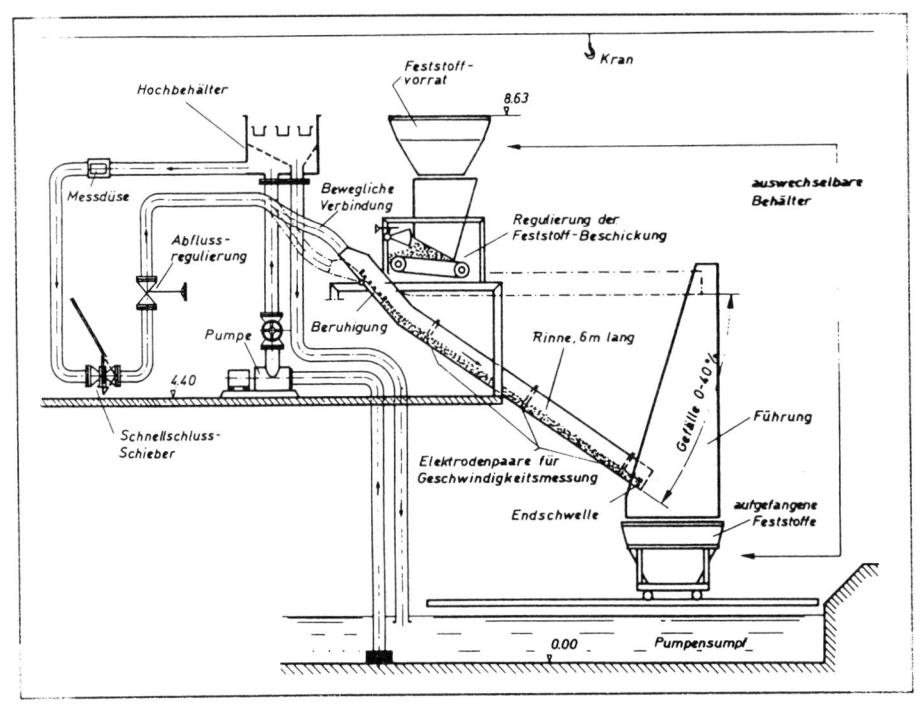

Fig. 25 Skizze der Laborrinne der VAW in Zürich, in der Smart und Jäggi (1983) und Rickenmann (1990) ihre Versuche durchführten. (Smart und Jäggi 1983: 12)

Smart und Jäggi und Rickenmann verwendeten die gleiche Laborrinne (vgl. Fig. 25). Zu oberst an dieser Rinne sind Beruhigungselemente angebracht, um eine Kolkbildung zu verhindern. Diese Beruhigungselemente führen zu einem relativ gleichmässigen Abfluss. Trotz dieser Beruhigung variiert die Schubspannung auch in der Rinne leicht, allerdings in viel weniger ausgeprägtem Masse, als dies in einem natürlichen Gerinne der Fall ist (vgl. Fig. 26).

4 Das Verfahren PROBLOAD   83

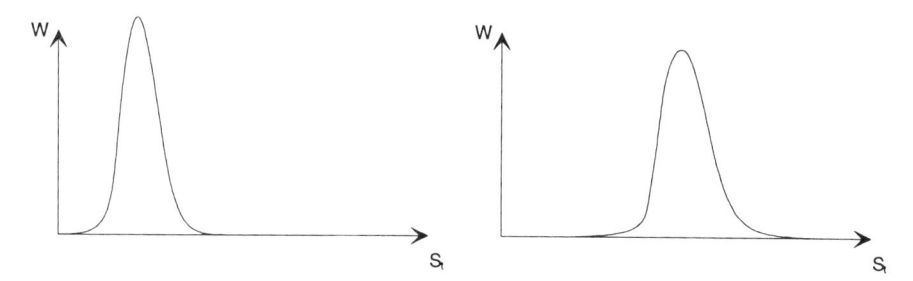

Fig. 26 Dichtefunktionen der treibenden Schubspannungen S_t bei einem Versuch in einer Laborrinne (schematische Darstellung). Linkes Diagramm: niedriger Abfluss, rechtes Diagramm: hoher Abfluss.

Die Versuche wurden mit relativ einförmigem, gut gerundetem Material durchgeführt. Starke Einflüsse durch ein Verkeilen der einzelnen Geschiebekörner im Gerinnebett können somit ausgeschlossen werden. Rickenmann (1990: 85) und zum Teil auch Smart und Jäggi (1983) verwendeten Einkornmaterialien mit einem mittleren Korndurchmesser von 10 mm, d_{30} lag bei etwa 9 mm und d_{90} bei 12 mm. Für derartige Materialien kann eine Verteilungsfunktion der rückhaltenden Spannungen S_r angenommen werden, wie sie in Fig. 27 dargestellt ist.

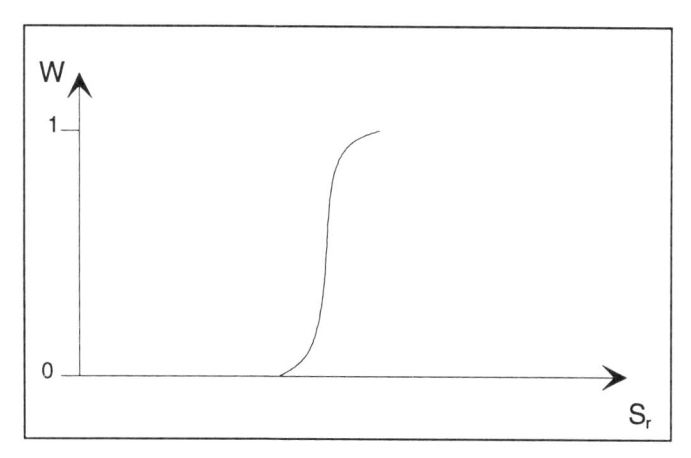

Fig. 27 Schematische Darstellung der Verteilungsfunktion der rückhaltenden Spannungen S_r für Laborversuche in einer Schussrinne.

Werden diesen rückhaltenden Spannungen die treibenden Spannungen aus Fig. 26 gegenübergestellt, kann die Dichtefunktion der mobilisierenden Schubspannungen S_m analog zum Vorgehen in Kap. 4.2 bestimmt werden (vgl. Fig. 28). Mit Formel [1] kann die Mobilisierungswahrscheinlichkeit bestimmt werden. Für den niedrigen Abfluss ist sie praktisch 0, obwohl die mittleren treibenden Schubspannungen und die mittleren rückhaltenden Spannungen gleich gross sind wie für den niedrigen

Abfluss im natürlichen Gerinne. Beim hohen Abfluss dagegen liegt die Mobilisierungswahrscheinlichkeit ebenfalls bei 0.5, ist also genau gleich wie im 'natürlichen' Gerinne bei gleichen mittleren Spannungen.

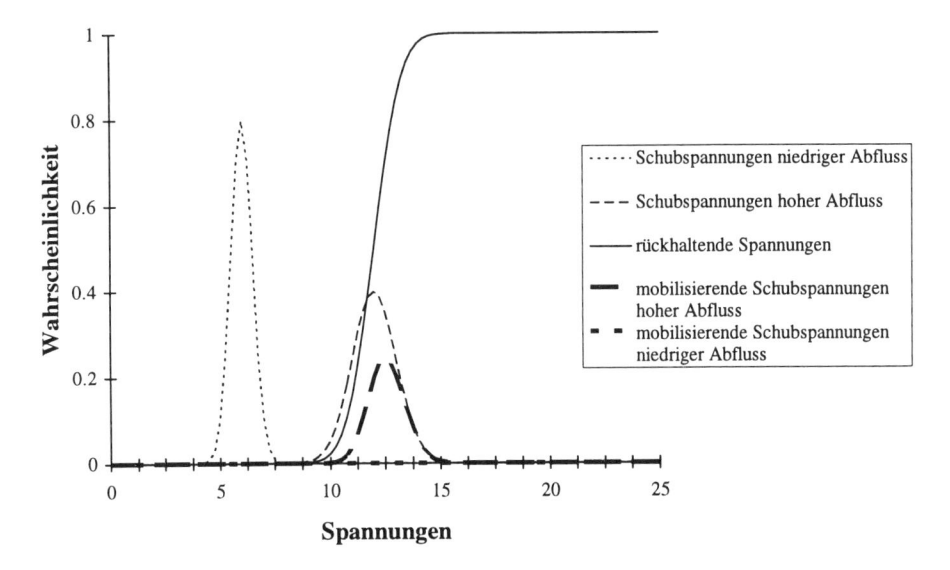

Fig. 28 Dichtefunktion der mobilisierenden Schubspannungen S_m an der Gerinnesohle für Laborversuche in einer Schussrinne.

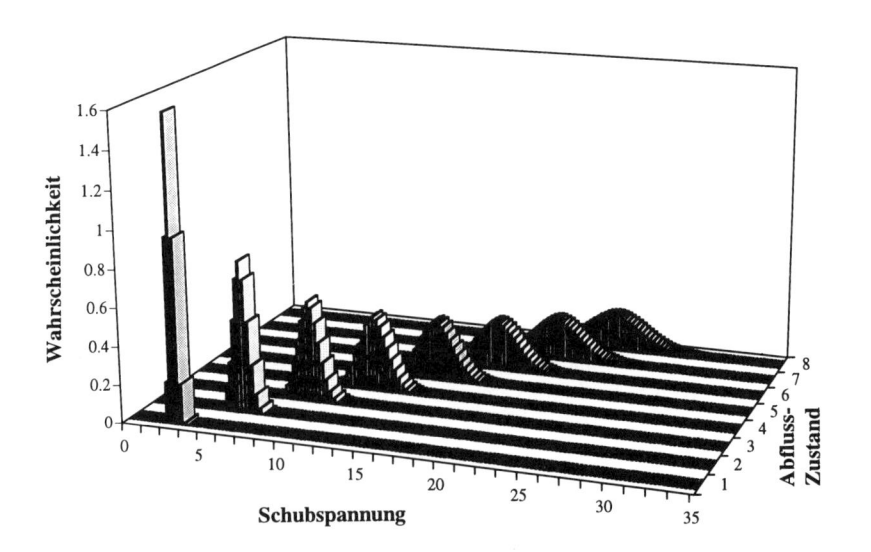

Fig. 29 Dichtefunktionen der Schubspannungen für 8 unterschiedliche Abflussereignisse unter 'Laborbedingungen'.

4 Das Verfahren PROBLOAD

Analog zu den Erläuterungen im vorangehenden Kapitel können auch wahrscheinliche Feststofftransportraten PQ_s für die Bedingungen bestimmt werden, wie sie für Laborversuche angenommen wurden. Für diese Berechnungen wurden rückhaltende und treibende Spannungen verwendet, welche die gleichen Mittelwerte aufweisen wie die Spannungen, die in die Berechnung von PQ_s für 'natürliche' Bedingungen eingingen. Einzig für die Standardabweichungen wurde angenommen, sie seien halb so gross. Die entsprechenden Dichtefunktionen der verwendeten Schubspannungsverteilungen sind in Fig. 29 abgebildet.

Fig. 30 zeigt das Ergebnis dieser Simulation. Es zeichnen sich sehr deutlich zwei Niveaus aus, zwischen denen ein rascher Übergang stattfindet. Die Abflusszustände 1 bis 3 vermögen praktisch kein Material zu mobilisieren. Die Transportraten sind z.T. wesentlich kleiner, als dies für die 'natürlichen' Bedingungen simuliert wurde. Auch die Mobilisierungswahrscheinlichkeit (vgl. Tab. 3) für diese drei Ereignisse ist bei der 'Laborsimulation' deutlich tiefer. Die Ursache dafür liegt in den kleineren Standardabweichungen. Diese führen dazu, dass der Überlappungsbereich der Verteilungen der treibenden und rückhaltenden Spannungen sehr klein wird. Die Wahrscheinlichkeit, dass eine Schubspannungsrealisierung grösser ist als eine Realisierung der rückhaltenden Spannungen, wird so praktisch null.

Abflusszustand	Mobilisierungs-wahrscheinlichkeit	Ablagerungs-wahrscheinlichkeit
1	0	-
2	0	-
3	0.008	0.19
4	0.5	0.10
5	0.97	0.007
6	1	0.0003
7	1	0
8	1	0

Tab. 3 Mobilisierungswahrscheinlichkeiten der acht in Fig. 29 und Fig. 30 verwendeten Abflusszustände

Der Abflusszustand 4 weist sowohl für 'Labor-' als auch für 'Natur-' Verhältnisse eine Mobilisierungswahrscheinlichkeit von 0.5 auf. Dies ist deshalb der Fall, weil hier der Mittelwert der treibenden Spannungen dem Mittelwert der rückhaltenden Spannungen entspricht. Bei einer genaueren Betrachtung weichen aber auch die Transportraten für den Abflusszustand 4 voneinander ab, allerdings nicht in dem Ausmass wie bei den übrigen Ereignissen. Die Transportraten unter 'Laborbedingungen' sind im Mittel etwas grösser als die unter 'natürlichen' Bedingungen. Die Ursache dafür liegt darin, dass unter Laborbedingungen praktisch jede Mobilisierung einen Stein in Bewegung setzt, der das mittlere Korngewicht aufweist. Im 'natürlichen' Gerinne dagegen kommt es vor, dass eine Schubspannungsrealisierung, die in der Lage wäre, einen Stein mit dem mittleren Korngewicht zu mobilisieren, auf einen Stein trifft, der wesentlich leichter ist. Da jede Schubspannungsrealisierung in der Lage ist, genau einen oder keinen Stein zu mobilisieren, sind die Transportraten im 'natürlichen' Gerinne tendenziell kleiner.

Der Einfluss der Ablagerungswahrscheinlichkeit ist wie bei den 'natürlichen' Bedingungen klein. Der etwas grössere Wert unter 'Laborbedingungen' bei PW (=MW) 0.5 ist ebenfalls auf die unterschiedlichen Korngrössenverteilungen zurückzuführen. Bei Abflusszustand 1 und 2 findet keine Mobilisierung und demzufolge auch keine Ablagerung statt.

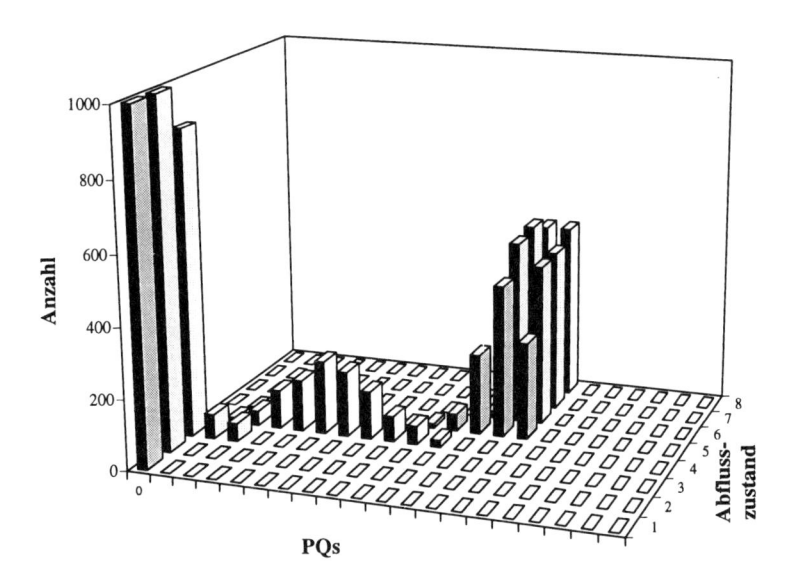

Fig. 30   Wahrscheinliche Feststofftransportraten PQ_s in einem Laborgerinne mit Einkornmaterial als Gerinnesohle.

Bei den übrigen vier Abflussereignissen mit hohen Schubspannungen liegt die Mobilisierungswahrscheinlichkeit praktisch bei 1. Damit wird bei jeder Realisierung ein Stein mobilisiert. Da das Korngewicht des Sohlenmaterials nur wenig um den Mittelwert schwankt, liegen praktisch alle der 1000 simulierten wahrscheinlichen Transportraten in der Nähe des Produkts des mittleren Korngewichts mit der Anzahl Schubspannungsrealisierungen.

4.2.1.4 BEWERTUNG DES MODELLS

In den vorangehenden Erläuterungen wurde angenommen, die Zahl der wirkenden Schubspannungsrealisierungen sei bei jedem Abfluss gleich gross, nur die Verteilungsfunktion ändere sich. Diese Annahme vernachlässigt aber, dass mit einem grösseren Abfluss meist eine Vergrösserung der überströmten Fläche einhergeht. Es ist deshalb anzunehmen, dass die Anzahl der wirkenden Spannungen mit zunehmendem Abfluss zunimmt. Dies führt dazu, dass die wahrscheinlichen Transportraten in Fig. 30 bei den oberen vier Abflussereignissen nicht konstant bleiben, sondern leicht ansteigen. Der Abfluss, bei dem die Mobilisierungswahrscheinlichkeit etwa 0.5 beträgt, kann dann auch als Grenzabfluss betrachtet werden, unterhalb dem kein Feststofftransport stattfindet. Über dem Grenzabfluss nimmt der Feststofftransport proportional zum Abfluss zu.

Formeln, die auf diese Weise arbeiten, sind somit dann in der Lage, zuverlässig Feststofftransportraten in Fliessgewässern zu bestimmen, wenn weder die treibenden noch die rückhaltenden Spannungen zu stark variieren. Dieser Ansatz, der erstmals von du Boys (1879) verwendet und seither in zahlreichen Modifikationen weiterentwickelt wurde (vgl. Kap. 3.3.2), ist deshalb in diesen Fällen sinnvoll eingesetzt.

Gilt es jedoch Situationen zu simulieren, wie sie in Fig. 24 abgebildet sind, ist dieser Ansatz nur schwer umsetzbar. Die Hauptschwierigkeit liegt darin, dass der Übergangsbereich sehr breit ist, und dass der Grenzabfluss nicht eindeutig festgelegt werden kann. In solchen Situationen ist deshalb ein Ansatz zu verwenden, der in der einen oder anderen Form die Mobilisierungswahrscheinlichkeit berücksichtigt. Ein erster Vorschlag dazu stammt von Einstein (1950) und wurde seither von verschiedenen Autoren weiterentwickelt (vgl. Kap. 3.3.2). Das hier vorgeschlagene Konzept baut auf diesen Arbeiten auf.

Sollen zudem die grossen Schwankungen der Transportraten in Wildbächen bei gleichen oder ähnlichen Abflussbedingungen erklärt werden, ist es unumgänglich mit einem Ansatz zu arbeiten, der wie das hier beschriebene Verfahren PROBLOAD in der Lage ist, Dichtefunktionen von wahrscheinlichen Transportraten zu bestimmen. Sonst können die starken Schwankungen des Feststofftransports nicht erfasst werden. Diese starken Variationen sind z.B. in Fig. 31 sichtbar.

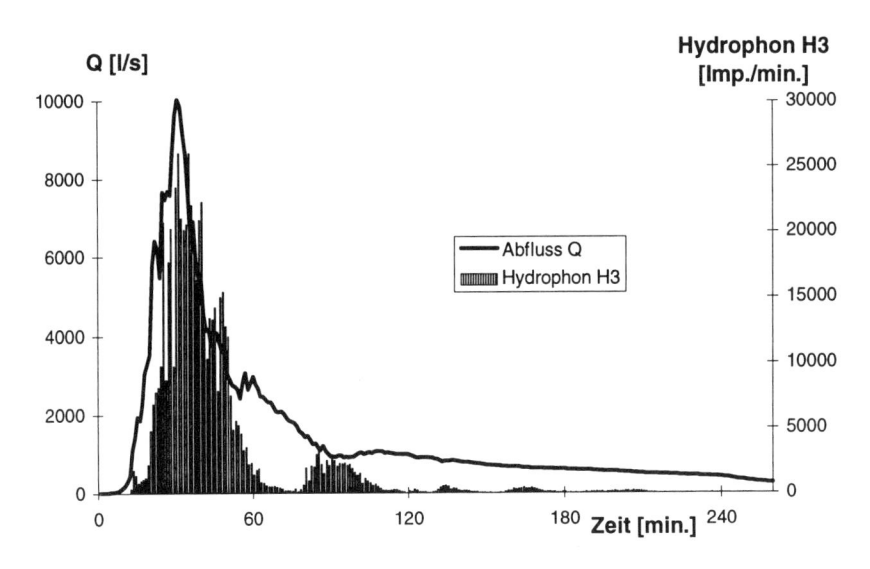

Fig. 31 Aufzeichnung des Abflusses und der Hydrophonimpulse für das Hochwasser vom 14. 7. 95 im Testgebiet Erlenbach der WSL. Die Grafik umfasst die Zeit zwischen 1510 und 1930.

Bei der Bewertung des Verfahrens PROBLOAD ist aber zu berücksichtigen, dass verschiedene Vereinfachungen und Annahmen getroffen wurden, welche nicht oder nur schlecht abgestützt sind. Das Verfahren PROBLOAD ist deshalb nicht als fertiges Rezept sondern als weiterzuentwickelndes Konzept zu betrachten. Insbesondere die Vernachlässigung des Einflusses der Transportgeschwindigkeit der Feststoffe auf die wahrscheinliche Transportrate ist vor einer Umsetzung des Konzepts zu überprüfen. Es ist davon auszugehen, dass die Transportgeschwindigkeit eines Geschiebekorns in einem Wildbach sehr starken örtlichen wie zeitlichen Variationen ausgesetzt ist. Aufgrund der heute vorliegenden Informationen ist es aber nicht absehbar, ob diese Variationen einen wesentlichen Einfluss auf die Transportraten haben, oder ob sie im Vergleich zum Einfluss von Mobilisierung und Ablagerung effektiv vernachlässigbar sind.

Ein ungelöstes Problem ist die Bestimmung der Präsenzwahrscheinlichkeit. Sobald Feststoffzufuhr aus einem vorangehenden Abschnitt zu berücksichtigen ist, hilft die Annahme nicht mehr weiter, sie entspreche der Mobilisierungswahrscheinlichkeit. Hier und bei der Frage des Einflusses der Transportgeschwindigkeit sind bessere Kenntnisse über die effektiv ablaufenden Prozesse notwendig, wie sie z.B. durch möglichst zahlreiche Beobachtungen der Bewegungen einzelner transportierter Steine gewonnen werden können. Dazu dienen z.B. der in Kap. 7.4 erläuterte Geschiebetracer Legic® oder Radiotracer (vgl. Busskamp 1993).

4 Das Verfahren PROBLOAD

Das Verfahren vernachlässigt in der hier vorgeschlagenen Form jede Impuls- und Energieübertragung durch das transportierte Material. Bei einem Kontakt mit der Bachsohle wird aber ein Impuls übertragen, der wie eine zusätzliche Schubspannung an der Gerinnesohle wirkt, dessen Vernachlässigung wohl nur bei kleinen Transportraten zulässig ist. Bei grossen Feststoffkonzentrationen nimmt weiter die Wahrscheinlichkeit von Kontakten zwischen einzelnen Geschiebekörnern während dem Transport so stark zu, dass auch diese Impuls- und Energieübertragung nicht mehr vernachlässigt werden kann (vgl. z.B. Costa 1988). Mit steigender Feststoffkonzentration nimmt aber auch die Wahrscheinlichkeit zu, dass eine an einem bestimmten Ort wirkende Schubkraft zur Remobilisierung eines Steines verwendet wird und deshalb kein neues Geschiebekorn mobilisieren kann.

Beim Einsatz des Verfahrens PROBLOAD für Simulationen über längere Zeitperioden ist zudem zu berücksichtigen, dass die Schubspannungen und die rückhaltenden Spannungen nur bei einer Momentaufnahme unabhängig voneinander sind. Bleibt der Abfluss über längere Zeit konstant, bildet sich ein bestimmtes Abflussmuster aus. Die Wirbel, welche die Schubspannungsverteilung massgebend beeinflussen bleiben dabei mehr oder weniger am gleichen Ort. Dies führt dazu, dass die hohen Schubspannungen immer am gleichen Ort wirken. Dadurch werden an diesen Orten die mobilisierbaren Geschiebekörner ausgedünnt, und lokal verschiebt sich die Verteilungsfunktion der rückhaltenden Spannungen (vgl. Fig. 32). Dies führt zu einer Reduktion der Mobilisierungswahrscheinlichkeit und damit zu einer Verkleinerung des Feststofftransports. Dieser Prozess kann als lokale Deckschichtbildung betrachtet werden.

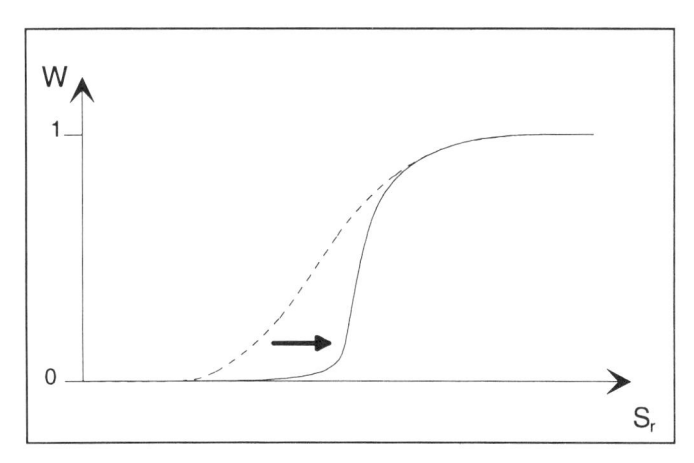

Fig. 32   Lokale Veränderung der rückhaltenden Spannungen S_r durch einen stationären Wirbel.

Verschieben sich die Wirbel, gelangen die hohen Schubspannungen an Orte, wo sie vorher nicht gewirkt haben. Dadurch steigt die Mobilisierungswahrscheinlichkeit schlagartig an, was auch zu höherem Feststofftransport führt. In einem Wildbach verschieben sich die Positionen der Wirbel vor allem dann, wenn sich der Abfluss ändert. Aufgrund dieser Überlegungen sind die höchsten Transportraten im auf- oder im absteigenden Ast eines Hochwassers zu erwarten. Diese Feststellungen werden bestätigt durch die Arbeiten von Ergenzinger et al. (1994) in Montana, aber auch durch Aufzeichnungen im Testgebiet Erlenbach der WSL (vgl. Fig. 31). Die Überlegungen werden aber auch durch die Beobachtungen von Ergenzinger et al. (1994) und Costa (1988) bestätigt, welche bei hohen Feststoffkonzentrationen ein Zusammenbrechen der Wirbel und einen generell weniger turbulenten Abfluss beobachteten.

Für viele praktische Bedürfnisse zielen diese Wahrscheinlichkeitsansätze aber zu weit. Hier wird es darum gehen, einfach handhabbare Formeln zu entwickeln, die den Aspekt der Mobilisierungswahrscheinlichkeit berücksichtigen, und in der Lage sind, eine Transportrate zu bestimmen, die z.B. dem 80% Quantil der Dichteverteilung von wahrscheinlichen Feststofftransportraten entspricht. Verschiedene Hinweise deuten darauf hin, dass z.B. die Formel von Rickenmann (1990) dazu verwendet werden kann, eine obere Grenze der sinnvollerweise zu erwartenden Transportraten zu bestimmen. Welchem Quantil das Ergebnis der Formel von Rickenmann aber genau entspricht, kann zur Zeit nicht bestimmt werden, da keine Angaben über die Parameter der Dichtefunktionen der wahrscheinlichen Feststofftransportraten bestehen.

5 DAS TRAJEKTORIENMODELL VEKTORENBAUM

Die Arbeiten an diesem Modell begannen im Rahmen einer Untersuchung zur Bestimmung der geschieberelevanten Fläche in Wildbacheinzugsgebieten. Als geschieberelevante Flächen werden dabei diejenigen Gebiete eines Einzugsgebiets betrachtet, aus denen Hangprozesse (vgl. Kap. 3.2.1) Feststoffe in ein Gerinne verlagern können. Um beurteilen zu können, ob aus einer Startfläche eines Hangprozesses Material in ein Gerinne gelangen kann oder nicht, muss der Weg dieser Prozesse bekannt sein. Diese Aufgabe erfüllen Trajektorienmodelle (vgl. Kap. 3.3), wie sie heute als Teil von verschiedenen Geographischen Informationssystemen oder als eigenständige Programme angeboten werden.

Im Verlaufe der Untersuchungen hat sich aber gezeigt, dass diese Verfahren nicht in jedem Fall zuverlässige Resultate ergeben (vgl. Hegg, 1991, 1992b). Bei der detaillierten Analyse der aufgetretenen Fehler stellte sich heraus, dass eine Relation, auf der diese Modelle aufbauen, nicht transitiv ist (vgl. Kap. 5.1). Dies war der Anlass für die Entwicklung eines neuen Trajektorienmodells, des Verfahrens Vektorenbaum, das in Kap. 5.2 detailliert beschrieben ist. Die Kombination des Modells Vektorenbaum mit dem Modell zur Berechnung der Auslaufstrecken von Fliesslawinen nach Salm et al. (1990) wird in Teil C in Kap. 8 dargestellt.

5.1 HERKÖMMLICHE TRAJEKTORIENMODELLE

In herkömmlichen Trajektorienmodellen werden die Wege von Prozessen in der Regel durch eine Aneinanderreihung (Kaskadierung) von einzelnen Elementen (Polygonen) des Geländemodells (Rasterzellen oder Dreiecke eines TIN's[1]) gebildet. Beispiele dazu sind die Trajektorienmodelle TIN-CASCADING, einem Zusatzmodul zum Geographischen Informationssystem ARC/INFO, das von ESRI Deutschland entwickelt wurde (vgl. ESRI, 1988), oder Funktionen, die auf dem Ansatz von Jenson und Domingue (1988) aufbauen und die in verschiedene Geographische Informationssysteme integriert wurden. Der Autor führte die ersten Arbeiten mit dem Programm TIN-CASCADING durch, weshalb die Probleme, welche beim Bestim-

---

[1] Ein TIN (triangulated irregular network) besteht aus einer Anzahl aneinanderliegender nicht überlappender Dreiecke, die zwischen Punkte gespannt werden, deren Lage im Raum bekannt ist.

men der Wege von Prozessen durch die Kaskadierung von Polygonen entstehen können, an diesem Beispiel erläutert werden.

5.1.1 DAS MODELL 'TIN-CASCADING'

Grundzüge des Modells
Mit einem TIN als Grundlage berechnet das Modul TIN-CASCADING folgende Angaben: In einem ersten Schritt wird für jedes Dreieck des TIN's die Falllinie (Exposition) berechnet. Dann wird bestimmt, welches die Nachbardreiecke sind, und welche(s) dieser Dreiecke sogenannte Nachfolger sind und die entsprechenden Resultate in den vier Variablen *Next1*, *Next2*, *Part1* und *Part2* abgespeichert.

Ein Dreieck kann einen oder zwei Nachfolger haben (vgl. Fig. 33). Die Variablen *Next1* und *Next2* geben an, welches die Nachfolger des bearbeiteten Dreiecks sind. *Next2* wird auf 0 gesetzt, wenn nur ein Dreieck Nachfolger ist (linkes Bild in Fig. 33). *Part1* und *Part2* geben an, welcher Anteil der Fläche des bearbeiteten Dreiecks in die jeweiligen Nachfolger entwässert. Dazu wird das Ausgangsdreieck (Dreieck *1* im rechten Bild von Fig. 33) durch die punktierte Linie die parallel zur Fliessrichtung gezogen wird, in zwei kleinere Dreiecke unterteilt. Der Anteil links dieser Linie an der Gesamtfläche von Dreieck *1* entspricht *Part1* und der rechts dieser Linie *Part2*.

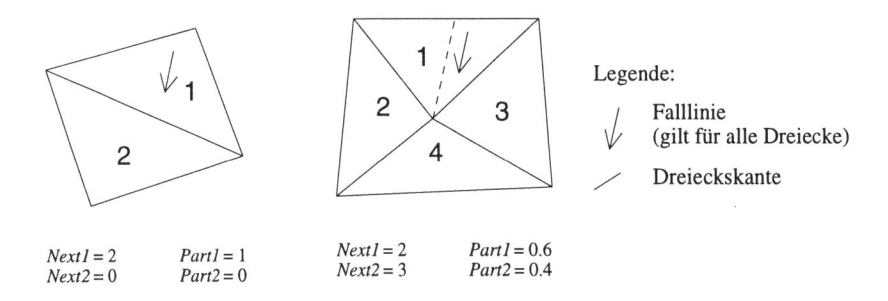

Fig. 33   Schematisches Beispiel für die Bestimmung der Vorgänger - Nachfolger Relation im Modul TIN-CASCADING. (Erläuterungen vgl. Text)

Zusätzlich sind im Modell TIN-CASCADING Routinen enthalten, welche die Wege entlang von sogenannten konkaven Kanten[2] bestimmen. Da diese Routinen aber

---

[2]   Eine Kante zwischen zwei Dreiecken ist dann konkav, wenn beide anliegenden Dreiecke zu dieser Kante hin geneigt sind. In der geomorphologischen Nomenklatur sind konkave Kanten Tiefenlinien in einem Geländemodell.

grundsätzlich ähnlich arbeiten, wie das erläuterte Standardvorgehen, wird es hier nicht weiter erläutert.

Die vier Variablen *Next1*, *Next2*, *Part1* und *Part2* beschreiben die Vorgänger - Nachfolger Relation des Modells TIN-CASCADING, welche die Grundlage für weitere Arbeiten bildet, z.B. für das Bestimmen des Weges dem ein Prozess von seinem Startpunkt ins Gerinne folgt. Dabei wurde wie folgt vorgegangen (vgl. Fig. 34): Der Ausgangspunkt des Prozesses liegt in Dreieck *1*. Der Nachfolger dieses Dreiecks ist das Dreieck mit dem grösseren Wert in *Part1* bzw. *Part2*, in diesem Fall Dreieck *2*, da Dreieck *1* nur einen Nachfolger hat. Dieses Verfahren wird solange fortgesetzt, bis ein Dreieck, das Teil des aufgebauten Weges ist, bei einem Gerinne liegt (Dreieck *8*).

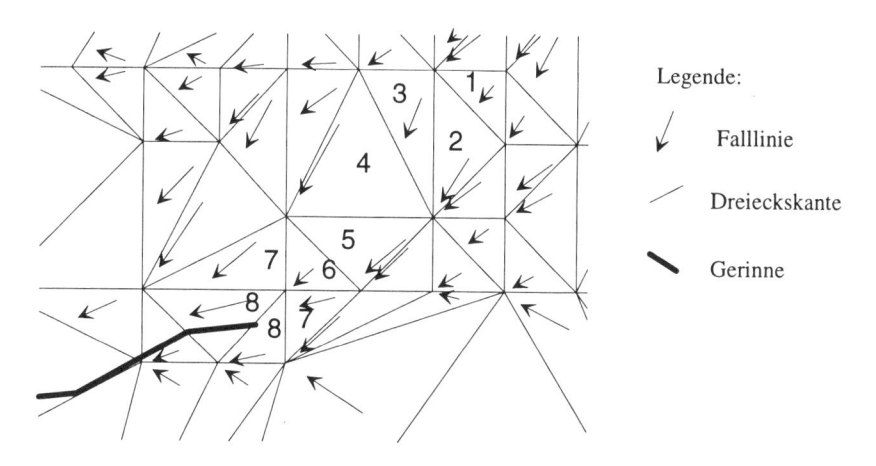

Fig. 34 Bestimmen des Weges eines Prozesses durch die Verknüpfung von Vorgänger - Nachfolger Relationen des Modells TIN-CASCADING.

Auf diese Weise kann für jedes Dreieck, das Ausgangspunkt eines Prozesses sein kann, ein Weg bestimmt werden, der aus einer Sequenz von Dreiecken besteht. In verschiedenen Fällen liegen sowohl *Part1* und *Part2* relativ nahe bei 0.5 und es ist oft nicht sinnvoll, einen der beiden Nachfolger auszuschliessen (z.B. bei Dreieck *6* in Fig. 34). Deshalb wurden verschiedene Versuche durchgeführt, unter bestimmten Umständen eine Aufteilung auf mehrere Nachfolger zuzulassen, wie dies bei Dreieck *6* in Fig. 34 geschehen ist. Dabei kam es allerdings z.T. zu sehr grossen seitlichen Abweichungen von der Falllinie, weshalb dieser Versuch nicht weiter verfolgt wurde. Für alle nachfolgend beschriebenen Arbeiten wurden die Wege von Prozessen als Sequenzen von Dreiecken bestimmt, die keine Aufteilung auf mehrere Nachfolger berücksichtigten.

Modelltests

In vielen Fällen wurden mit diesem Verfahren sinnvolle Resultate erzielt. In einigen Fällen entstanden aber völlig unrealistische Abweichungen von der Falllinie, die auch für eine Modellierung auf einem Überblicksmassstab nicht toleriert werden können. Einer der offensichtlichsten Fehler wird nachfolgend erläutert und ist in Fig. 35 abgebildet.

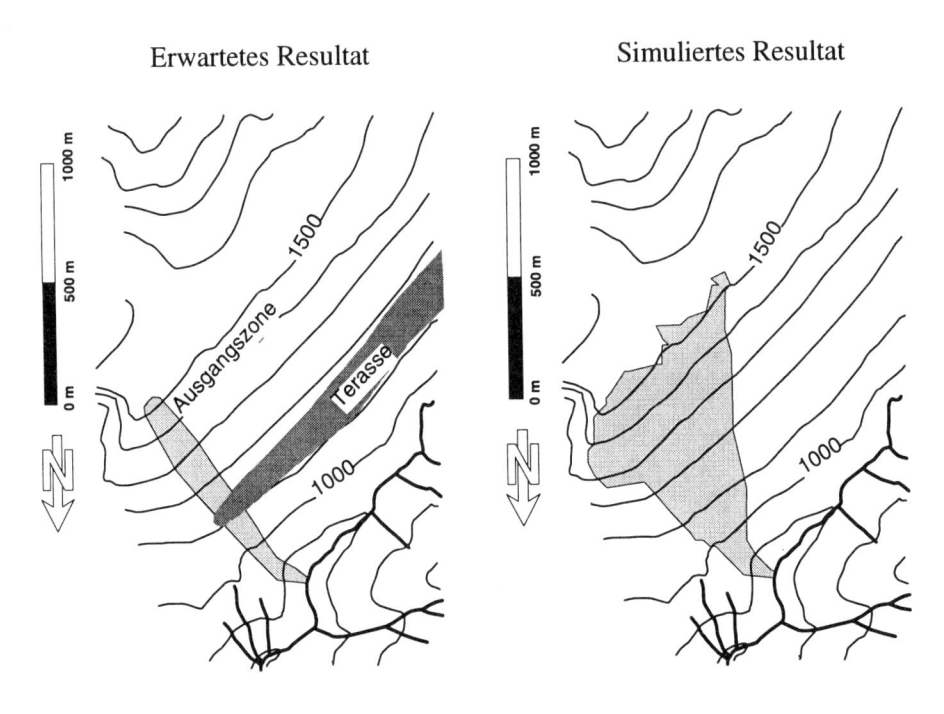

Fig. 35   links: erwartete Resultat bei der Abgrenzung der geschieberelevanten Fläche
rechts: simuliertes Resultat

Auf diesem nach Nordwesten exponierten mehr oder weniger gleichmässig geneigten Hang im unteren Saxettal bei Interlaken im Berner Oberland wurde im Feld festgestellt, dass vor allem Steinschlag auftritt, der seinen Ausgangspunkt im etwas steileren oberen Teil des Hanges (zwischen 1400 und 1500 m ü. M.) hat. Auf einer Höhe von etwa 1100 m ü. M. folgt eine Terrasse, die in ihrem südlichen Teil gross genug ist, die Steine zurückzuhalten, die sich gelöst haben. An ihrem nördlichen Ende ist diese Terrasse etwas schmäler, so dass ein Teil der Steine über die Terrasse und ins Gerinne gelangen kann. Um dieser Feststellung gerecht zu werden, wurde versucht, eine geschieberelevante Fläche zu simulieren, wie sie im linken Bild von Fig. 35 dargestellt ist.

5 Das Trajektorienmodell Vektorenbaum

Das simulierte Resultat (rechtes Bild in Fig. 35) weicht aber erheblich vom erwarteten ab. Während die Reichweite des Steinschlages in etwa korrekt reproduziert werden konnte, wurde ein viel zu grosser Teil der Ausgangsflächen des Steinschlags zur geschieberelevanten Fläche gezählt. Statt nur den dünnen Streifen oberhalb dem etwas schmaleren Bereich in der Terrasse dazu zu zählen, wurden Gebiete als geschieberelevant angesehen, aus denen das Material nur dann über die Terrasse gelangen kann, wenn es völlig unrealistischen Wegen folgt. Statt der Falllinie zu folgen, müsste sich der Prozess dazu während etwa einen Kilometer mit einer seitlichen Abweichung von beinahe 45° dazu bewegen. Ein derartiges Simulationsresultat ist natürlich völlig unbefriedigend.

Es stellte sich heraus, dass die Ursache für diesen Fehler in der Vorgänger - Nachfolger Relation des TIN-CASCADING liegt, welche sich als eine nicht transitive Relation entpuppte. Während diese Tatsache dann keine Fehler zur Folge hat, wenn die Wege der Prozesse durch mehr oder weniger ausgeprägte Tiefenlinien vorgegeben sind, kann sie beim Fehlen von Tiefenlinien zu so gravierenden Abweichungen führen, wie in Fig. 35. dargestellt. Kritisch sind demzufolge insbesondere Hänge die keine konkave Horizontalwölbung aufweisen, so z.B. Schwemmkegel. Das Problem der Nicht-Transitivität der Vorgänger - Nachfolger Relation des TIN-CASCADING wird nachfolgend an einem schematischen Beispiel erläutert.

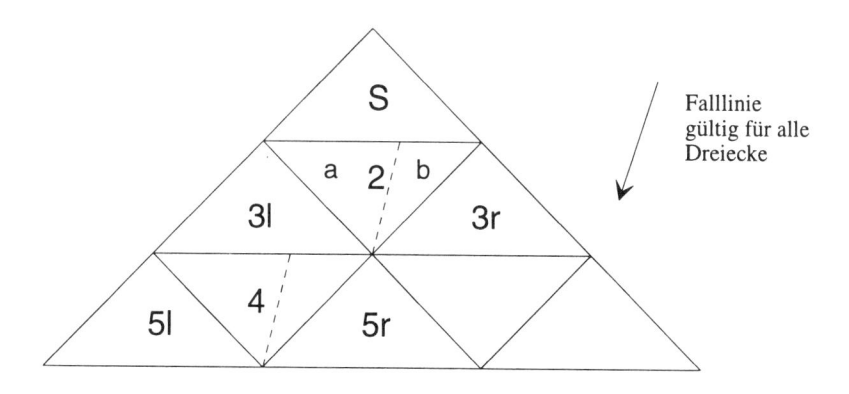

Fig. 36   Schematische Erläuterung für die Nicht-Transitivität der TIN-CASCADING Vorgänger - Nachfolger Relation (Erläuterung vgl. Text).

Für diese Erläuterung wird ein gleichmässig geneigter Hang ohne Runsen und Kreten angenommen. Ein Teil dieses Hanges ist in Fig. 36 mit einem TIN abgebildet. Es handelt sich dabei um ein regelmässiges TIN, da daran das Problem leichter zu erläutern ist, als an einem normalen unregelmässigen TIN. Die Falllinie aller Dreiecke ist mit einem Pfeil im rechten oberen Teil der Figur angegeben. Weiter wird angenommen, dass sich ein Hangprozess (z.B. Steinschlag) im Dreieck löst, das mit

S bezeichnet ist. Wird mit Hilfe des 'gesunden Menschenverstandes' bestimmt, welche Dreiecke Teil des Weges dieses Prozesses sind, wird die Sequenz *S-2-3l-4-5r* gewählt. Durch alle diese Dreiecke wird mehr als 50% des Materials verlagert, das im Ausgangsdreieck S mobilisiert wird.

Wird das Gleiche mit dem beschriebenen Simulationsmodell durchgeführt, geschieht folgendes: Beim Verlassen des Startdreiecks gibt es keine Probleme, da nur Dreieck *2* als Nachfolger in Frage kommt. Dieses Dreieck dagegen hat zwei Nachfolger, die Dreiecke *3l* und *3r*. Da die Fläche des Teils *a* von Dreieck *2* grösser ist als die von Teil *b*, wird Dreieck *3l* als Nachfolger gewählt. Dreieck *4* ist der Nachfolger von Dreieck *3l*. Für die Bestimmung des Nachfolgers von Dreieck *4* wird wiederum geprüft, welche Flächenanteile in welchen Nachfolger entwässern, und somit wird Dreieck *5l* als Nachfolger von Dreieck *4* bestimmt und nicht das Dreieck *5r* wie erwartet. Bei der Bestimmung von *Part1* und *Part2* aufgrund der Flächenanteile links und rechts der gepunkteten Linie wird implizit angenommen, das Material sei gleichmässig über die Fläche des ganzen Dreiecks verteilt. Diese Annahme ist in Dreieck *2* in etwa erfüllt, in Dreieck *4* dagegen weicht die effektive Verteilung erheblich davon ab. Die Annahme der Gleichverteilung ist bei einer Kaskadierung (Verknüpfung) der Vorgänger-Nachfolger Relationen nicht immer erfüllt und die Relation ist somit als nicht transitiv anzusehen. Während die Relation wohl korrekt bestimmen kann, aus welchen Teilen eines Dreiecks Material in welchen unmittelbaren Nachfolger verlagert wird, kann das Verknüpfen oder Kaskadieren dieser Relation zu den erläuterten untolerierbaren Fehlern führen.

5.1.2 WEITERE POLYGON-KASKADIERUNG MODELLE
Beim Modell TIN-CASCADING handelt es sich um ein nicht besonders weit verbreitetes Modell. Einzig Mani und Kläy (1992) und Pareschi und Santacroce (1993) setzten dieses bzw. ein ähnliches Modell zur Bestimmung der Wege von Prozessen ein. Da sie dieses Modell allerdings nur in einem Gebiet einsetzten, wo die Prozesse meist in Runsen kanalisiert sind, wirkte sich die Nicht-Transitivität der Vorgänger-Nachfolger Relation kaum aus.

Häufiger werden als Trajektorienmodelle Kaskadierungsverfahren eingesetzt, die auf einem digitalen Höhenmodell in Rasterform beruhen. Entsprechend werden die Wege von Prozessen dann nicht als eine Kette von Dreiecken sondern mit einer Sequenz von Rasterzellen abgebildet. Ein Beispiel dazu ist in Fig. 37 abgebildet. Weitere Beispiele sind die Modelle von Grunder und Kienholz (1986), Altwegg (1988), Jenson und Domingue (1988), van Dijke und van Westen (1990), Quinn et al.(1992), Ellen et al. (1993), Mani (1995) und Krummenacher (1995).

5 Das Trajektorienmodell Vektorenbaum

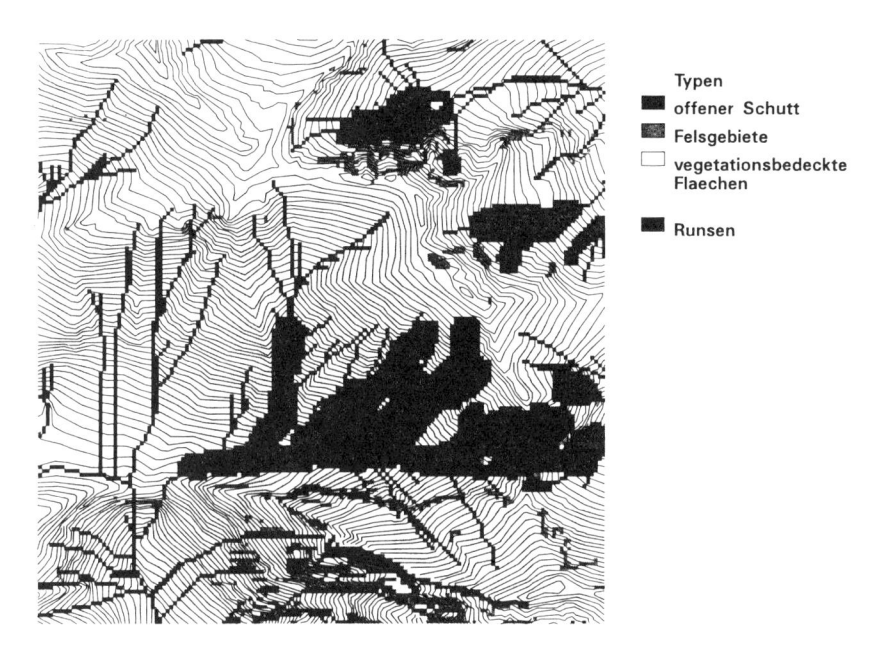

Typen
■ offener Schutt
▨ Felsgebiete
☐ vegetationsbedeckte Flaechen
■ Runsen

Fig. 37   Runsen und geschieberelevante Flächen in einem Wildbacheinzugsgebiet (Mani, 1995: 735).

All diese Modelle basieren in der einen oder anderen Form auf einer Verknüpfung von Vorgänger-Nachfolger Relationen zwischen den einzelnen Rasterzellen, die ohne die Berücksichtigung der Verteilung des in diese Fläche verlagerten Materials aufgestellt werden. Sie sind deshalb wie die Vorgänger-Nachfolger Relation des TIN-CASCADING nicht transitiv. Die Modelle arbeiten somit nur dann zuverlässig, wenn die Prozesse in Tiefenlinien kanalisiert sind. Sind die Prozesse nicht kanalisiert, ist mit z.T. erheblichen Abweichungen von der effektiven Fliessrichtung zu rechnen. Ein Beispiel dazu ist in Fig. 38 dargestellt. Am linken Rand des Bildes ist etwas unterhalb der Mitte der Figur ein Schwemmkegel abgebildet, über welchen mehrere Fliesswege (als Runsen bezeichnet) bestimmt wurden. Diese Fliesswege schneiden die Höhenkurven z.T. nicht im rechten Winkel und weichen entsprechend von der effektiven Fliessrichtung ab.

Der Autor ist deshalb der Meinung, dass der Einsatz von Trajektorienmodellen, die auf einer nicht transitiven Relation zwischen Polygonen (Rasterzellen oder TIN Dreiecken) basieren, nur dann zulässig ist, wenn Prozesse simuliert werden sollen, die vor allem entlang von Tiefenlinien ablaufen, d.h. für die Simulation von Gerinneprozessen. Als nicht transitiv sind alle Vorgänger-Nachfolger Relationen anzusehen, welche aufgestellt werden, ohne ungleichmässige Materialverteilungen zu berücksichtigen, wie sie durch den Zutransport von Material aus einer anderen Fläche entstehen können. Vorzugsweise ist bei der Simulation von Gerinneprozessen zudem ein Verfahren zu integrieren, das die Ausbreitung auf einem Schwemmkegel simulieren kann, wie dies z.B. Mani (1995) vorschlägt (vgl. Fig. 38). In allen anderen Fällen ist ein Trajektorienmodell vorzuziehen, das nicht auf einer Kaskadierung von Polygonen beruht, wie z.B. das nachfolgend erläuterte Modell Vektorenbaum. Oder es sind Modelle einzusetzen, welche in der Lage sind, die Dynamik eines Prozesses in allen drei Dimensionen zu simulieren, wie dies z.B. bei den Steinschlagmodellen von Descoeudres (1990) oder Zinggeler et al. (1991) der Fall ist.

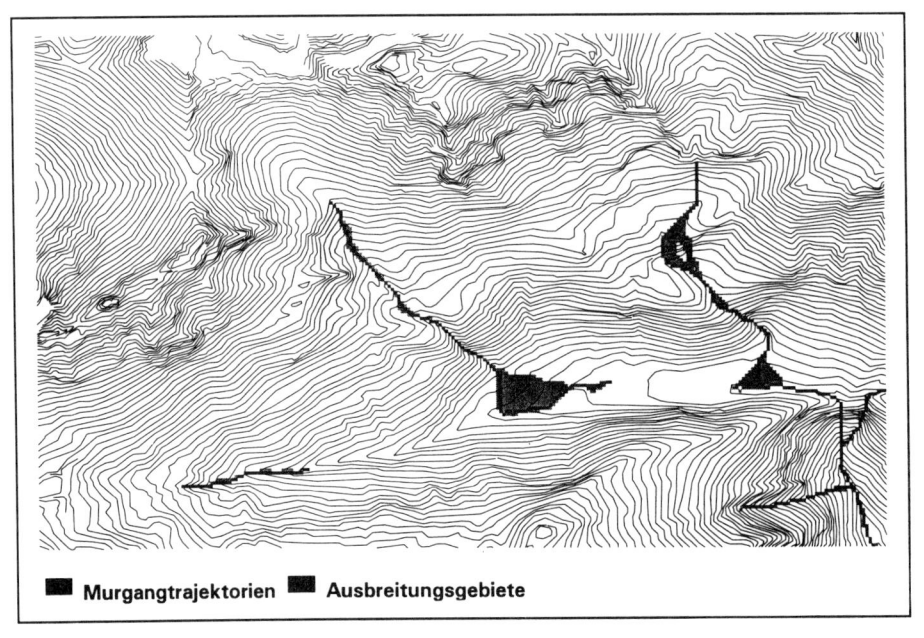

Fig. 38   Reichweite und Ausbreitungsgebiete von Murgängen (Mani, 1995: 736).

5.2 DAS TRAJEKTORIENMODELL 'VEKTORENBAUM'

Die im vorangehenden Kapitel erläuterten Probleme mit Verfahren, welche die Wege von Prozessen über eine Kaskadierung von Polygonen bestimmen, war der Ausgangspunkt für die Entwicklung des hier beschriebenen Trajektorienmodells 'Vektorenbaum'. Die Grundidee ist, den Weg eines Prozesses nicht durch eine Sequenz von Polygonen, sondern durch eine Sequenz von Vektoren, einem sogenannten 'Vektorenzug', abzubilden, wobei die einzelnen Vektoren parallel zur jeweiligen Falllinie des Hanges gezogen werden.

5.2.1 GRUNDPRINZIP DES MODELLS 'VEKTORENBAUM'

Im einzelnen arbeitet das Verfahren wie folgt (vgl. Fig. 39): Grundlage bildet ein digitales Geländemodell in der Form eines TIN's. Ein Vektorenzug wird an jedem möglichen Startpunkt eines Prozesses (Punkt P_s) begonnen. An diesem Punkt wird ein Vektor parallel zur Falllinie des Dreiecks, in dem der Punkt liegt, begonnen und bis zur Kante dieses Dreiecks gezogen (Punkt P_1). Dort wird ein neuer Vektor begonnen, der parallel zur Falllinie von Dreieck 2 bis zur nächsten Dreieckskante gezogen wird (P_2), wo wiederum ein neuer Vektor parallel zur Falllinie von Dreieck 3 beginnt. Auf diese Weise werden mehrere Vektoren aneinandergehängt, bis der Vektorenzug in einer Senke oder am Kartenrand endet, oder ein anderes Abbruchkriterium erfüllt ist (vgl. Kap 8).

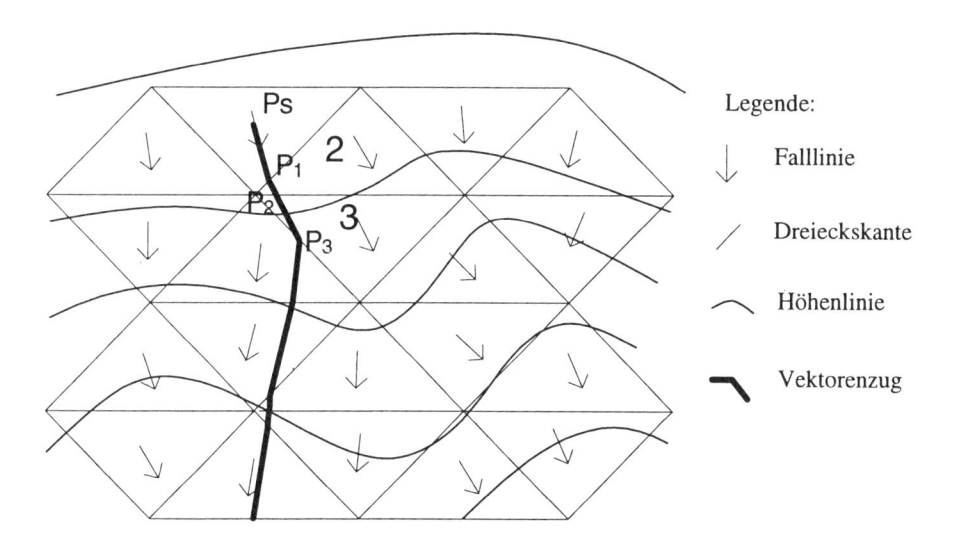

Fig. 39   Aufbau eines Vektorenzuges im Hang (Erläuterung vgl. Text).

Trifft ein Vektorenzug auf eine konkave Kante (vgl. Fussnote 2), folgt er dieser Dreieckskante (Punkt *1* in Fig. 40). Der Vektorenzug wird dann so lange entlang von Dreieckskanten gezogen, wie diese konkav sind. Hat eine konkave Kante keinen entsprechenden Nachfolger (Punkt *2* in Fig. 40), wird der Aufbau des Vektorenzuges mit dem normalen Verfahren fortgesetzt.

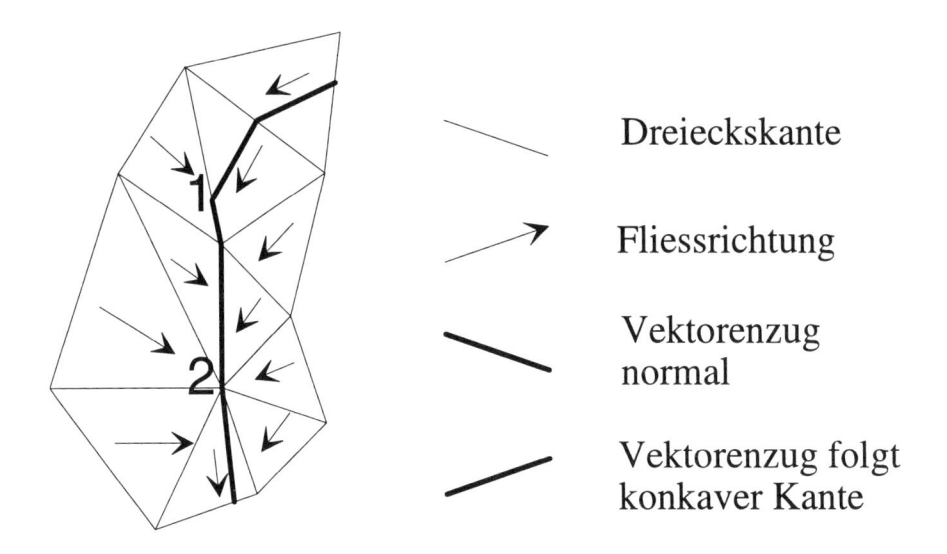

Fig. 40   Aufbau eines Vektorenzugs entlang von konkaven Kanten
(Erläuterungen vgl. Text).

Ein auf diese Weise bestimmter Vektorenzug ist transitiv und beschreibt zuverlässig den Weg von Prozessen, die in etwa der Falllinie folgen. Wird dieses Verfahren für mehrere mögliche Ausgangspunkte z.B. in einem Wildbacheinzugsgebiet durchgeführt, entsteht eine Struktur die ähnlich wie ein Baum aussieht. Die Haupt- und Seitengerinne bilden dabei den Stamm und die wichtigsten Äste und die einzelnen Vektorenzüge die kleineren Äste. Aus diesem Grund wird das Verfahren 'Vektorenbaum' genannt. Einige Beispiel für solche 'Vektorenbäume' ist in Fig. 41 abgebildet.

5 Das Trajektorienmodell Vektorenbaum 101

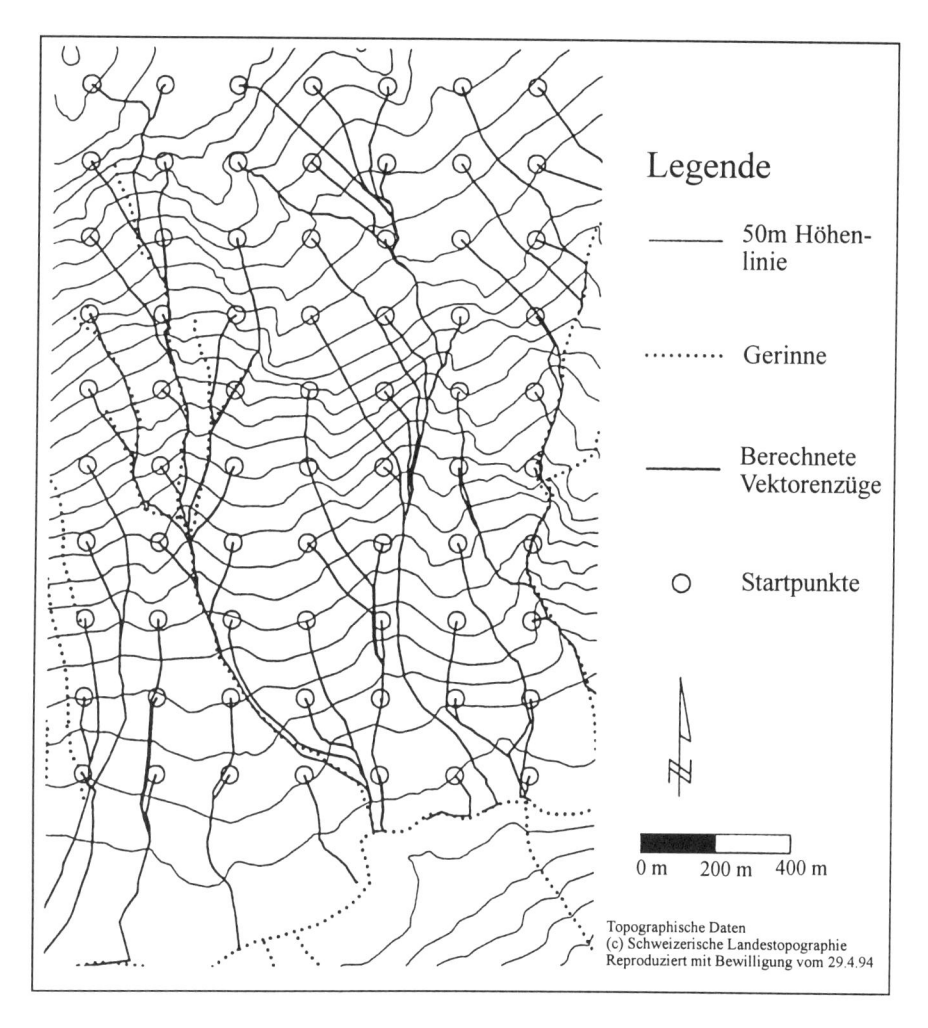

Fig. 41 Beispiele für berechnete 'Vektorenbäume' im Gebiet der Kalberwangloui bei Gündlischwand im Tal nach Grindelwald (Berner Oberland).

5.2.2 BERÜCKSICHTIGUNG VON SEITLICHER AUSBREITUNG

Mit dem im vorangehenden Kapitel beschriebenen Verfahren kann für jeden Ausgangspunkt genau ein Weg bestimmt werden. Oft gibt es aber im Weg eines Prozesses Orte, wo er sich in mehr als eine Richtung weiterbewegen kann, z.B. auf einem Schwemmkegel. Es genügt deshalb oft nicht, nur einen Weg zu bestimmen, sondern es muss eine Auffächerung auf mehrere mögliche Wege durchgeführt werden. Solche Auffächerungen treten ins Besondere am Ende von Tiefenlinien auf, z.B. wenn ein Gerinne aus der Klamm auf den Schwemmkegel tritt. Um dies im Modell

'Vektorenbaum' berücksichtigen zu können, wird immer dann, wenn eine konkave Kante keinen entsprechenden Nachfolger mehr hat (konkave Kanten bilden in einem Geländemodell die Teifenlinien), eine Auffächerung auf mehrere Vektorenzüge durchgeführt.

Viele Prozesse folgen bei ihrer Verlagerung nicht genau der Falllinie, sondern können davon seitlich etwas abweichen. So folgt z.B. ein Steinschlag, der immer am gleichen Ort beginnt, nicht bei jedem Ereignis genau dem gleichen Weg. Das eine Mal stürzt der Stein etwas mehr nach rechts, das andere mal etwas mehr nach links. Um dieser Tatsache gerecht zu werden, wurde das Modell 'Vektorenbaum' so erweitert, dass für jeden Startpunkt nicht nur ein Vektorenzug aufgebaut wird, sondern deren drei. Einer wird genau entlang der Falllinie gezogen und die zwei weiteren mit einer bestimmten seitlichen Abweichung davon nach links bzw. nach rechts. Die seitliche Abweichung wird dabei so gewählt, dass die zwei zusätzlichen Vektoren als linke bzw. rechte Begrenzung des Raumes betrachtet werden können, in dem mit dem Auftreten des Prozesses gerechnet werden muss. In Fig. 42 ist ein schematisches Beispiel dazu abgebildet, wobei der punktierte bzw. gestrichelte Vektor mit -5° bzw. +5° seitlicher Abweichung von der Falllinie gezogen sind.

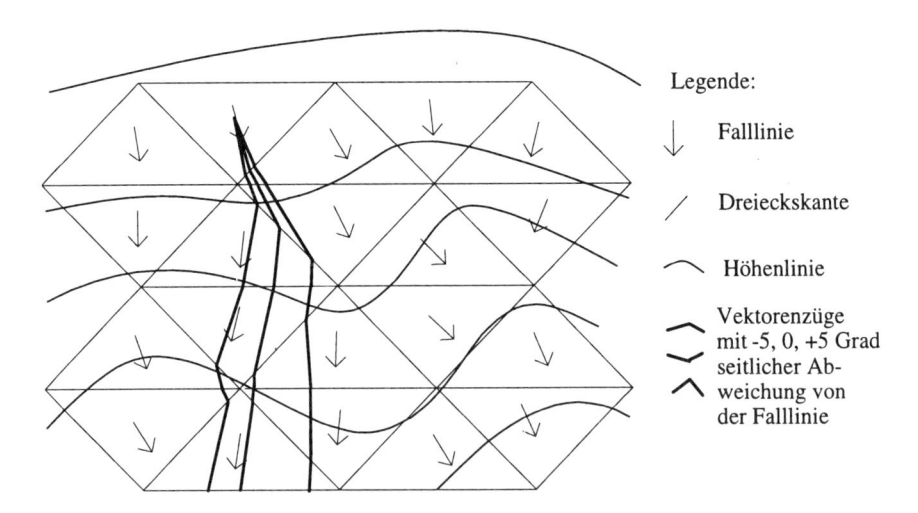

Fig. 42   Schematisches Beispiel für die Berücksichtigung von seitlichen Abweichungen von der Falllinie (Erläuterungen vgl. Text).

Auch bei der Auffächerung am Ende einer konkaven Kante ohne entsprechenden Nachfolger werden nicht alle Vektorenzüge parallel zur Falllinie gezogen. Um eine möglichst gute Abdeckung von Schwemmkegeln zu erreichen, hat es sich bewährt, am Ende einer konkaven Kante auf 7 nachfolgende Vektorenzüge aufzufächern. Davon wird einer parallel zur Falllinie, die übrigen 6 mit +15°, +10° +5°, -5°, -10°, -

5 Das Trajektorienmodell Vektorenbaum   103

15° Abweichung von der Falllinie gezogen. Ein Beispiel für das Resultat dieser Auffächerung ist in Fig. 43 dargestellt.

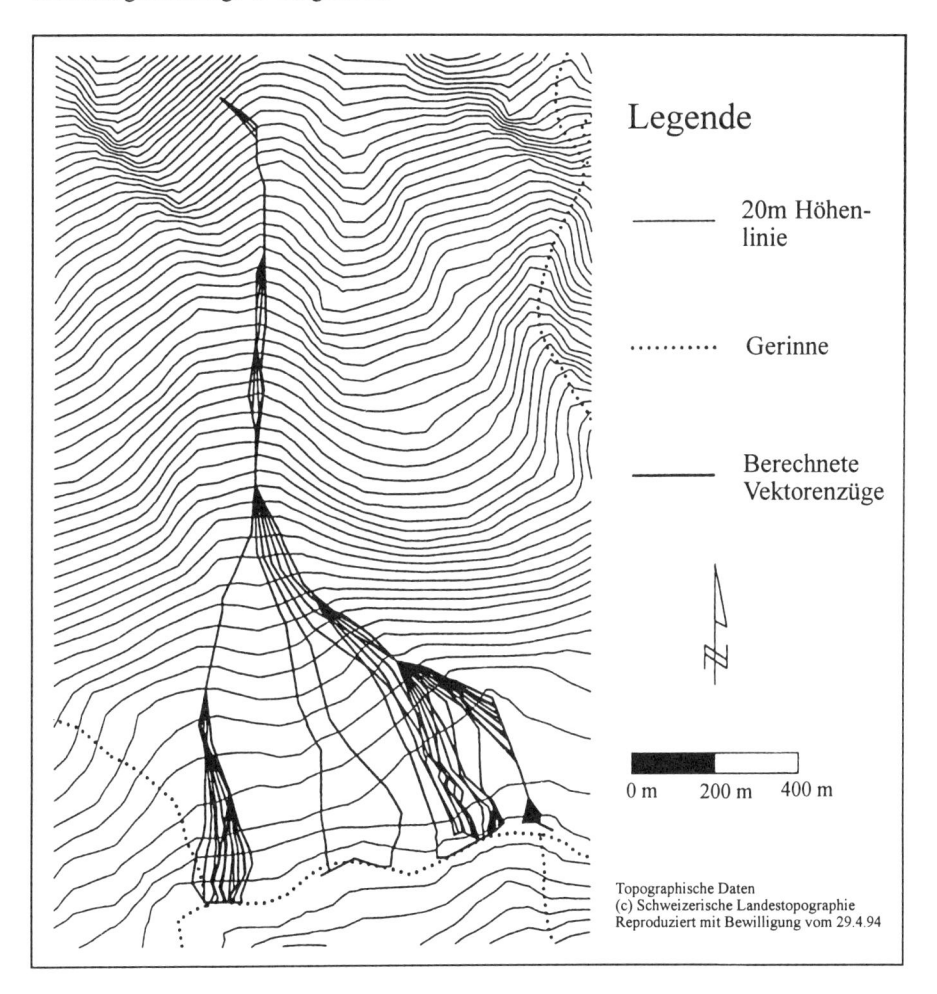

Fig. 43   Beispiel für die Simulation der Ausbreitung auf einem Schwemmkegel.

Wie stark ein Vektorenzug seitlich von der Falllinie abweichen kann und soll, hängt von verschiedenen Faktoren ab. Eine Rolle spielt dabei vor allem das Verhalten des zu simulierenden Prozesses, aber vermutlich auch die Gestalt des Reliefs. Die oben genannten Werte wurden für die im Berner Oberland herrschenden Bedingungen und im Hinblick auf die Simulation von Fliesslawinen ermittelt. Es kann nicht davon ausgegangen werden, dass die Werte für die seitliche Abweichung von der Falllinie auch unter anderen Bedingungen und für andere Prozesse beibehalten werden können. Diese Werte sind deshalb bei veränderten Rahmenbedingungen zu überprüfen.

Das Modell 'Vektorenbaum' wurde zahlreichen Tests unterzogen und hat dabei seine Tauglichkeit als Modell zum Bestimmen der Falllinie als Weg von Hang- und Gerinneprozessen bewiesen. Für rasche Prozesse folgt das Modell der Falllinie sogar tendenziell zu gut, weshalb das Verfahren so ergänzt wurde, dass eine kontrollierte Abweichung von der Falllinie möglich ist. Aufgrund der guten Resultate, die das Verfahren 'Vektorenbaum' geliefert hat, wurde es mit dem Modell zur Berechnung der Auslaufstrecken von Fliesslawinen von Salm et al. (1990) kombiniert, um Gefahrenhinweiskarten für Fliesslawinen zu erstellen. Das Modell hat auch dabei seine gute Eignung für das Bestimmen der Wege von gravitativen Prozessen bewiesen (vgl. Kap. 8).

Teil B

Modelle basieren zu einem wesentlichen Teil auf Erkenntnissen, die mit Messungen und Beobachtungen im Feld gewonnen werden. Modelle müssen zudem immer an der Realität überprüft und validiert werden. Der Versuch ein Gesamtmodell Wildbach aufzubauen wäre deshalb zum Scheitern verurteilt, wenn nicht parallel zu den theoretischen Arbeiten auch Anstrengungen erfolgen würden, die benötigten Datengrundlagen und Erkenntnisse im Feld zu erheben.

Deshalb bestehen verschiedene Testgebiete, in welchen die Prozesse in einem Wildbach beobachtet und erfasst werden. Einen Überblick dazu vermittelt Kap. 6. In der Schweiz sind es vor allem die zwei Wildbachtestgebiete (Alptal und Schwarzsee), welche von der Eidg. Forschungsanstalt für Wald, Schnee und Landschaft in Birmensdorf betrieben werden, die mit ihren langen Datenreihen das Rückgrat für jedes wildbachkundliche Projekt bilden. Ergänzt werden diese Gebiete durch den wesentlich steileren Spissibach, der zum Teil im Rahmen der hier beschriebenen Arbeit instrumentiert wurde.

In Kap. 7 werden das Einzugsgebiet des Spissibaches vorgestellt, der Aufbau des Messnetzes erläutert (Kap. 7.2), sowie die bis jetzt gewonnenen Erkenntnisse über Prozesse in Wildbacheinzugsgebieten vorgestellt (Kap. 7.3). Für verschiedene Prozesse, die in Wildbacheinzugsgebieten ablaufen, bestehen noch keine ausgereiften Messmethoden. Einen wesentlichen Teil des Aufbaus des Messnetzes bildeten deshalb verschiedene Arbeiten zur Weiterentwicklung von Verfahren und Methoden zur Beobachtung von Prozessen in Wildbacheinzugsgebieten (vgl. Kap. 7.4).

Am Aufbau des Testgebiets Spissibach haben sich zahlreiche Studentinnen und Studenten im Rahmen von Diplom- und Seminararbeiten beteiligt. Ihre Beiträge sind jeweils zitiert, und die entsprechenden Arbeiten im Literaturverzeichnis aufgeführt.

6 ERFASSUNG VON FESTSTOFFVERLAGERUNGEN

Eine der ersten umfassenden Darstellungen des Feststoffhaushaltes für ein ganzes Einzugsgebiet bildet die Arbeit von Jäckli (1957) für das bündnerische Rheingebiet. Die grösste Verlagerungsleistung in Metertonnen (bewegte Masse * zurückgelegte Distanz) innerhalb des Einzugsgebiets erbringt laut Jäckli der fluviatile Transport (Schwebstofftransport und Geschiebetrieb). Der Wassertransport chemisch gelöster Substanzen kommt bei Jäckli nur deshalb in die gleiche Grössenordnung wie der fluviatile Transport, weil die gesamte Verlagerung bis in die Nordsee berücksichtigt wird. Werden allerdings nur die bewegten Kubaturen betrachtet, so machen die langsamen gravitativen Massenbewegungen im Hang praktisch 100% aus. Wegen ihrer geringen jährlichen Verschiebung tragen sie aber nur wenig zur Verlagerungsleistung bei. Die von Jäckli angegebenen Werte gelten für das ganze Flusseinzugsgebiet. Je nach örtlichen Bedingungen können die Verhältnisse in einem Teileinzugsgebiet völlig anders aussehen. Zudem basieren viele der Angaben von Jäckli auf Schätzungen und nicht auf Messungen. Eine Übertragung auf einzelne Wildbacheinzugsgebiete ist deshalb nicht direkt möglich.

In jüngerer Zeit wurde in verschiedenen Wildbacheinzugsgebieten der Feststoffaustrag quantitativ erfasst. So in der Schweiz z.B. im Erlenbach (vgl. Kap. 6.1), im Rotenbach (vgl. Kap. 6.2), oder auch im Rietholzbach (vgl. u.a. Demierre 1992). Im Ausland erfassten z.B. Tacconi und Billi (1987) den Geschiebetransport in einem 40 km^2 grossen Einzugsgebiet in Mittelitalien, Ergenzinger et al. (1994) nutzten die Tatsache aus, dass im 106 km^2 grossen Einzugsgebiet des Squaw Creeks in Montana (USA) bis zu 70% des Geschiebes aus magnetischem Andesit bestehen. Dies ermöglicht über eine Messung der Induktivität eine sehr genaue Aufzeichnung der Feststoffverlagerungen. Sie untersuchen damit die Zusammenhänge zwischen der Veränderung in der Geometrie des Flussbettes und dem Geschiebetransport. Von besonderem Interesse für das hier beschriebene Projekt sind Arbeiten in alpinen Einzugsgebieten. Sie werden deshalb in Kap. 6.3 detaillierter vorgestellt.

6.1 DAS TESTGEBIET ERLENBACH

Fig. 44　Messanlage am Erlenbach. Die Geschiebesensoren ("Hydrophone") sind an der Unterseite von Metallplatten in der Sperre oberhalb des Geschiebesammlers angebracht (Rickenmann und Dupasquier, 1994: 135).

Im Alptal (Kt. SZ), einem voralpinen Gebiet in der Zentralschweiz (vgl. Fig. 45), hat die WSL seit Ende der sechziger Jahre mehrere hydrologische Versuchseinzugsgebiete instrumentiert (Burch, 1994, Zeller, 1985). Bei der Abflussmessstation im Erlenbach ist zusätzlich eine Geschiebemesseinrichtung eingebaut (Fig. 44), welche von Rickenmann und Dupasquier (1994) detailliert beschrieben wird.

Das Einzugsgebiet des Erlenbachs liegt vollständig im Flysch und weist eine Grösse von 0.74 km^2 auf. Das mittlere Gefälle des Hauptgerinnes beträgt 17%. Der höchste Punkt des Einzugsgebietes liegt auf 1'655 m ü. M., der niedrigste auf 1'110 m ü. M. Mit einem Niederschlag von über 2'000 mm/Jahr liegen die Niederschlagsmengen im Alptal über dem schweizerischen Durchschnitt von 1'500 mm/Jahr. Der grösste beobachtete Spitzenabfluss (12 m^3/s) im Erlenbach wurde während des Hochwassers vom 27. Juli 1984 gemessen. Dies entspricht einer Wiederkehrperiode von ca. 70 bis 100 Jahren. Die Feststofffracht bei diesem Ereignis betrug etwa 2'000 m^3.

Zusätzlich ist seit 1986 eine sogenannte 'Hydrophonmessanlage' installiert, welche Beginn, Dauer und Intensität des Geschiebe- bzw. Feststofftransports im Erlenbach kontinuierlich festgestellt und aufgezeichnet. Der Aufbau der Geschiebemesseinrichtung ist schematisch in Bänziger und Burch (1991) dargestellt. Das Herzstück der Anlage ist der eigentliche Hydrophon-Sensors mit einem piezoelektrischen Kristall. Dieser ist an der Unterseite einer Stahlplatte angebracht, die in einer Sperre eingebaut ist. Wird der piezoelektrischen Kristall verformt, baut sich eine elektrische Spannung auf. Rollt bei einem Hochwasser ein Geschiebekorn über die Stahlplatte, werden durch die Schläge der Steine Schwingungen erzeugt, welche auf den Kristall übertragen werden. Die dadurch hervorgerufene Verformung des Kristalls erzeugt eine Spannung, die verstärkt und gemessen wird. Jedesmal, wenn die Spannung einen Grenzwert (Schwellenwert) überschreitet, wird ein Impuls registriert. Die pro Zeiteinheit gemessene Anzahl Impulse ist ein Mass für die Intensität des über den Messquerschnitt erfolgten Geschiebetransportes.

Eine periodische Vermessung des Geschiebesammlers ermöglicht es, die Aufzeichnungen der Geschiebesensoren mit den während der Hochwasserereignisse transportierten Feststofffrachten zu vergleichen. So kann diese indirekte Geschiebemessmethode gewissermassen geeicht werden. Pro Jahr treten im Durchschnitt 15 bis 20 geschiebeführende Hochwasser auf. Ein solches Ereignis weist in den meisten Fällen nur eine Abflussspitze auf und zeichnet sich durch eine mehr oder weniger ununterbrochene Hydrophonaktivität aus.

6.2 DAS TESTGEBIET ROTENBACH

Auf Initiative der WSL wurden 1951/52 beim Schwarzsee zwei hydrometrische Stationen (Rotenbach, Schwändlibach) mit je einem Geschiebeauffangbecken errichtet. In den beiden benachbarten Gebieten sollte der Einfluss des Waldes auf das Wasserregime im Flyschgebiet untersucht werden (vgl. Nägeli, 1959). Es war vorgesehen, nach ein paar Jahren paralleler Messungen, das Einzugsgebiet des Rotenbachs zu entwässern und aufzuforsten, und die Auswirkungen durch den Vergleich mit dem unverändert belassenen Schwändlibach zu bestimmen. Nach rund zehn Jahren musste dieses Projekt jedoch aufgegeben werden (vgl. Keller, 1965).

Bei der Station Schwändlibach versickerten grosse Wassermengen in den Untergrund. Für vergleichende Studien konnten die Abflussdaten des Schwändlibachs deshalb nicht verwendet werden. Die Messungen wurden seither fortgesetzt und im Rotenbach sind lange Messreihen von hoher Qualität entstanden.

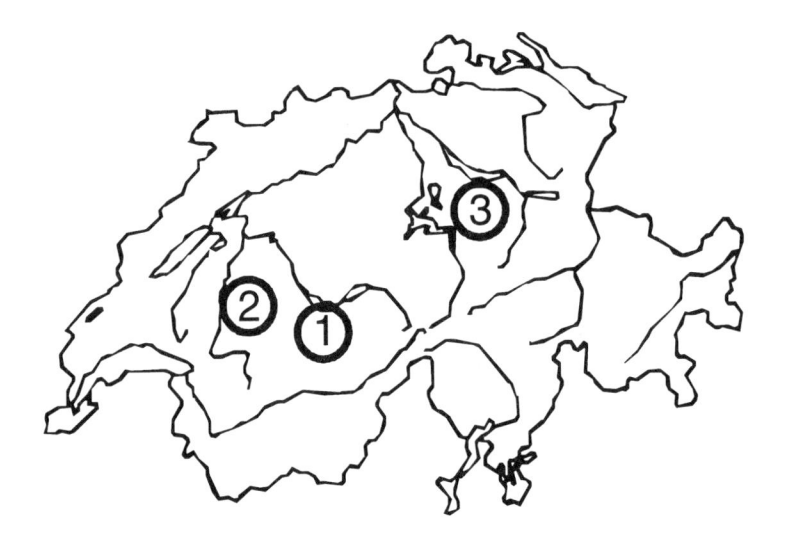

Fig. 45 Testgebiete der Wildbachforschung in der Schweiz
1 Testgebiet Spissibach des Geographischen Instituts der Uni Bern
2 Testgebiet Rotenbach der Eidg. Forschungsanstalt für Wald, Schnee und Landschaft in Birmensdorf
3 Testgebiet Erlenbach der Eidg. Forschungsanstalt für Wald, Schnee und Landschaft in Birmensdorf

Der Rotenbach liegt in den Voralpen des Kantons Freiburg, in der Gemeinde Plaffeien, am Osthang des Schwybergs (vgl. Fig. 45). Er mündet nördlich des Schwarzsees in die Warme Sense. Die Fläche des Einzugsgebietes beträgt 1,66 km². Der höchste Punkt liegt auf 1628 m, der tiefste auf 1273 m ü. M. Die mittlere Hangneigung beträgt 16°. Im Gebiet des Rotenbachs wird der geologische Untergrund durch den Wildflysch der Gurnigelzone gebildet. Der Wildflysch ist eine Wechsellagerung von Mergel-, Sandstein-, Schiefer- und Breccienschichten. Er ist leicht verwitterbar und bildet schwach durchlässige Böden. Im Einzugsgebiet können alle Böden, mit Ausnahme der Hochmoorflächen (sie machen weniger als 10% aus), als Hanggleye angesprochen werden. Auf 14% der Fläche stockt ein Fichtenwald. Der mittlere Jahresniederschlag beträgt rund 2000 mm. Davon fliessen 1670 mm ab. Auffallend ist die nach der Wasserbilanz berechnete, Gebietsverdunstung von 330 mm. Sie ist im Vergleich mit anderen schweizerischen Einzugsgebieten gering. Der

6 Erfassung von Feststoffverlagerungen

Rotenbach gehört in der Schweiz zu den Gebieten mit den höchsten gemessenen spezifischen Hochwasserabflüssen. Nach Spreafico und Aschwanden (1991) beträgt die 50-jährliche Spitzenabflussspende rund 6,6 m^3/s·km^2, die 100-jährliche rund 8,5 m^3/s·km^2.

6.3 TESTGEBIETE IM NAHEN AUSLAND

6.3.1 LAINBACH (D)

Das 18,8 km^2 grosse Lainbachtal bei Benediktbeuren in Oberbayern ist seit 1971 hydrologisches Untersuchungsgebiet des Instituts für Geographie der Universität München (Wagner, 1987:5) (vgl. Fig. 46). Die vorwiegend hydrologischen Arbeiten zu den Themen Niederschlagsstruktur und -verteilung, Entwicklung der Schneedecke und Abflussverhalten im Einzugsgebiet wurden von Felix et al. (1988) in einer umfassenden Abschlusspublikation dargestellt.

1983 erfuhren die Arbeiten im Lainbach eine Umorientierung und seither liegt das Schwergewicht mehr im Bereich der Geomorphologie (Becht und Wetzel 1992:20). Begonnen wurde mit detaillierten Untersuchungen zum Schwebstofftransport (Becht, 1986). Seit 1987 sind sowohl das Geographische Institut der Universität München als auch der Fachbereich Geowissenschaften der Freien Universität Berlin im Lainbach tätig. Die Münchner Forschungsgruppe widmete sich vor allem der Dynamik und der quantitativen Erfassung der Feststoffverlagerung im Hang und im Gerinne (Becht und Wetzel 1989, Wetzel 1992, Wetzel 1994). Ergänzt wurden diese Arbeiten im Lainbach durch Untersuchungen im nahegelegenen Kesselbach, wo vor allem Zusammenhänge zwischen dem Feststoffaustrag aus dem Gesamtgebiet und den Feststoffverlagerungen in 13 Kleingebieten zwischen 1 ha und 5 ha studiert wurden (Becht 1994). Das Schwergewicht der Berliner Arbeiten lag auf der detaillierten Analyse des Geschiebetransports (Ergenzinger und Schmidt 1990) und der Erfassung der Veränderungen der Flussbettgeometrie während eines Hochwassers (Ergenzinger 1992). Dazu wurden verschiedene Messmethoden eingesetzt und z.T. neu entwickelt, unter anderem Magnet- und Radiotracer (Schmidt und Ergenzinger 1992, Busskamp und Gintz 1994), oder der sogenannte 'Tausendfüssler' (de Jong, 1995).

Sowohl die Münchner als auch die Berliner Arbeiten im Lainbach waren in verschiedener Hinsicht methodische Vorbilder für die Arbeiten im Rahmen des Projektes Leissigen. Die Arbeiten von Becht und Wetzel sind die am besten auf unsere Verhältnisse übertragbaren Untersuchungen zum Feststoffhaushalt.

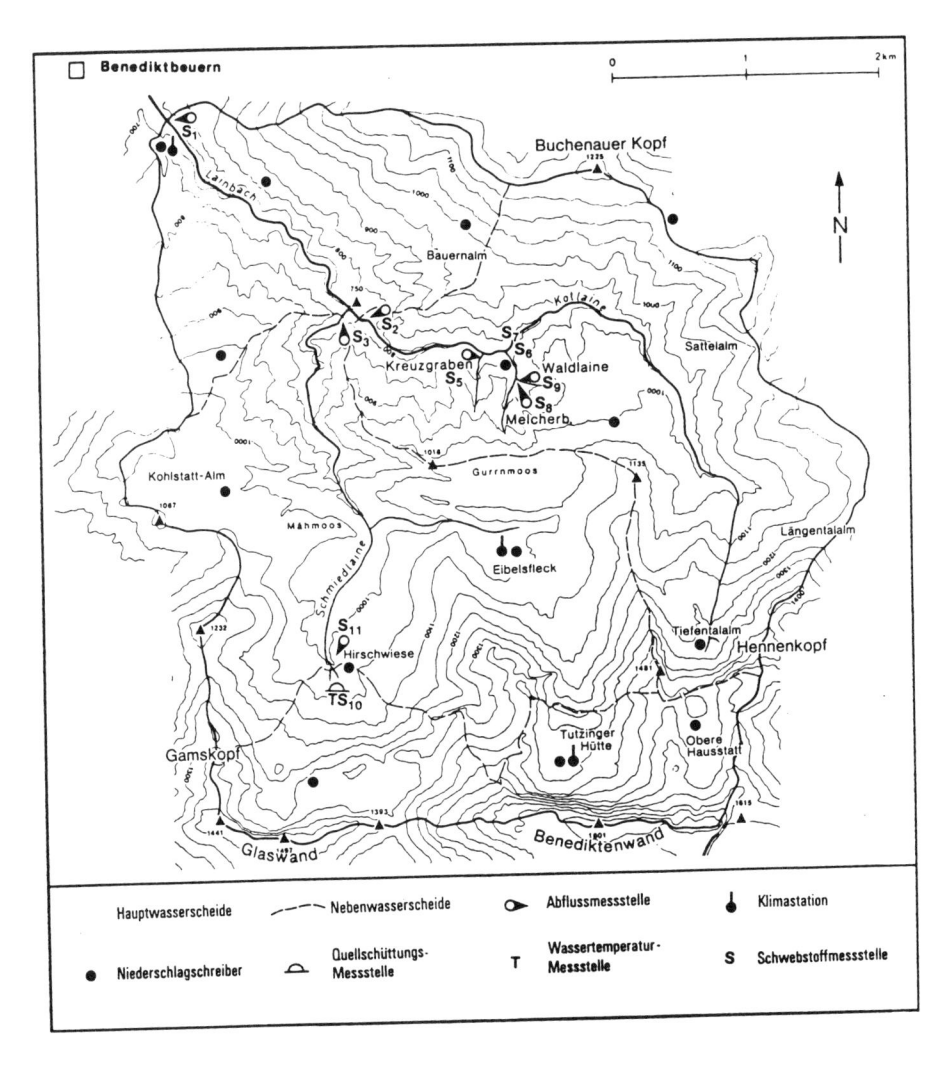

Fig. 46   Das Einzugsgebiet des Lainbaches (Becht et al. 1989:33)

6.3.2 BASSIN DE DRAIX (F)

In der Nähe von Digne in den Provencalischen Alpen liegen die 'Bassins expérimentaux de Draix', die vom französischen CEMAGREF (centre national du machinisme agricole, du génie rural, des eaux et des forêts) betrieben werden. In insgesamt 5 Einzugsgebieten mit Flächen zwischen 0.125 ha und gut 1 km^2 werden seit 1984 zahlreiche Messungen zur Erfassung von Wasser- und Feststofffrachten durchgeführt (Mura et al. 1988). Nebst methodischen Erkenntnissen zur Messung dieser Flüsse (Cambon et al. 1990) sowie zur photogrammetrischen Bestimmung der Erosion in

6 Erfassung von Feststoffverlagerungen   113

ausgewählten Hangpartien (Egels et al. 1989) lag das Schwergewicht vor allem auf
der Erfassung des Feststoffaustrags in diesem aus sehr leicht erodierbaren Gesteinen
aufgebauten Gebiet (Mathys et al. 1989). Diese Arbeiten wurden von Borges (1993)
zu einem Modell umgesetzt, das die Simulation der Feststofffracht während eines
Ereignisses aufgrund des Abflusses erlaubt.

Die Untersuchungen zum Feststoffhaushalt in Wildbacheinzugsgebieten in den
'bassins experimentaux de Draix' sind wohl die genausten und umfangreichsten, die
in Europa zur Zeit verfügbar sind. Allerdings ist die Übertragbarkeit der Resultate
auf schweizerische Verhältnisse nur sehr beschränkt möglich, da von den leicht
erodierbaren, fein verwitternden Mergeln der sogenannten 'terres noires' nicht ohne
weiteres auf andere geologische Randbedingungen extrapoliert werden kann.

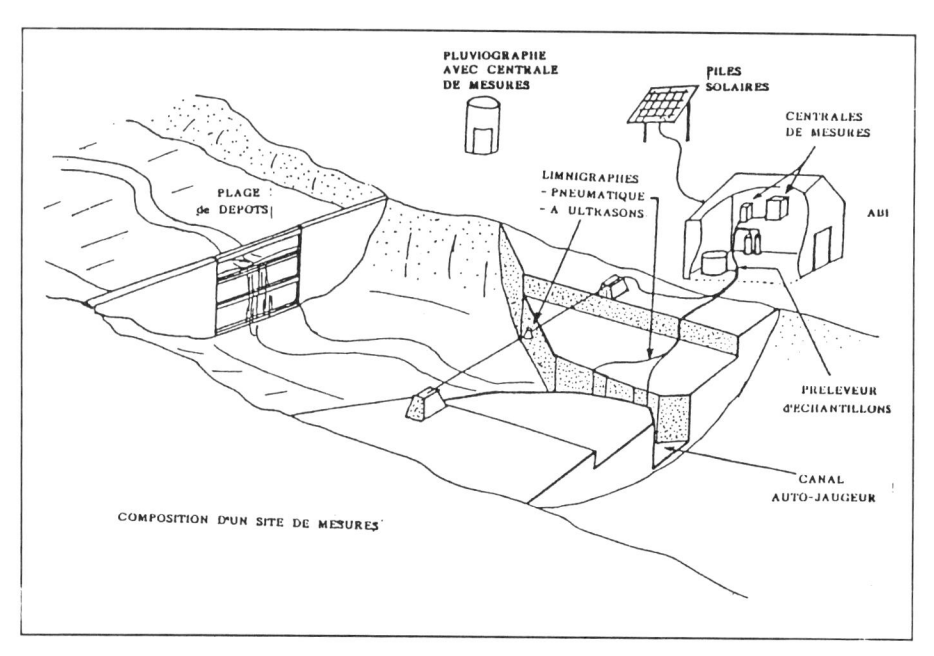

Fig. 47   Typisches Beispiel für die Messeinrichtungen in den 'bassins experimentaux de Draix'. (CEMAGREF 1988:29)

6.3.3 RIO CORDON (I)

Der im Norden von Venedig gelegene Rio Cordon zeichnet sich besonders durch
seine aufwendige Messstation aus, die laufend die Erfassung des Grobgeschiebes
erlaubt. Weiter werden sowohl der Abfluss als auch die Schwebstofffracht erfasst
(vgl. Lenzi et al. 1990). Dazu werden auf einer Art Tiroler Wehr die grösseren
Steine von kleinerem Geschiebe und Schwebstoff getrennt. Das Geschiebe gelangt

dann in einen Ablagerungsraum, wo die Form der Ablagerungen laufend mit Ultraschallsensoren vermessen wird. Wasser und Feingeschiebe gelangen in einen Messschacht, wo der Pegel aufgezeichnet und Schwebstoffproben entnommen werden (vgl. Fig. 48). Die bisher aufgezeichneten Hochwasser erlaubten verschiedene Analysen zu Zusammenhängen zwischen Abfluss und der Grobgeschiebefracht. Sie zeigten aber auch Verbesserungsmöglichkeiten an der neuartigen Messeinrichtung auf (D'Agostinio et al. 1994).

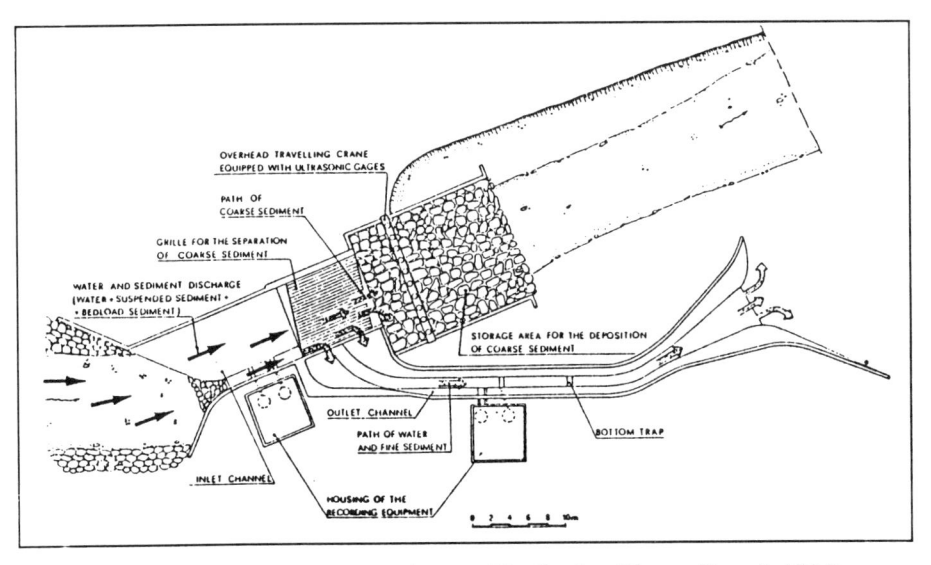

Fig. 48   Situationsplan der Messstation am Rio Cordon (Fattorelli et al. 1994)

6.3.4 LÖHNERSBACH (A)

Das Löhnersbach-Projekt ist das jüngste der hier vorgestellten Projekte und hat auch eine etwas andere Fragestellung. Neben Untersuchungen zur Abflussbildung, welche seit 1991 durchgeführt wurden (Kirnbauer et al. 1994), lag das Schwergewicht vor allem auf der weiteren Entwicklung der Kartiermethodik. Ziel war das Herausfiltern von aussagekräftigen Indikatoren für die Bewertung von Wildbacheinzugsgebieten (Pirkl, 1994). Ergänzt wurden diese Untersuchungen durch zahlreiche Beregnungsversuche (Peringer, 1991). Kirnbauer et al. (1994) konnten zeigen, dass der Abfluss des gesamten Einzugsgebiets des Löhnersbaches von ca. 16 km^2 mit einer Hochrechnung des für eine Feuchtfläche von 3000 m^2 gemessenen Abflusses auf alle kartierten Feuchtflächen recht genau bestimmt werden konnte. Sie gehen deshalb davon aus, dass ein Grossteil des Hochwasserabflusses im gemessenen Bereich auf Feuchtflächen entsteht.

7 DAS TESTGEBIET SPISSIBACH

Das Testgebiet Spissibach liegt im Berner Oberland, am Südufer des Thunersees oberhalb des Dorfes Leissigen (vgl. Fig. 45). Der Aufbau dieses Testgebiets wurde 1989 von den Gruppen für Geomorphologie und Hydrologie des Geographischen Instituts der Universität Bern begonnen. Grund für den Aufbau dieses Testgebiets war einerseits das Bedürfnis, für die Ausbildung der Studentinnen und Studenten über ein eigenes Testgebiet der Wildbachforschung in der Nähe von Bern zu verfügen. Andererseits ging es darum, die Resultate der bestehenden Testgebiete der WSL (vgl. Kap. 6.1 und 6.2) mit Untersuchungen aus steileren Einzugsgebieten zu ergänzen, in welchen Hangprozesse eine grössere Rolle spielen. Dazu ist der Spissibach hervorragend geeignet, da etwa 2/3 der Einzugsgebietsfläche von Massenbewegungen und Erosionserscheinungen betroffen sind (Kienholz et al. 1994: 20).

Fig. 49   Das Testgebiet Spissibach im Berner Oberland (Topographische Daten: Bundesamt für Landestopographie)
Reproduziert mit der Bewilligung des Bundesamtes für Landestopographie vom 29.4.92

Das Einzugsgebiet des Spissibaches erstreckt sich vom Morgenberghorn (2249 m ü. M.) bis zur Mündung in den Thunersee (558 m ü. M.) bei Leissigen (vgl. Fig. 49). Es umfasst eine Fläche von ca. 2,6 km^2 und weist eine mittlere Hangneigung von ca. 28°

auf. 45% des Einzugsgebiets sind waldbedeckt, 43% sind Weideland oder Nasswiesen.

Die im Einzugsgebiet des Spissibaches durchgeführten Arbeiten lassen sich grob in zwei Kategorien unterteilen. Die einen in Kap. 7.1 erläuterten Arbeiten dienen der Erfassung der Eigenschaften des Einzugsgebiets. Sie bilden vor allem Grundlage für die in Kap. 2.5 beschriebene Unterteilung des Einzugsgebiets im homogene Einheiten. Die zweite Gruppe von Arbeiten ist der Beobachtung und Erfassung der Prozesse gewidmet, die im Spissibach ablaufen (vgl. Kap. 7.2). Eine wichtige Grundlage für diese Arbeiten bilden die in Kap. 7.4 beschriebenen Arbeiten zur Weiterentwicklung der Messtechnik. Einige erste Resultate der Arbeiten in Leissigen sind in Kap. 7.3 zusammengestellt.

7.1 ERFASSUNG DER EIGENSCHAFTEN

Für eine flächendeckende Erhebung der Eigenschaften eines Wildbacheinzugsgebiets drängen sich vor allem Kartierungen auf, die im Feld, aber auch anhand von Luftbildern durchgeführt werden. Verschiedene wichtige Eigenschaften eines Einzugsgebiets können aber nicht direkt kartiert werden, und müssen deshalb mit anderen Methoden erschlossen werden.

7.1.1 KARTIERUNGEN

Geologische Kartierung
Im Rahmen ihrer Diplomarbeit am Geologischen Institut der Universität Bern hat Hunziker (1992) eine geologische Karte für das Gebiet Leissigen Morgenberghorn erstellt (vgl. Fig. 50). Der obere Teil des Spissibaches liegt im Bereich der Wildhorndecke und der untere in der süd- bis ultrahelvetischen Zone. Die Wildhorndecke bildet am Leissig-Därliggrat einen verkehrt liegenden Schenkel, dessen Schichtabfolge von der unteren Kreide bis ins Tertiär reicht. Die Schichtreihe ist der Südfazies zuzuordnen. Bei den süd- bis ultrahelvetischen Gesteinen handelt es sich um eocäne Globigerinenmergel, die sich anhand der darin enthaltenen Sandstein- und Kalkeinlagerungen in einzelne Schuppen oder Gesteinspakete unterteilen lassen. Aufgrund ihrer chaotischen Lagerung ist von einem Melange zu sprechen, das sowohl sedimentären wie auch tektonischen Ursprung besitzt. Generell stehen im Spissibach vor allem sehr verwitterungsanfällige Gesteine an. Einzig die Gipfelpartie des Morgenberghorns wird von relativ resistenten Kieselkalken gebildet. Diese hohe Verwitterungsanfälligkeit des Gesteins ist zusammen mit der grossen Hangneigung als Hauptursache für die zahlreich zu beobachtenden Hangprozesse anzusehen. Diese Eigenschaften machen aus dem Spissibach ein für die Analyse dieser Prozesse sehr gut geeignetes Untersuchungsgebiet.

7 Das Testgebiet Spissibach

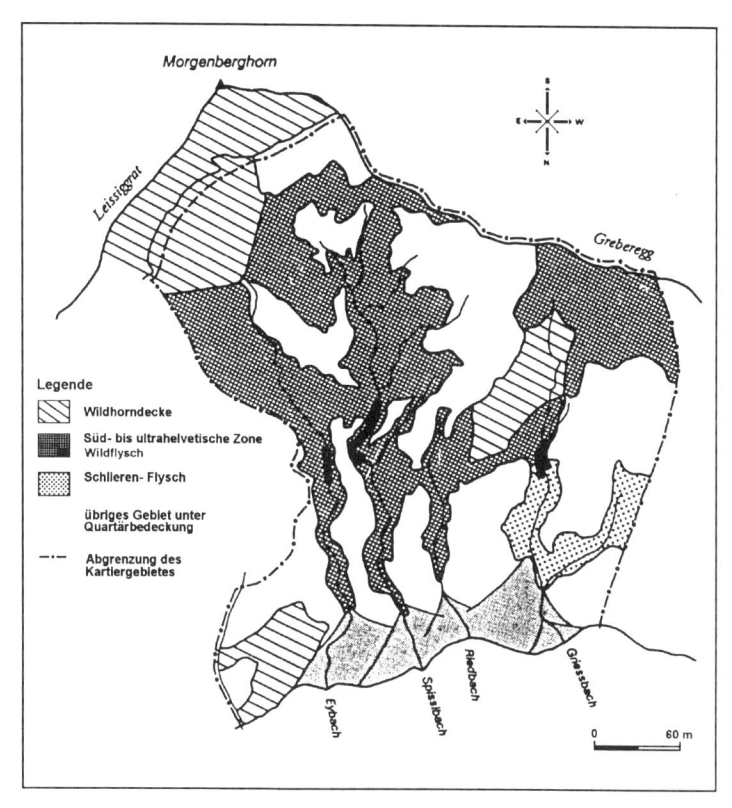

Fig. 50   Geologische Karte des Gebiets Leissigen - Morgenberghorn (Hunziker, 1992: 23)

Geomorphologische Kartierung
Wermelinger (1994) hat für das ganze Einzugsgebiet des Spissibaches eine geomorphologische Karte im Massstab 1:5000 erstellt. Diese Karte enthält sowohl für die Gerinne als auch für die Hänge Informationen über die ablaufenden Prozesse und eine grobe Klassierung des beteiligten Materials. Sie enthält damit wichtige Informationen zu einem Teil des oberflächennahen Prozessgefüges und bildet eine wichtige Grundlage für die Ausscheidung der homogenen Teilflächen. Einen Überblick über ein grösseres Gebiet vermitteln die Arbeiten von Zumstein (1994) und Hunziker (1996), welche die auftretenden Sturz- bzw. Rutschprozesse im Massstab 1:10'000 kartiert haben.

Hydrologische Kartierung
Einen Überblick über die wichtigsten hydrologischen Prozesse im Spissibach vermitteln die Kartierungen von Perlik (1993). Diese Arbeit enthält ebenfalls eine Pilotstudie für eine grobe Unterteilung des Einzugsgebiets in Gebiete mit ähnlichem hydrologischem Verhalten. Aufbauend auf dem Entwurf von Gossauer (1993)

erstellte Romang (1995) für das Teileinzugsgebiet Baachli eine detaillierte hydrologische Raumgliederung (vgl. Fig. 51). Wichtige Grundlage waren dabei zahlreiche Leitfähigkeits- und Abflussmessungen, die Romang im Verlaufe des Sommers 1994 durchgeführt hatte. Das Teileinzugsgebiet Baachli wird dabei in acht Raumeinheiten unterteilt, deren Verhalten in Bezug auf die Abflussbildung detailliert beschrieben wird.

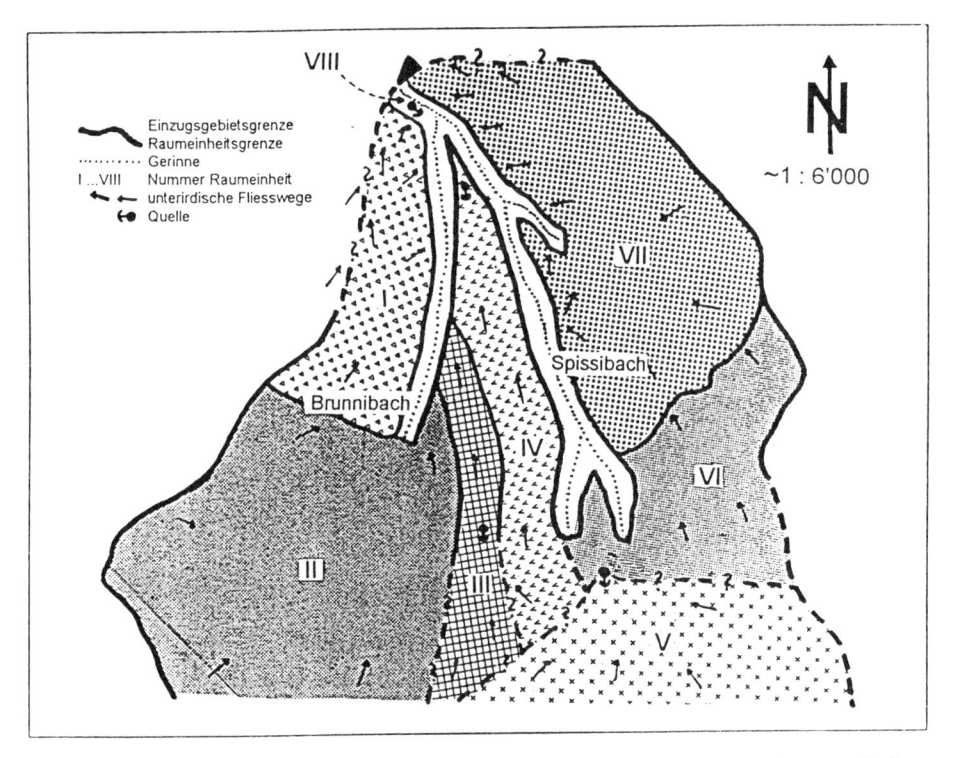

Fig. 51   Hydrologische Raumgliederung und vermutete Fliesswege der unterirdischen Wasserwege. (Romang, 1995: 66)

7.1.2 WEITERE ERHEBUNGEN

Boden- und Substratanalysen
Von allen Eigenschaften einer Fläche hat wohl die Ausprägung des Bodens bzw. des Substrats den grössten Einfluss auf das oberflächennahe Prozessgefüge. Die Ansprache dieses Parameters ist jedoch sehr aufwendig, da sie letztlich nur mit Hilfe von detaillierten Untersuchungen (Bodenprofilen etc.) durchgeführt werden kann. Deshalb wurden im Einzugsgebiet des Spissibaches mehrere Arbeiten durchgeführt, die der Erfassung der Eigenschaften des Bodens und des Substrats dienten.

Bürgi (1992) sowie Bisig und Gutbub (1994) haben die Bodenverhältnisse in ausgewählten Teilgebieten des Einzugsgebiets detailliert analysiert. Ergänzende Arbeiten für einzelne Standorte haben auch Hunziker (1992), Bürgi (1994), Liener (1995) und Hunziker (1996) durchgeführt. All diese Informationen wurden von Liener (1995) verwendet, um eine Substratkarte zu generieren, welche als Input für ihre Rutschungsmodellierungen verwendet werden konnte.

Landnutzungsgeschichte

Das Einzugsgebiet des Spissibaches wird seit langem vom Menschen alp- und forstwirtschaftlich genutzt. Diese Nutzung kann auf die Eigenschaften eines Gebiets einen grossen Einfluss haben. Deshalb wurde durch von Rohr (1993) versucht, die Geschichte der Nutzung für das Gebiet Leissigen - Morgenberghorn für die letzten gut 100 Jahre aufzuarbeiten. Dabei stellte sich ins besondere heraus, dass in diesem Zeitraum keine wesentlichen Änderungen in der Nutzung stattgefunden haben. Dies erleichtert die Arbeit bei einer Gliederung des Einzugsgebiets wesentlich, da kaum mit Spätfolgen eines lange zurückliegenden menschlichen Eingriffs gerechnet werden muss.

Erfassung der Gerinneeigenschaften

Im Spissibach sind die Eigenschaften der wichtigsten Gerinneabschnitte im Rahmen einer noch nicht abgeschlossenen Diplomarbeit von G.M. Semadeni erhoben worden. Eine wichtige Grundlage dazu bilden die Korngrössenanalysen, welche von Burren und Liener (1993) im Spissibach und seinen wichtigsten Seitengerinnen durchgeführt wurden. Diese Angaben werden durch Semadeni mit zahlreichen Aufnahmen von Gerinnequerprofilen sowie einer Abschätzung des Feststoffpotentials ergänzt (vgl. Fig. 52 und Tab. 4). Die Erhebungen fanden unter anderem Eingang in einen Bericht zur Abschätzung der Feststofffracht des Spissibaches mit Hilfe des Verfahrens TORSED (vgl. Kap. 3.3.3) zuhanden der Schwellengemeinde Leissigen (Hegg et al. 1994).

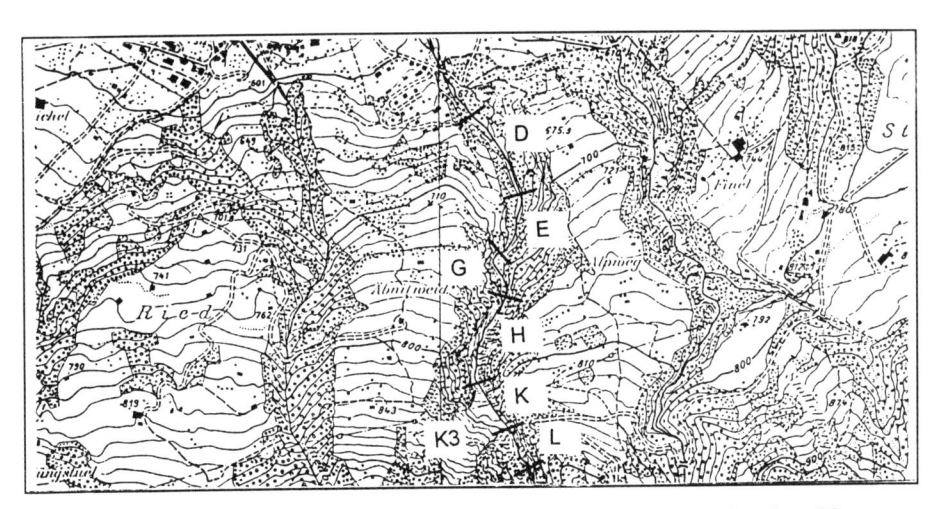

Fig. 52   Ausschnitt aus der Karte der Gerinneabschnitte des Spissibaches (Hegg et al. 1994). Die für die einzelnen Abschnitte im Feld erhobenen Parameter sind in Tab. 4 zusammengestellt.

GA		D	E	G	H	K	K3	L
Gefälle	[%]	15%	23%	30%	27%	55%	0%	23%
Länge schief	[m]	182.0	123.0	104.4	176.1	114.1	90.0	102.6
Breite Ø	[m]	12.0	8.5	10.0	7.0	8.0	0.0	8.0
Mächtigkeit	[m]	1.0	0.8	1.0	0.5	0.5	2.5	0.3
Korrekturfaktor	-	1.0	0.6	0.8	0.3	0.2	0.5	0.3
Feststoffpotential	[m^3]	2'435	568	893	227	91	563	154
Ablagerungspotential	[m^3]	2'867	1'568	2'393	627	141	0	654

Tab. 4   Parameter, welche für die in Fig. 52 dargestellten Gerinneabschnitte erhoben wurden.

7.2 BEOBACHTUNG UND ERFASSUNG VON PROZESSEN

Seit Beginn der Arbeiten konnte im Einzugsgebiet des Spissibaches ein recht umfangreiches Messnetz installiert werden. Die Finanzierung dieser Arbeiten und Geräte konnte teilweise durch Mittel der Universität, aber auch durch einen Beitrag des Lotteriefonds des Kantons Bern und des Bundesamtes für Wasserwirtschaft sichergestellt werden.

Der Hauptteil der bis jetzt durchgeführten Installationen bildet Bestandteil des sogenannten Grundmessnetzes (vgl. Kap. 7.2.1). Dieses Messnetz ist auf einen mittel- bis langfristigen Betrieb ausgelegt und erfasst alle wichtige Systemkomponenten. Ergänzt wird dieses Grundmessnetz durch Installationen zur gezielten Beobachtung ablaufender Prozesse in Kleinstgebieten oder in einzelnen Gerinneabschnitten (vgl. Kap. 7.2.2). Alle an diesen Messstationen erhobenen Daten werden zusammen mit weiteren digitalen Daten im sogenannten Projektinformationssystem Leissigen digital archiviert (vgl. Kap. 7.2.3), und stehen so der Auswertung zur Verfügung. Einige Ergebnisse von bis jetzt durchgeführten Arbeiten sind in Kap. 7.3 erläutert.

7.2.1 DAS GRUNDMESSNETZ DES TESTGEBIETS SPISSIBACH

Aufgabe dieses Grundmessnetzes ist es, den Input und den Output des Wildbachsystems Spissibach für das ganze Einzugsgebiet sowie für einzelne Teileinzugsgebiete zu erfassen. Diese Informationen dienen einerseits zur Verifikation der Resultate von Simulationen mit dem Gesamtmodell Wildbach. Andererseits können sie teilweise auch zur Prozessanalyse eingesetzt werden.

Das Grundmessnetz ist in Fig. 53 dargestellt. Es besteht aus zwei Klimamessstationen, die den Masseinput in Form des Niederschlags sowie den Energieinput über die Strahlung und den Wind erfassen. Die Standorte der beiden Stationen wurden auf Grund einer Pilotstudie zur Niederschlagsverteilung über das ganze Einzugsgebiet festgelegt (Rüede, 1992).

Beide Klimastationen sind mit Fühlern für die Messung des Niederschlags, der Temperatur, der Luftfeuchtigkeit, der Windgeschwindigkeit sowie der Globalstrahlung ausgestattet. Alle Messungen werden auf 2 m über Grund durchgeführt. Bei der Station 'Fulwasser' wird zusätzlich die Windgeschwindigkeit und die Windrichtung auf 10 m über Grund gemessen. Um eine bessere Aussage über die räumliche Verteilung des Niederschlags zu erhalten, sind zusätzlich drei Monatstotalisatoren installiert. Im Winter wird der Niederschlagsinput mit Hilfe von Messungen der Schneedecke und des Wasseräquivalents der Schneedecke erfasst.

Das Grundmessnetz umfasst weiter vier integrierte Abfluss- und Geschiebemessstellen. Die Station 'Spissibach Leissigen' erfasst den Output aus dem Gesamtsystem. Die drei Stationen 'Spissibach Teufenegg', 'Fulwasserbach Teufenegg' sowie 'Spissibach Baachli' erfassen den Output aus Teileinzugsgebieten des Spissibaches. Sie bilden damit Stützpunkte für die Übertragung der anhand der Kleinstgebiete entwickelten Modelle auf das gesamte Einzugsgebiet.

Legende

— Einzugsgebiet
⋯⋯ Spissibach
➤ Abfluss- und Geschiebe-messstelle
○ Niederschlagstotalisator
◎ Klimastation
▽ Abflussmessstelle

Topographische Daten: Bundesamt f. Landestopographie
Reproduziert mit der Bewilligung des
Bundesamtes fuer Landestopographie vom 29.4.94

Fig. 53 Das Grundmessnetz im Testgebiet Leissigen

7 Das Testgebiet Spissibach

Alle vier Stationen sind nach dem gleichen Prinzip aufgebaut (vgl. Fig. 54). Unterschiede bestehen beim Einlauf, der an die lokalen Gegebenheiten angepasst wurde. In einem definierten Querschnitt, bestehend aus einem asymmetrischen V mit einem steilen kurzen und einem flachen langen Schenkel wird der Pegel aufgezeichnet. Dazu ist in einem Messschacht im kurzen Schenkel eine Drucksonde angebracht, welche eine sehr genaue Pegelmessung erlaubt. Die Umrechnung in einen Abfluss in l/s erfolgt über eine P-Q-Beziehung (vgl. Romang, 1995), die anhand von Abflussmessungen mit Hilfe des Salzverdünnungsverfahrens hergeleitet wurde (vgl. Kap. 7.4.3.).

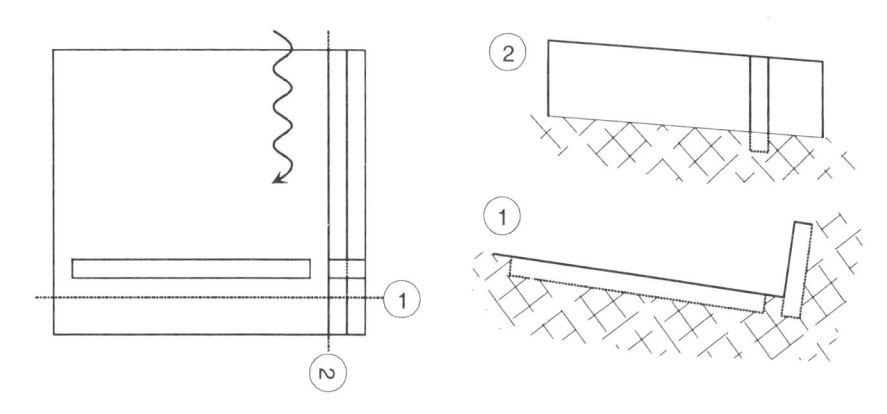

Fig. 54 Schematische Skizze der integrierten Abfluss- und Geschiebemessstellen im Spissibach. links: Aufsicht, rechts: Profile.

Neben dem Pegel wird zusätzlich die Leitfähigkeit des Wassers sowie die Wassertemperatur aufgezeichnet. Die Leitfähigkeit erlaubt Aussagen über die Verweildauer des Wassers im Einzugsgebiet. Während bei Trockenwetterabfluss Leitfähigkeiten von ca. 300 µS die Regel sind, fällt sie bei Hochwasser bis auf etwa 150 µS. Die Aufzeichnung der Wassertemperatur dient vor allem zur Identifikation von Perioden mit Vereisungsgefahr, da die Eisbildung an den Stationen die Abflussmessung erheblich verfälschen kann.

Im flachen Schenkel aller Stationen ist zudem ein weiterer Schacht eingebaut, der für den Einbau von Hydrophonen vorbereitet ist (vgl. Etter, 1996). Bis heute konnte eine Station mit Hydrophonen ausgerüstet werden. Diese Hydrophone bestehen aus einer Art Mikrofon, das unter eine Stahlplatte geschraubt wird. Diese Stahlplatte wird in den Schacht im flachen Schenkel der Station eingebaut. Steine, die bei einem Hochwasser über diese Platte rutschen oder rollen, lösen Vibrationen aus, welche vom Hydrophon aufgezeichnet werden. Aus diesen Aufzeichnungen können dann Angaben über den Geschiebetransport abgeleitet werden (vgl. Kap. 7.4.1).

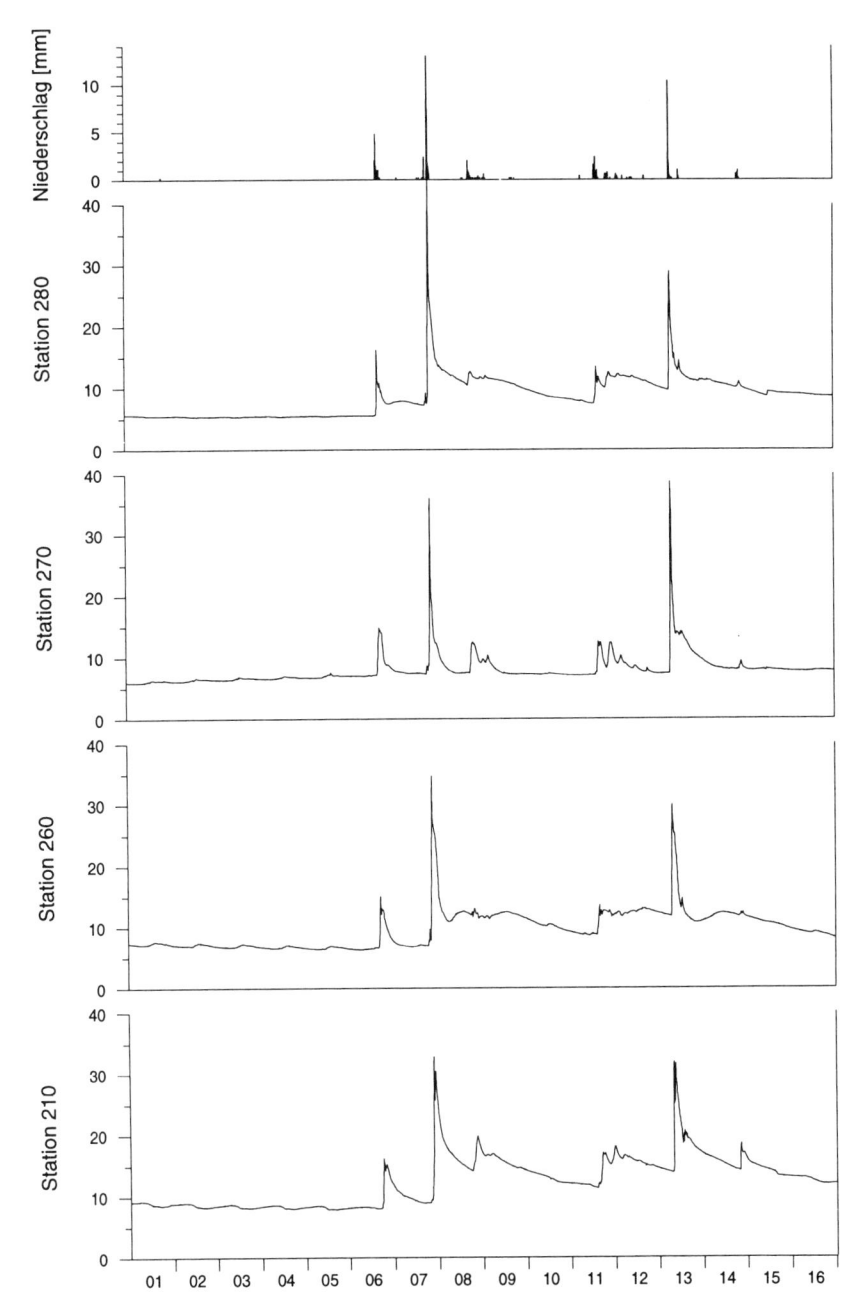

Fig. 55   10'-Niederschlagsmengen der Station Baachli und Pegelaufzeichnungen der vier integrierten Abfluss- und Geschiebemessstellen für die erste Hälfte des Monats August 1995.

Die Stationen führen in der Regel alle 20'' eine Messung durch. Alle 10 Minuten werden daraus der Mittelwert bzw. die Summe (Niederschlag) gebildet und im Datenlogger abgespeichert. Einmal im Monat werden die gespeicherten Daten aus den Loggern in einen PC übertragen und im Geographischen Institut visuell verifiziert. Dabei werden eventuell vorhandene Fehlerwerte codiert. Ein Beispiel eines Plots zur Verifikation der Abflussmessungen ist in Fig. 55 abgebildet. Anschliessend werden alle Daten ins Projektinformationssystem Leissigen (vgl. Kap. 7.2.3) übertragen.

Um möglichst mit dem Beginn des Projektes auch Angaben über die Feststofffrachten aus dem Spissibach zu erhalten, wird seit 1992 regelmässig der Geschiebeablagerungsplatz vermessen, der für den Hochwasserschutz Ende der 60er Jahre am Kegelhals des Spissibaches gebaut wurde. Durch einen Vergleich der zu verschiedenen Zeitpunkten aufgenommenen Geländemodelle können die Feststofffrachten abgeschätzt werden. Dabei ist allerdings zu berücksichtigen, dass nicht das gesamte Geschiebe im Sammler abgelagert wird. Ursache dafür ist das Abschlussbauwerk, welches als Lochsperre ausgeführt ist, und deshalb immer einen gewissen Teil des Geschiebes passieren lässt. Anderseits ist der Sammler im Verhältnis zur bei einem Grossereignis zu erwartenden Fracht eher klein, weshalb der Sammler bei grösseren Ereignissen regelmässig überläuft.

7.2.2 PROZESSSTUDIEN IN KLEINSTGEBIETEN

Ziel der Untersuchungen in Kleinstgebieten ist die detaillierte Analyse der ablaufenden Prozesse. Damit sollen die Grundlagen für die Evaluation bzw. Entwicklung und Kalibrierung von Modellen bereitgestellt werden. Einige Beispiele für Prozessanalysen in Kleinstgebieten sind in Kap. 6.3 am Beispiel des Lainbaches und der Bassins de Draix erläutert. Im Spissibach konnten bis jetzt zwei Kleinstgebiete im Rahmen von Diplomarbeiten eingerichtet werden. Als Standorte wurden dabei zwei Gebiete ausgewählt, die je typisch sind für zwei sehr unterschiedliche Raumeinheiten. Beim Kleinstgebiet 'Fulwasser', das auf einer verhältnismässig flachen, stark vernässten Alpweide im oberen Teil des Einzugsgebiets eingerichtet wurde, ist das Schwergewicht auf die Problematik der Abflussbildung ausgerichtet. Im wesentlich steileren Kleinstgebiet 'Teufenegg' wird versucht, die Zusammenhänge zwischen Abfluss und Feststoffverlagerung aufzuhellen. Ergänzt wurden diese Arbeiten durch eine detaillierte Analyse der Bodenhydrologie auf einer kleinen Weide oberhalb des Kleinstgebiets 'Teufenegg' (vgl. Fig. 56).

Legende

1 Kleinstgebiet Fulwasser
2 Kleinstgebiet Teufenegg
3 Bodenhydrologische Versuchsflaeche

········ Spissibach
○ Niederschlagstotalisator
◎ Klimastation
➤ Abfluss- und Geschiebemessstelle

Fig. 56 Standorte der zwei Kleinstgebiete und der bodenhydrologischen Testfläche im Einzugsgebiet des Spissibaches

7 Das Testgebiet Spissibach

Kleinstgebiet 'Fulwasser'
Im Sommer 1992 wurde von Eberhard (1993) ein erstes Kleinstgebiet im Bereiche der Alp Fulwasser eingerichtet (vgl. Fig. 56). Ziel dieser Arbeit war es, einerseits erste methodische Erfahrungen im Bau und im Betrieb von Kleinstgebieten zu sammeln. Andererseits sollten vorläufige Aussagen zum hydrologischen Verhalten der stark vernässten Alp Fulwasser abgeleitet werden.

Das Kleinstgebiet 'Fulwasser' liegt auf ca. 1400 m ü. M. und weist eine oberirdische Einzugsgebietsfläche von ca. 3000 m^2 auf. Der inhaltliche Schwerpunkt der Arbeit lag bei der Analyse der Abflussbildung. Deshalb wurde das Gebiet mit einer Abflussmessstelle mit Normüberfall sowie mit zwei Bodenwasserpegeln ausgerüstet. Diese Stationen wurden mit mechanischen Schreibpegeln ausgestattet. Zusammen mit der Information über Niederschlagsmengen und -intensitäten von der nahen Klimastation 'Fulwasser', sollte diese Ausstattung die detaillierte Analyse des Einflusses des Bodenwassergehalts auf die Abflussbildung erlauben.

Ergänzt wurden diese Messungen durch verschiedene hydrochemische Analysen, die Eberhard (1995) im Kleinstgebiet und in der näheren Umgebung durchführte. Ziel dieser Untersuchungen war es, mögliche Einflüsse von Fremdwasser zu analysieren.

Kleinstgebiet 'Teufenegg'
Das Kleinstgebiet 'Teufenegg' umfasst das Einzugsgebiet einer kleinen Runse, weist eine Fläche von ca. 500 m^2 auf und ist zwischen 24° und 45° steil. Es liegt unmittelbar am Ufer des 'Fulwasserbaches', einem Seitengerinne des Spissibaches. Ziel der Arbeiten ist es, den Wasser- und Feststoffhaushalt detailliert zu analysieren und Zusammenhänge zwischen beiden aufzuzeigen.

Bei der Feststoffverlagerung ist vor allem die Erosion des oberflächlich abfliessenden Wassers wichtig. Daneben können aber auch grössere Rutschungen auftreten. Diese beiden Prozesse bewegen sehr unterschiedliche Feststoffmengen pro Ereignis. Deshalb mussten mehrere Methoden verwendet werden, damit sowohl die relativ häufigen aber kleinen Erosionsereignisse, aber auch die selteneren Rutschungen erfasst werden können. Eine direkte Messung der bei einer Rutschung umgelagerten Feststoffe ist praktisch unmöglich. Deshalb wurde für das Kleinstgebiet 'Teufenegg', sowie einige anschliessende Hangpartien von Fugazza und Romang (1994) sowie von Blank et al. (1994) ein sehr detailliertes Geländemodell mittels terrestrischer Vermessung aufgenommen. Dieses Geländemodell wurde von Bachofner (1995) an ausgewählten Stellen mit einem von ihm neu aufgenommenen Geländemodell verglichen und die Volumenänderungen zwischen den zwei Momentaufnahmen berechnet. Er konnte dabei nachweisen, dass dieses Verfahren geeignet ist, auch relativ kleine Veränderungen (Höhenveränderungen von ca. 20 cm) zu erfassen, wenn bei der Aufnahme der Geländemodelle bestimmte Regeln eingehalten werden.

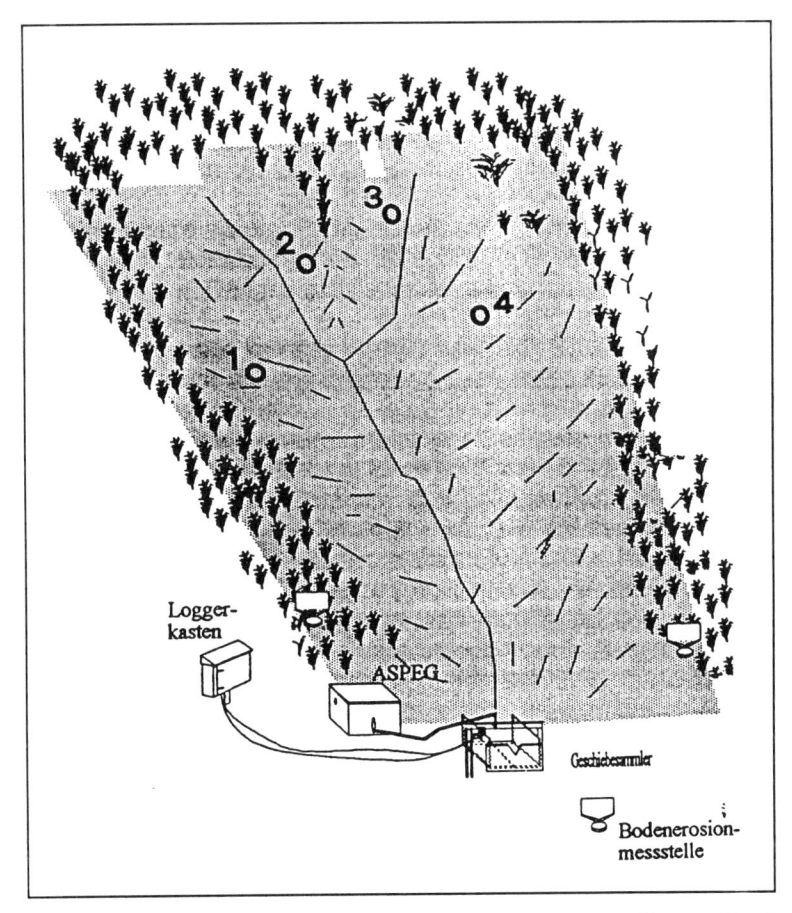

Fig. 57   Überblick über die Instrumentierung des Kleinstgebietes 'Teufenegg' (Fugazza, 1995: 22)

Mit diesem Verfahren können die kleinen Erosionsbeträge, wie sie die Erosion durch Wasser verursacht, in der Regel nicht erfasst werden. Deshalb wurde das Kleingebiet 'Teufenegg' von Fugazza (1995) mit einem kleinen Geschiebesammler sowie einem automatischen Schwebstoffprobeentnahmegerät (ASPEG, vgl. Kap. 7.4.4) ausgestattet (vgl. Fig. 57). Damit können auch kleine und kleinste Feststoffausträge erfasst werden.

Zur Erfassung des Abflusses installierte Fugazza auf der unteren Seite des Geschiebesammlers einen V-förmigen Überfall. Mit einer an der Seitenwand des Geschiebesammlers angebrachten Drucksonde, wurde der Pegelstand alle 20'' gemessen und auf einem Datenlogger zu 10' Mittelwerten umgerechnet und abgespeichert. Über eine durch Eichmessungen erstellte P-Q Beziehung konnten die Pegelstände in

Abflüsse umgerechnet werden. Parallel zur Pegelmessung wurde auch die elektrische Leitfähigkeit des Wassers aufgezeichnet.

Bodenhydrologische Detailuntersuchungen
Eine Kombination aus Methodenentwicklung und Analyse der Prozesse bildete die Arbeit von Bürgi (1994). Ziel der Arbeit war es einerseits, die Feldtauglichkeit der im Rahmen anderer Projekte am Geographischen Institut der Universität Bern entwickelten Geräte zur Messung des Matrixpotentials und des Bodenwassergehalts zu überprüfen. Andererseits wurde anhand der erhobenen Daten die Dynamik des Bodenwasserhaushalts analysiert.

Dazu wurde auf einer Weide in der Nähe des Kleinstgebiets Teufenegg ein kleines Testfeld von ca. 3,5 m^2 Fläche und einer Neigung von ca. 30° ausgeschieden. Diese Fläche instrumentierte Bürgi (1994) mit insgesamt 13 TDR-Sonden[1] und 13 Tensiometern, welche aus zwei seitlichen Gruben ins Bodenprofil eingebracht wurden. Damit wurden während einem Sommer verschiedene natürliche Niederschlagsereignisse beobachtet. Um die Funktion der Anlage und die Dynamik des Bodenwassers unter kontrollierten Bedingungen zu analysieren, wurden zudem vier Beregnungsversuche durchgeführt. Dabei zeigte sich, dass die Anlage für den Feldeinsatz grundsätzlich geeignet ist. Bürgi (1994) stellte aber auch fest, dass am untersuchten Standort das Niederschlagswasser sehr rasch in den Untergrund infiltriert.

7.2.3 DAS PROJEKTINFORMATIONSSYSTEM LEISSIGEN
Das Projektinformationssystem Leissigen besteht aus einem elektronischen Datenarchiv, in dem alle Messdaten, aber auch digital aufbereitete Karten und weitere Informationen in digitaler Form abgespeichert sind. Alle Daten sind detailliert beschrieben, und Projektmitarbeiterinnen und -mitarbeiter können auf die Daten zugreifen, um ihre Auswertungen und Analysen durchzuführen. Durch eine gezielte Vergabe der Lese- und Schreibrechte werden dabei Datenverluste wegen Fehlmanipulationen verhindert.

Zur Zeit belegt das Projektinformationssystem Leissigen (PIS Leissigen) ca. 40 MB Speicherplatz. Wichtigster Teil des PIS sind die 10'-Messwerte der Stationen, die im Testgebiet Leissigen in Betrieb sind. Monatlich werden dort zur Zeit ca. 1,5 MB

---

[1] Beim TDR-Verfahren (Time Domain Reflectometry) wird eine Methode zur Bestimmung des Wassergehalts im Boden verwendet, die ursprünglich zum Aufspüren defekter Kabelleitungen entwickelt wurde. Mit diesem Verfahren kann die Dielektrizitätskonstante des Drei-Phasen Gemischs aus Bodenmatrix, Wasser und Luft bestimmt werden. Weil die Dielektrizitätskonstante des Wassers deutlich grösser ist, als diejenige der anderen Bodenkomponenten, hängt der Wert, der für das Gemisch gemessen wird, im Wesentlichen vom Wassergehalt des Bodens ab. (nach Bürgi, 1994)

Messdaten aufgezeichnet. Bevor die Daten ins PIS Leissigen übertragen werden, erfolgt eine Verifikation und Plausibilisierung aller Messungen, und, soweit nötig, eine Korrektur. Dabei werden kurze Datenausfälle, wie sie z.b. durch die Wartung einer Station entstehen, durch eine Interpolation der fehlerhaften Werte anhand der vor und nach dem Eingriff aufgezeichneten Daten korrigiert. Ist eine Messung über längere Zeitspannen falsch oder unzuverlässig, z.B. wegen Eisbildung im Winter, oder wegen einer technischen Störung, werden die aufgezeichneten Messwerte durch einen Fehlerwert ersetzt.

Alle Korrekturen an den Daten, sowie alle an den Stationen ausgeführten Arbeiten, werden zusammen mit besonderen Beobachtungen (z.B. auch Handmessungen des Pegels) in Textdateien aufgezeichnet, die zusammen mit den Datenfiles in PIS Leissigen abgespeichert werden. Dadurch ist sichergestellt, dass eine Bearbeiterin oder ein Bearbeiter auch noch in 10 und mehr Jahren einschätzen kann, wie eine Datenaufzeichnung entstanden ist, und wo die Ursache für Probleme liegen könnte, die bei der Interpretation der Daten sichtbar werden.

Auf ähnliche Weise werden auch alle anderen Daten und Beobachtungen abgespeichert und beschreiben, die im Zusammenhang mit dem Projekt in Leissigen stehen. So werden die Karten, die für das Gebiet Leissigen aufgenommen wurden, digitalisiert und zusammen mit einem Textfile, das den genauen Inhalt der Karte beschreibt sowie verschiedene technische Angaben (Format, Grösse, etc.) enthält, im PIS Leissigen integriert.

7.3 ERGEBNISSE DER PROZESSANALYSEN

Die im vorangehenden Kapitel erläuterten Installationen im Spissibach wurden zum grössten Teil auf eine lange Betriebsdauer ausgelegt, da nur auf diese Weise eine gewisse Wahrscheinlichkeit besteht, auch die in Wildbächen entscheidenden Extremereignisse beobachten zu können. Seit Beginn des Projektes hat sich im Spissibach noch kein aussergewöhnliches Ereignis abgespielt, wohl aber konnten verschiedene kleinere Hochwasser erfasst werden. Nachfolgend sind die Ergebnisse zusammengestellt, wie sie dabei auf den bis jetzt untersuchten Massstabsebenen (Einzugs- bzw. Teileinzugsgebiet: Kap. 7.3.1, Kleinstgebiet: Kap.7.3.2) erarbeitet werden konnten.

7.3.1 ANALYSE AUSGEWÄHLTER HOCHWASSER IM SPISSIBACH

Um genauere Aufschlüsse über den Wasser- und Feststoffhaushalt des Spissibaches zu erhalten, wurde das Einzugsgebiet zu Beginn der 90er Jahre mit vier Messstationen ausgerüstet, die den Wasserstand und die Leitfähigkeit des Wassers aufzeichnen,

7 Das Testgebiet Spissibach   131

sowie für die Erfassung von Geschiebefrachten vorbereitet sind. Ergänzt werden diese Messungen durch regelmässige Vermessungen des Geschiebeablagerungsplatzes oberhalb von Leissigen (vgl. Kap. 7.1).

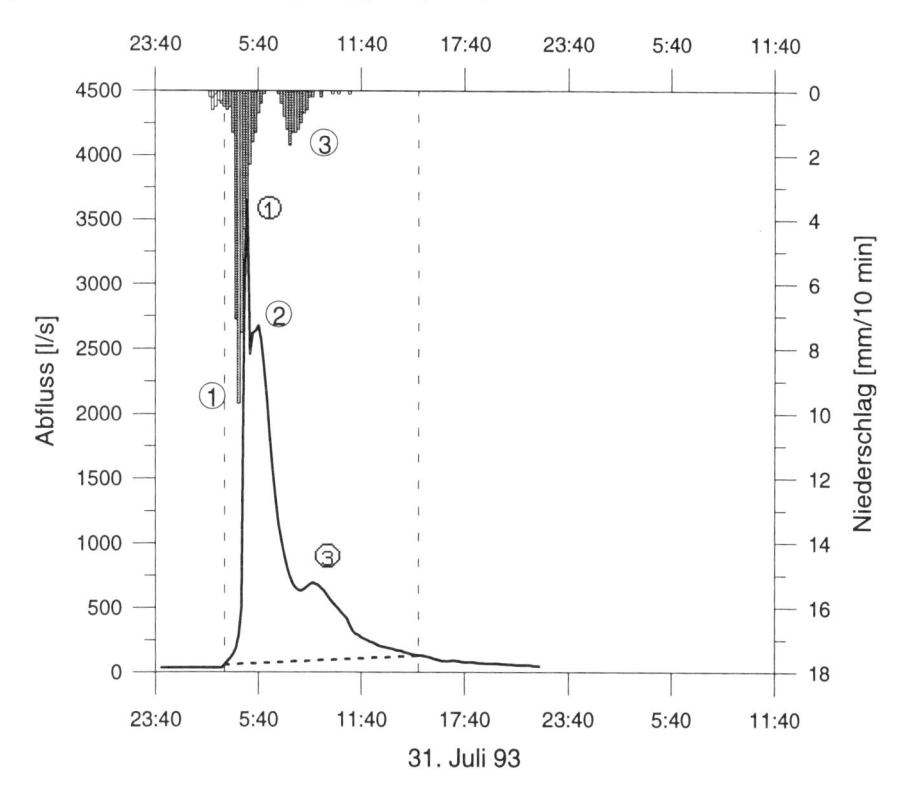

Fig. 58 Das Hochwasser vom 31. Juli 1993 im Spissibach illustriert das zweigipflige Verhalten des Einzugsgebiets. Der Niederschlagspeak (1) verursacht die Abflussspitzen (1) und (2). Der Niederschlagspeak (3), der eine wesentlich geringere Intensität aufweist, hat nur eine eingipflige Abflussspitze (3) zur Folge.

Romang (1995) untersuchte das hydrologische Verhalten des Spissibaches. Sein besonderes Augenmerk richtete er auf die Hochwasserbildung. Er konnte dabei zwischen zwei Arten von Abflussspitzen unterscheiden:
- Bei jedem abflusswirksamen Niederschlag wird in Leissigen etwa 70 - 90 Minuten nach der Niederschlagsspitze eine Abflussspitze beobachtet.
- Übersteigt die Niederschlagsintensität ca. 6 mm/10 min, tritt eine zweite, raschere und grössere Abflussspitze auf, die schon 30 - 50 min nach dem Niederschlagsmaximum in Leissigen eintrifft.

Aufgrund einer Interpretation der bis jetzt vorliegenden Ergebnisse geht Romang (1995) davon aus, dass dieses zweigipflige Verhalten (vgl. Fig. 58) durch unterschiedliche Prozesse in der Abflussbildung verursacht wird. Diese These wird vor allem auch dadurch gestützt, dass ein ähnliches Verhalten auch in den Teileinzugsgebieten zu beobachten ist.

Hochwasserereignis	**31.7.93**	**3.7.95**	**11.7.95**	**7.8.95**
Feststofffracht gem. [m^3]	1000	2500		850
Transportkapazität [m^3]	7'500	24'000	10'300	5'600
Spitzenabfluss [m^3/s]	3,8	3,2	4,8	1,8
transportwirksame Wasserfracht [m^3]	22'500	72'000	31'000	16'800

Tab. 5   Feststoff- und Wasserfrachten der vier bis jetzt im Spissibach beobachteten geschiebeführenden Hochwasser. (Erläuterungen vgl. Text)

Mit den regelmässigen detaillierten Vermessungen des Geschiebesammlers, sowie durch ein grobes Einmessen der Oberfläche der Ablagerungen im Geschiebesammler nach grösseren Ereignissen, konnten bis jetzt die Geschiebefrachten von vier Hochwasserereignissen grob abgeschätzt werden (vgl. Tab. 5).

Die gemessene Feststofffracht kamen im einzelnen wie folgt zu Stande:
- Beim Ereignis vom 31.7.93 überschritt die Feststofffracht die Kapazität des Sammlers, der von vorangehenden Ereignissen schon recht gut gefüllt war. Aufgrund von Angaben von Anwohnern kann davon ausgegangen werden, dass während etwa einer Stunde Material durch den Sammler hindurch direkt in den Thunersee transportiert wurde. Das dabei verlagerte Feststoffvolumen ist schwer abzuschätzen, dürfte aber mehrere 100 m^3 bis wenige 1000 m^3 betragen haben. Das Ereignis vom 31.7.93 wies damit die grösste der bis jetzt beobachteten Feststofffrachten auf.
- Für die Ereignisse vom 3.7. und vom 11.7.95 konnte nur die gemeinsame Feststofffracht bestimmt werden. Aufgrund der Angaben von Anstössern kann jedoch davon ausgegangen werden, dass das erste Ereignis deutlich das grössere war. Bei diesen Ereignissen ist der Geschiebesammler nicht vollständig gefüllt worden. Es darf deshalb davon ausgegangen werden, dass nur ein kleiner Teil der aufgetretenen Feststofffracht durch die Öffnungen im Abschlussbauwerk hindurchtransportiert wurde. Die gesamte Feststofffracht wird somit nur wenig über der gemessenen liegen.
- Beim Ereignis vom 7.8.95 war der Sammler wieder voll ausgebaggert, und die gesamte Feststofffracht konnte, abgesehen vom Verlust durch die Öffnungen im Abschlussbauwerk, zurückgehalten werden.

7 Das Testgebiet Spissibach

Die Transportkapazität und die transportwirksame Wasserfracht für die vier Hochwasserereignisse wurden von G.M. Semadeni mit Hilfe der Formel von Rickenmann (1990) anhand der gemessenen Abflussganglinie bestimmt. Die Berechnungen wurden für den Gerinneabschnitt durchgeführt, der unmittelbar oberhalb des Geschiebesammlers im Spissibach liegt. Zur Bestimmung der transportwirksamen Wasserfracht wurde vom gemessenen Abfluss der berechnete kritische Abfluss (Q_{cr}) für Transportbeginn abgezogen. Die Transportkapazität entspricht der Summe der für das ganze Hochwasserereignis berechneten Transportkapazitäten. Es wurde somit nicht berücksichtigt, ob überhaupt soviel mobilisierbares Material zur Verfügung steht.

Der Vergleich der berechneten Transportkapazitäten mit den gemessenen Feststofffrachten zeigt, dass die berechneten Kapazitäten bei allen beobachteten Ereignissen nicht ausgelastet werden konnten. Die Grösse der Abweichung zwischen berechneten und gemessenen Frachten ist zudem von Ereignis zu Ereignis unterschiedlich und liegt deutlich über der Toleranz, mit welcher aufgrund der Art der Messung gerechnet werden muss. Auch der Vergleich zwischen Feststofffrachten, Abflussspitzen und Wasserfracht zeigt keine offensichtlichen Zusammenhänge. Auf mögliche Ursachen für dieses Auseinanderklaffen von Wasser- und Feststofffracht auf der einen Seite, sowie gemessenen und berechneten Feststofffrachten auf der anderen Seite, wird in Kap. 4 im Detail eingegangen.

7.3.2 ERGEBNISSE DER PROZESSANALYSEN IN KLEINSTGEBIETEN

Erste Erfahrungen über die Reaktionsweise von Kleinsteinzugsgebieten konnten im Rahmen der Arbeit von Eberhard (1993) gesammelt werden. Als 'Pionierarbeit' lieferte sie insbesondere wertvolle Hinweise und Erfahrungen für eine optimale Messtechnik in den nachfolgend aufgebauten Testgebieten.

Fugazza (1995) analysierte den Feststoffaustrag aus einer 500m^2 grossen Runse detailliert. Für das Jahr 1994 wurde ein Feststoffaustrag von insgesamt ca. 1000 kg festgestellt. 90% davon wurden als Schwebstoff aus dem Gebiet heraus verfrachtet. 80% des Austrags erfolgten im Zusammenhang mit der Schneeschmelze. Fugazza konnte zudem nachweisen, dass der Schwebstoffaustrag pro Ereignis bei sonst gleichbleibenden Bedingungen um so grösser wird, je mehr Zeit seit dem letzten schwebstoffführenden Ereignis vergangen ist. Neben hydrologischen Parametern (Niederschlag, Abfluss), spielt offenbar auch die Verfügbarkeit von leicht mobilisierbaren Feststoffteilchen eine grosse Rolle. Diese Verfügbarkeit scheint von Prozessen gesteuert zu werden, die unabhängig von Niederschlagsereignissen ablaufen.

Eine Aufschlüsselung der Erosion auf Flächen mit unterschiedlicher Vegetationsbedeckung ergab ein Verhältnis von ca. 1:20 für die Erosion auf vollständig mit Gras bewachsenem Boden zu unbewachsenem Boden, sowie ein Verhältnis von ca. 1:6 für den vollständig bewachsenen zu spärlich bewachsenem Boden unter Bäumen.

7.4 WEITERENTWICKLUNGEN DER MESSTECHNIK

Für verschiedene Prozesse, die in Wildbacheinzugsgebieten ablaufen, bestehen heute keine Messmethoden, oder bestehende Methoden müssen an die besonderen Bedingungen in einem Wildbach (Gefälle, Feststofftransport, etc.) angepasst werden. Aus diesem Grunde bildeten verschiedene Arbeiten zur Weiterentwicklung der Messtechnik einen wichtigen Bestandteil der Arbeiten.

7.4.1 HYDROPHONMESSUNGEN

Seit 1986 werden von der WSL im Erlenbach sogenannte Hydrophonmessungen durchgeführt (vgl. Kap. 6.1). Es handelt sich dabei um das einzige zur Zeit in Europa eingesetzte Verfahren zur Erfassung von zeitlich hochaufgelösten Informationen über den Geschiebetrieb, ohne diesen z.B. durch ein Rückhaltebecken übermässig zu beeinflussen. Die Auswertungen der Messungen durch die WSL haben gezeigt, dass das Verfahren zwar grundsätzlich geeignet ist, Aussagen über den Geschiebetrieb abzuleiten, dass aber eine Verbesserung der Genauigkeit der Eichbeziehung sehr wünschenswert wäre. Die Eichbeziehung wird verwendet, um die Hydrophonsignale in eine Geschiebefracht umzurechnen. Deshalb wurde im Rahmen einer vom GIUB und von der WSL gemeinsam betreuten Diplomarbeit versucht, Möglichkeiten zur Verbesserung der Eichbeziehung zu suchen. Gleichzeitig wurde abgeklärt, ob sich ebenfalls Aussagen über die Korngrössen des bewegten Geschiebes ableiten lassen.

Etter (1996) führte im Grosslabor der WSL in Birmensdorf zahlreiche Versuche auf einer Anlage aus, die in ihren relevanten Eigenschaften mit der Installation im Testgebiet Erlenbach (vgl. Kap. 6.1) übereinstimmt. Die Anlage besteht aus einer Schussrinne, in die bei einem definierten Abfluss eine bekannte Gschiebemenge gegeben wird. Am unteren Ende dieser Rinne ist eine Hydrophonplatte montiert, welche die gleichen Eigenschaften aufweist, wie die im Feld montierten. Die Signale, die ein Geschiebedurchgang auf diesem Hydrophon auslösten, wurden mit einer Abtastfrequenz von 62,5 kHz aufgezeichnet. Dabei wurden sowohl Durchgänge einzelner Geschiebekörner mit einem Gewicht von 50 g bis 7,3 kg, als auch solche von Gemischen mit mehreren Geschiebekörnern der gleichen, bzw. aus verschiedenen Korngrössenklassen, aufgezeichnet. Diese Versuche mit natürlichem Geschiebe aus dem Erlenbach wurden ergänzt durch Versuche mit Eichkugeln, die aus einer definierten Höhe auf die Platte fallen gelassen wurden. Insgesamt wurden mehr als 750 Versuche durchgeführt. Zwei Beispiele für die bei den Versuchen aufgezeichneten Signale sind in Fig. 59 dargestellt.

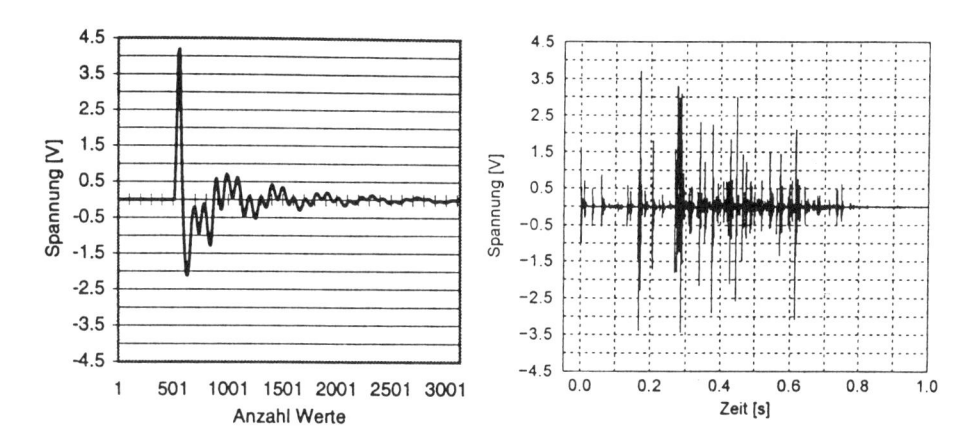

Fig. 59 Beispiele für die Signale der Laborversuche mit dem Hydrophon (Etter, 1996):
linkes Bild: Signal einer 106 g schweren Kugel, die aus 78 cm auf das Plattenzentrum fällt
rechtes Bild: Beispiel für ein Signal, das ein 18 kg schweres Gemisch aus 33% 100g Steinen, 33% 1000g Steinen und 33% 3000g Steinen (Gewichtsprozent) auslöst.

Nebst der visuellen Signalanalyse und der Bestimmung der Amplitude wurden zur Auswertung die Signalfläche berechnet, die Zahl der Peaks bestimmt, sowie das Frequenzspektrum analysiert. Dabei zeigten sich folgende Resultate:
- Die Signale zeigen eine deutliche Abhängigkeit vom Ort der Anregung auf der Platte.
- Entscheidend wird das Signal aber dadurch geprägt, ob der Geschiebedurchgang rollend (grosse Ausschläge) oder schiefernd bzw. gleitend (kleine Ausschläge) erfolgt.
- Dies führt zu einer z.T. grossen Streuung der Resultate. Die Streuung nimmt mit zunehmendem Probengewicht ab, da sich vor allem die Einflüsse der unterschiedlichen Bewegungsarten, aber auch des Anregungsortes ausmitteln.
- Deshalb lassen sich auch Zusammenhänge zwischen Signal und Ereignis ableiten. Einerseits besteht ein linearer Zusammenhang zwischen dem Probengewicht und der Summe der Peaks, wobei die Steigung von der Korngrössenzusammensetzung der Probe abhängig ist. Andererseits hängt die mittlere Frequenz des angeregten Spektrums von der Korngrösse der Probe ab.

Unter Einbezug dieser Erkenntnisse kann aus den Hydrophonsignalen eine Gewichtsabschätzung vorgenommen werden. Durch eine Kombination von Peaksummen- und Frequenzinformation kann eine Genauigkeit von Faktor 1.5 bis 2 erreicht werden. Die Genauigkeit dieses Auswerteverfahrens liegt somit nur unwesentlich über demjenigen, das die WSL seit 1986 im Erlenbach einsetzt. Bei einer Messung von Geschiebefrachten mittels Hydrophonen scheint der Fehler deshalb etwa bei einem Faktor 2 zu liegen. Aufgrund der Erfahrungen der WSL und der Untersuchungen von Etter (1996) muss davon ausgegangen werden, dass eine wesentliche Verbesserung der Messgenauigkeit nur über Anpassungen auf Seite des Sensors erreicht werden kann. Die Untersuchungen der WSL und von Etter (1996) zeigen aber auch, dass die Fehler unter sehr verschiedenen Einsatzbedingungen nicht wesentlich von diesem Faktor 2 abweichen. Das System kann also als einigermassen stabil betrachtet werden. Der weitere Einsatz von Hydrophonen zur Erfassung des Geschiebetriebs ist deshalb durchaus sinnvoll, zumindest so lange, bis allenfalls ein genaueres Messsystem entwickelt werden kann.

7.4.2 DER GESCHIEBETRACER LEGIC®

Angaben über die Bewegung einzelner Geschiebekörner in einem Gerinne bilden die Grundlage für alle probabilistischen Ansätze zur Simulation des Geschiebetransports (vgl. Kap. 4). Deshalb wurden schon seit Mitte der 60er Jahre verschiedene Verfahren erprobt, einzelne Geschiebekörner zu markieren, und deren Bewegungen zu registrieren (vgl. Hassan, 1984). Das einfachste Verfahren ist es, die Steine anzufärben, im Gerinne auszusetzen, und nach einem Hochwasser wieder zu suchen. Später wurden in die Steine zusätzlich ein Magnet- oder Eisenkern eingesetzt, der das Auffinden nach einem Hochwasser wesentlich erleichterte, da überdeckte Steine mit Hilfe von Magnet- bzw. Metalldetektoren geortet werden können (vgl. z.B. Gintz, 1994). Zu ihrer genauen Identifikation müssen die Steine aber ausgegraben werden. Zudem können die Steine während dem Transport nicht beobachtet werden. Eine detaillierte Beobachtung der Bewegung einzelner Geschiebekörner erlauben Radiotracer, wie sie von Busskamp (1993) verwendet wurden. Dieses System ist jedoch vor allem durch die Lebensdauer der Batterie begrenzt, welche den im Stein eingesetzten Sender mit Strom versorgt.

Alle diese Tracer haben gewichtige Nachteile, sei es, dass die Steine während der Bewegung nicht beobachtet werden können, sei es die begrenzte Lebensdauer. Deshalb wurde am Geographischen Institut der Universität Bern ein neuartiger Geschiebetracer entwickelt und getestet (vgl. Burren, 1995).

Grundlage für den neuartigen Geschiebetracer bildet das berührungslose Schliess- und Identifikationssystem Legic®. Herzstück dieses Systems bildet eine Steuereinheit mit einer angeschlossenen etwa kreisförmigen Antenne. In der näheren Umgebung dieser Antenne wird ein elektromagnetisches Feld aufgebaut. Gelangt nun die zweite Hauptkomponente des Systems, ein Mikrochip mit einer eigenen kleinen Antenne (etwa in der Grösse einer Kreditkarte) in dieses Feld, können die beiden Teile miteinander kommunizieren und gegenseitig Daten austauschen. Dabei bezieht der Mikrochip seine Betriebsenergie aus dem Feld der Antenne der Steuereinheit, ist also unabhängig von der Stromversorgung, z.B. durch eine Batterie, und hat so eine beinahe unbegrenzte Lebensdauer.

Für den Einsatz als Geschiebetracer wird die Steuereinheit in der Nähe einer Abflussmessstelle installiert und deren Antenne so im Bachbett befestigt, dass das Geschiebe bei einem Hochwasser über die Antenne hinweg transportiert wird. Der Mikrochip mit seiner kleinen Antenne wird in Steine eingesetzt, die oberhalb der Messstation im Bach ausgesetzt werden. Werden nun bei einem Hochwasser die so markierten Steine mobilisiert und an der im Bachbett befestigten Antenne vorbei transportiert, kann festgestellt werden, wann welcher Stein an der Messstation vorbei kommt. Zusammen mit den Abflussmessungen und den vor dem Aussetzen aufgezeichneten Eigenschaften des bewegten Steins und seiner Einbettung im Bachbett, erlaubt diese Information Rückschlüsse auf die Mobilisierungs- und Transportbedingungen. Werden mehrere Antennen hintereinander fest im Bachbett eingebaut, erlaubt dies das Verfolgen eines Steins durch ein ganzes Gerinnesystem. Das Gewicht der Steuereinheit ist zudem gerade noch so gross, dass sie auch in schwierigem Gelände, wie dies das Bett eines Wildbaches in der Regel ist, getragen werden kann. Für die Zukunft ist deshalb geplant, ausgesetzte Steine zwischen Hochwasserereignissen mit einer tragbaren Antenne aufzuspüren, um so zusätzliche Informationen über die bevorzugten Ablagerungsstellen und -situationen zu erhalten.

Burren (1995) konnte die Funktionstüchtigkeit des erläuterten Systems in verschiedenen Labor- und Feldversuchen nachweisen. Zur Zeit sind deshalb Arbeiten im Gange, im Spissibach feste Messstellen mit einer Steuereinheit und einer Antenne einzubauen, sowie eine grössere Serie von mit dem Mikrochip markierten Steinen zu erstellen. Dieses neuartige Messsystem wird in Zukunft einen genaueren Einblick in die Bewegung einzelner Geschiebekörner in einem Wildbach erlauben.

7.4.3 AUTOMATISCHE SALZEINSPEISUNG

Wie in Kapitel 7.1 erläutert, wurden die P-Q-Beziehungen für die vier integrierten Abfluss- und Geschiebemessstellen mit Hilfe von Abflussmessungen erstellt, die mit der Salzverdünnungsmethode durchgeführt wurden (vgl. Spreafico und Gess, 1994). Normalerweise wird die Messung von einer oder idealerweise von mehreren Personen durchgeführt. Von besonderer Wichtigkeit sind Eichmessungen während Hochwassern, damit über einen breiten Bereich zuverlässige Abflussberechnungen möglich sind. Verschiedene Stationen im Spissibach sind aber so gelegen, dass nicht davon ausgegangen werden kann, dass sie bei Hochwasser überhaupt erreicht werden können. Es musste deshalb eine Vorrichtung konstruiert werden, die eine automatische Eichmessung erlaubt.

Als Vorbild diente eine ähnliche Anlage der WSL im Alptal. Sie musste aber an die lokalen Verhältnisse angepasst werden. Die Anlage besteht aus zwei Teilen (vgl.

Romang, 1995): einem mit Salzwasser gefüllten Fass, das über den Bach gehängt wird, sowie einer Leitfähigkeitssonde, die den Durchgang der Salzwolke an der Abflussmessstelle aufzeichnen kann. Gesteuert wird die Anlage über die Pegelaufzeichnung. Wenn bei einem Hochwasser der Pegel über einen bestimmten Schwellenwert steigt, wird das Salzfass ferngesteuert ausgekippt, sobald der Pegel wieder zurückgeht. Mit der Salzeinspeisung wird somit bis zum absteigenden Ast des Hochwassers gewartet. Gleichzeitig werden bei der Leitfähigkeitssonde an der Abflussmessstelle nicht mehr nur 10' Mittelwerte, sondern alle 2 Sekunden der effektiv gemessene Wert abgespeichert. Aus diesen Angaben kann dann nachträglich der Abfluss berechnet werden.

7.4.4 AUTOMATISCHES SCHWEBSTOFFPROBEENTNAHMEGERÄT ASPEG

In Wildbächen muss bei einem Hochwasser damit gerechnet werden, dass auch relativ grosse Körner als Schwebstoff transportiert werden. Besonders gut für diese Bedingungen geeignet ist das automatische Schwebstoffprobeentnahmegerät ASPEG, das zu Beginn der 90er Jahre am Geographischen Institut der Universität Bern von A. Gees und J. Schenk entwickelt wurde. Dieses Gerät ist mit einer Ansaugdüse mit einer Öffnung von 4 mm Durchmesser ausgestattet. Die Düsenöffnung ist damit wesentlich grösser, als bei handelsüblichen Geräten, und erlaubt deshalb auch die Erfassung grösserer Schwebstoffkörner.

Das Leistungsprofil des ASPEG wurde von Racine und Streit (1994) genauer unter die Lupe genommen. In verschiedenen Labor- und Feldversuchen konnten sie zeigen, dass die maximale Ansaughöhe 8 m beträgt, und dass bis zu 4 mm grosse Körner effektiv auch angesaugt werden. Weiter wurden bei verschiedenen Versuchen Proben aus einem kleinen Kanal angesaugt, in dem Wasser mit einer bekannten Schwebstoffkonzentration floss. Die Schwebstoffkonzentration in den Proben im ASPEG entsprach dabei etwa 80% der Konzentration im Wasser, aus dem die Proben genommen wurden. Das Gerät erwies sich grundsätzlich als feldtauglich und wurde deshalb auch von Fugazza (1995) im Kleinstgebiet 'Teufenegg' eingesetzt.

7.4.5 VERMESSUNG DES SPISSIBACHDELTAS

Wie in Fig. 53 zu sehen, mündet der Spissibach unmittelbar in den Thunersee. Dort lagert er alle mitgeführten Feststoffe ab. Es ist deshalb naheliegend zu versuchen, die Feststofffrachten durch eine regelmässige Vermessung des Deltas zu erfassen. Eine erste Vermessung führten Etter et al. (1993) im Sommer 1992 mittels Echolot durch. Nebst der eigentlichen Vermessung versuchten sie aber auch die Genauigkeit der verwendeten Messmethode abzuschätzen. Dabei zeigte sich, dass die Genauigkeit aufgrund der grossen Steilheit der Böschung zu wünschen übrig lässt. Bei der Bestimmung der Höhe eines Punktes muss mit Toleranzen von +-2.5 m gerechnet werden. Dies bedeutet, dass der Spissibach mehr als 100'000 m³ Geschiebe in den Thunersee transportieren muss, bevor eine signifikante Differenz zum heutigen Zustand festgestellt werden kann. Die Methode ist deshalb wenig geeignet, um einen wesentlichen Beitrag zur genaueren Kenntnis der Feststofffrachten im Spissibach beizutragen.

Teil C

Viele der Prozesse, die in einem Wildbacheinzugsgebiet ablaufen, können eine erhebliche Bedrohung für den Menschen und seine Aktivitäten darstellen. Die Entwicklung von zuverlässigen Verfahren und Methoden zur Beurteilung dieser Gefahren ist deshalb eine zentrale Aufgabe aller Wissenschaftlerinnen und Wissenschaftler, die sich mit diesen Prozessen beschäftigen.

Die Gruppe für Geomorphologie kann auf eine lange Reihe von Arbeiten zurückblicken, in denen Vorschläge zur Beurteilung von Naturgefahren in Gebirgsräumen dargestellt werden. Zu Beginn konzentrierten sich die Arbeiten vor allem auf das Entwickeln und Testen von Methoden, die eine möglichst rationelle Kartierung der Prozesse im Feld ermöglichen (z.B. Kienholz, 1977, Grunder 1984). Später wurden diese Arbeiten ergänzt durch gezielte Analysen der Prozesse (z.B. Zimmermann 1989, Gsteiger 1993, Kienholz et al. 1990) und Versuche, diese Prozesse mit geeigneten Modellen zu simulieren (z.B. Zinggeler et al. 1991, Liener 1995), und diese zu immer umfassenderen und genaueren Methoden zur Beurteilung von gefährlichen Prozessen weiterzuentwickeln (z.B. Kienholz 1995, Krummenacher 1995, Mani 1995).

Im Rahmen der hier beschriebenen Arbeit wurde das in Kap. 5 beschriebene Verfahren Vektorenbaum zur Bestimmung der Wege von Hangprozessen mit dem Modell von Salm et al. (1990) zur Bestimmung der Auslaufstrecken von Fliesslawinen kombiniert. Dadurch entstand ein Modell, das überblicksmässig die rationelle Bestimmung der durch Lawinen gefährdeten Gebiete für die aktuellen, aber auch für veränderte Umweltbedingungen erlaubt. Diese Arbeiten sind in Teil C beschrieben.

8 GEFAHRENHINWEISKARTEN FÜR FLIESSLAWINEN

Das in diesem Kapitel beschriebene Verfahren zur Simulation von Gefahrenhinweiskarten für Fliesslawinen besteht aus einer Kombination des in Kap. 5 beschriebenen Verfahrens Vektorenbaum mit dem Voellmy-Salm Modell zur Berechnung der Auslaufstrecke von Fliesslawinen (Salm et al., 1990). Nach einer Einleitung werden in den Kapiteln 8.2 bis 8.4 die einzelnen Teilmodelle des Simulationsverfahren detailliert beschrieben. In Kap. 8.5 sind die Ergebnisse der umfangreichen Verifikation zusammengefasst. Je nach Art der Anwendung kann das Resultat der Simulation mit verschiedenen anderen Informationen verknüpft und auf unterschiedliche Weise dargestellt werden. Einige Möglichkeiten dazu sind in Kap. 8.6 erläutert. Den Schluss des Kapitels bildet ein Ausblick auf mögliche Verbesserungen und Entwicklungsmöglichkeiten in den Verfahren zur Simulation von gefährlichen Prozessen in Gebirgsräumen.

8.1 EINLEITUNG

In der Folge wird der Rahmen der Arbeit erläutert. Einige Hinweise auf andere Verfahren und Methoden, die Prozessräume von gefährlichen Prozessen mit Hilfe von Simulationsmodellen zu bestimmen, sollen die Einordnung des Modells erleichtern. Weiter wird in Kap. 8.1.3 das Verfahren zur Berechnung der Reichweiten von Fliesslawinen nach Salm et al. (1990) vorgestellt.

8.1.1 RAHMEN DER ARBEITEN

Ziel der in diesem Kapitel beschriebenen Arbeiten war es ursprünglich, die Möglichkeiten und Grenzen des in Kap. 5 und in Hegg und Kienholz (1995) beschriebenen Modells Vektorenbaum zur Simulation der Wege von Hangprozessen auszutesten. Diese Arbeiten wurden anhand der Fliesslawinen durchgeführt, da dies von allen Hangprozessen der am besten bekannte Prozess ist. So konnten wesentliche Teile des Dispositions- und des Reibungsmodells aus der Anleitung zur Berechnung von Fliesslawinen von Salm et al. (1990) übernommen werden. Zudem standen zur Validierung der Modelle verschiedene konventionell erhobene Gefahrenkarten und Gefahrenhinweiskarten zur Verfügung.

Das Modell wurde in Zusammenarbeit mit dem Lawinendienst der Forstinspektion des Berner Oberlandes in einem dazu geeigneten Gebiet überprüft. Diese ersten

Tests verliefen recht erfolgreich und zeigten, dass es grundsätzlich möglich ist, die Auslaufgebiete von Fliesslawinen zu simulieren (vgl. Hegg, Kienholz 1992).

Die Weiterentwicklung zum hier beschriebenen Modell wurde entscheidend beschleunigt durch die Projekte zur Erstellung einer Gefahrenhinweiskarte für den Kanton Bern und zur Ausscheidung von Waldflächen mit besonderer Schutzfunktion. Das neue Waldgesetz der Schweiz vom 1. Januar 1993 sieht je nach Funktion des Waldes unterschiedlich hohe Bundessubventionen vor. Besonders subventioniert werden Flächen, die Menschen oder erhebliche Sachwerte vor Naturgefahren schützen. Damit diese besondere Schutzfunktion nachgewiesen werden kann, muss unter anderem das Risiko des Auftretens von Naturgefahren beurteilt werden (vgl. Greminger und Wandeler, 1994). Um diese Aufgaben möglichst rationell und effizient ausführen zu können, wurde nach Möglichkeiten gesucht, die zu berücksichtigenden Prozesse Lawinen, Rutschungen, Wildbäche und Steinschlag flächendeckend mit Computermodellen zu simulieren.

Im Kanton Bern werden diese Fragestellungen von einer Arbeitsgemeinschaft bestehend aus den drei Firmen Geotest in Zollikofen, Geo7 und Kellerhals+Häfeli in Bern und dem Geographischen Institut angegangen. Jeder der vier Partner brachte seine Erfahrung für einen der zu bearbeitenden Prozesse ein. Das Geographische Institut bearbeitet dabei den Bereich der Lawinen. Dazu wurde das oben erwähnte Modell so weiterentwickelt und verfeinert, dass es für die erläuterte Fragestellung eingesetzt werden konnte. In einem zweiten Schritt werden die entsprechenden Berechnungen für den ganzen Kanton durchgeführt.

8.1.2 MODELLE FÜR GEFÄHRLICHE PROZESSE

Bei der modellmässigen Beurteilung der Gefährdung eines bestimmten Standorts durch Naturgefahren, müssen drei Hauptfragen beantwortet werden (vgl. Fig. 60). Diese weisen verschiedene Ähnlichkeiten mit den in Kap 4 erläuterten Modelltypen für die Prozesse des Feststoffhaushalts im allgemeinen auf:

- Wo kann ein gefährlicher Prozess starten?
  Dazu muss die Disposition einer Fläche für einen Prozess beurteilt werden. Modelle, welche diese Aufgabe erfüllen, werden deshalb als **Dispositionsmodelle** bezeichnet (vgl. Mani in Kienholz et al. 1992a). Es handelt sich dabei um eine Spezialform der Mobilisierungsmodelle.
- Welchem Weg folgt der Prozess, nachdem er gestartet ist?
  Zu diesem Zweck können die gleichen **Trajektorienmodelle** verwendet werden, wie sie in Kap. 3.2 beschreiben sind.
- Bis wo gelangt der Prozess, wie gross ist seine Reichweite?
  Zur Beantwortung dieser Frage werden sogenannte **Reibungsmodelle** eingesetzt (vgl. Hegg, Kienholz 1992). Diese bestimmen aufgrund der Umsetzung von potentieller Energie in Bewegungsenergie sowie des Verlustes an Bewegungs-

8 Gefahrenhinweiskarten für Fliesslawinen 145

energie, der durch die Reibung an der Oberfläche entsteht, wie weit sich ein Prozess unter gegebenen topographischen Verhältnissen bewegen wird.

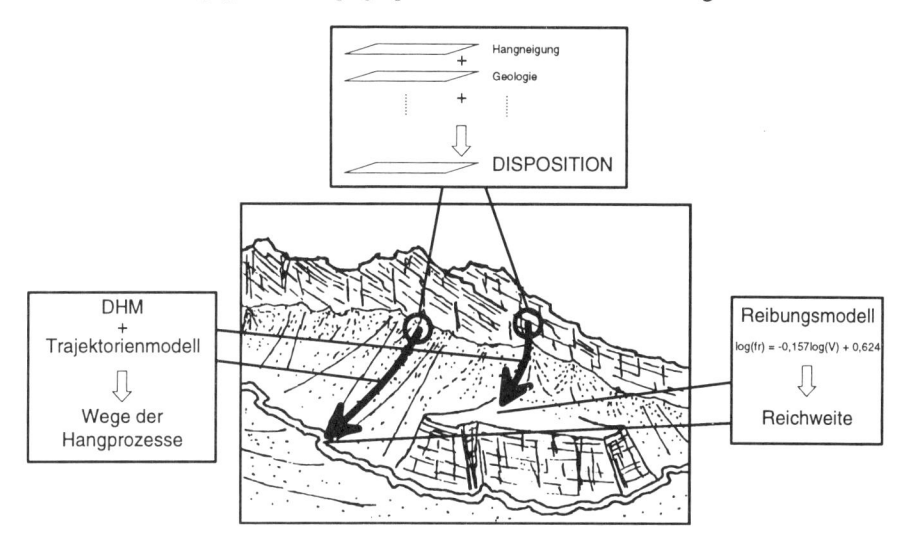

Fig. 60   Dispositions-, Trajektorien- und Reibungsmodell, Teilmodelle bei der Simulation von gefährlichen Prozessen.

Der Einsatz von Rechenmodellen zur Beurteilung von gefährlichen Prozessen hat bei den Lawinen eine lange Tradition (vgl. Kap 8.1.3), wobei sehr lange nur einzelne Lawinenzüge bearbeitet wurden. Erste Versuche, eine Beurteilung über grössere Flächen mit Hilfe von Modellen durchzuführen gehen auf Grunder und Kienholz (1986) und Altwegg (1988) zurück. Die im Vergleich zu heute ungenauen Geländemodelle und die viel geringere Rechenleistung der Computer beschränkten aber die Aussagegenauigkeit der Modelle wesentlich. Ihr Einsatz und ihre Weiterentwicklung wurde zusätzlich dadurch gehemmt, dass die Messlatte bei der Simulation von Lawinen besonders hoch angelegt ist, da bei keinem anderen Prozess die 'konventionellen' Verfahren so stark perfektioniert wurden wie hier.

Beim Steinschlag war lange Zeit die begrenzte Rechenkapazität der Computer ein limitierender Faktor. In den letzten 10 Jahren wurden aber verschiedene Verfahren entwickelt, welche die Simulation der Sturzbahnen einzelner Blöcke erlauben (vgl. z.B. Bozzolo et al., 1988, Descoeudres, 1990 oder Zinggeler et al., 1991). Diese Modelle wurden in den letzten Jahren immer weiter perfektioniert, und erlauben inzwischen eine sehr genaue Beurteilung der Gefährdung durch Steinschlag (vgl. Krummenacher, 1995).

Für die Beurteilung der Stabilität einer einzelnen Böschung bestehen zahlreiche Dispositionsmodelle, die allerdings erst in jüngster Zeit zur Abschätzung der Rutschgefährdung über grössere Flächen eingesetzt wurden (Terlien et al., 1995, Liener, 1995). Limitierende Faktoren sind hier die Rechenkapazität der Computer und vor allem die Verfügbarkeit der benötigten geotechnischen Informationen. Wegen der fehlenden flächendeckenden geotechnischen Angaben, wird der Bereich Rutschungen in der Gefahrenhinweiskarte des Kantons Bern noch von Hand bearbeitet.

Am schwierigsten gestaltet sich der Einsatz von Rechenmodellen bei der Beurteilung der Gefahr von Wildbächen. Wie im Teil A erläutert, können die Kenntnisse über die beteiligten Prozesse über den Feststofftransport in Wildbächen noch nicht mit jenen im Bereiche der Rutschungen und des Steinschlags mithalten. Dementsprechend beruhen Verfahren zur Beurteilung von Wildbächen oft auf der gezielten Interpretation von Spuren (vgl. z.B. Aulitzky, 1984). Das Verfahren TORSED (vgl. Kap. 3.3.3) sieht eine Kombination von Feldaufnahmen, der Interpretation von Spuren und historischen Dokumenten mit Rechenmodellen für einzelne Prozesse vor. Einen ersten Vorschlag für eine vollständig auf Simulationsmodellen beruhende überblicksmässige Beurteilung der Gefährlichkeit von Wildbächen erläutert Mani (1995).

Bei der computergestützten Beurteilung von Naturgefahren sind heute Geographische Informationssysteme nicht mehr wegzudenken. Sie sind ein wichtiges Hilfsmittel zur Verwaltung, Analyse und Darstellung räumlicher Daten. Einen Überblick über die Grundlagen und Konzepte beim Einsatz Geographischer Informationssysteme bei der Beurteilung von Naturgefahren vermittelt Mani (1992). Carrara und Guzetti (1995) vermitteln einen Einblick in die zahlreichen Möglichkeiten, Geographische Informationssysteme auch zur Beurteilung von anderen Naturgefahren einzusetzen, z.B. von Überschwemmungen, Erdbeben oder Vulkanausbrüchen.

8.1.3 BERECHNEN DER AUSLAUFSTRECKEN VON LAWINEN

In der Schweiz wurden die Arbeiten an Gefahrenkarten für Lawinen durch den Lawinenwinter 1950/51 ausgelöst (Schwarz 1980). Die ersten Arbeiten beruhten weitgehend auf der Erfahrung von ortskundigen Experten. So wurde der erste Lawinenzonenplan der Schweiz für die Gemeinde Gadmen im Berner Oberland 1953 'rein gutachterlich und ohne grosse Untersuchungen erstellt' (Schwarz 1980: 338). Doch schon bald wurde eine Methode publiziert, den Auslauf von Fliesslawinen rechnerisch abzuschätzen (Voellmy 1955). Dieses Verfahren wurde seitdem aufgrund von neuen Erkenntnissen vor allem am eidgenössischen Institut für Schnee- und Lawinenforschung in Davos weiterentwickelt und verfeinert. Einen guten Überblick über diese Arbeiten vermittelt Burkard (1992). Die Arbeiten mündeten schliesslich in der 'Anleitung für Praktiker' die Salm et al. 1990 publizierten und die

8 Gefahrenhinweiskarten für Fliesslawinen

heute in der Schweiz weitgehend als Grundlage für das Berechnen der Auslaufstrecken von Fliesslawinen verwendet wird.

Beim Modell für das Berechnen der Auslaufstrecke von Lawinen von Salm et al. (1990) handelt es sich um ein Zwei-Koeffizienten-Modell (vgl. Körner 1980). Das Modell beinhaltet die zwei Reibungsbeiwerte ξ und μ, wobei μ vor allem von den Schnee-Eigenschaften, dem Druck des Lawinenschnees senkrecht zur Bodenoberfläche und von der Geschwindigkeit abhängt. ξ dagegen hängt von der Geometrie der Sturzbahn ab. Salm et al. (1990: 16,17) haben aufgrund von abgelaufenen Lawinen Richtwerte für diese zwei Parameter aufgestellt.

Weiter gehen Angaben zur Durchflussmenge Q am unteren Ende des Anrissgebiets einer Lawine, zur Geometrie der Sturzbahn sowie zur Breite der Lawine im sogenannten Punkt P (Beginn der Auslaufstrecke) in die Berechnungen ein. Q kann aufgrund der Geometrie und mittleren Neigung des Anrissgebiets sowie einem Basiswert d_0^* für den möglichen mittleren Schneehöhenzuwachs in 3 Tagen berechnet werden (Salm et al. 1990: 3-7). d_0^* hängt vom örtlichen Klima und der Möglichkeit von Windverfrachtungen ab. Die Angaben zur Geometrie und zur Neigung des Anrissgebiets und der Sturzbahn werden aus grossmassstäbigen Karten herausgelesen oder z.T. auch im Gelände erhoben.

Von zentraler Bedeutung beim Bestimmen der Auslaufstrecke einer Lawine nach Salm et al. (1990) ist der erwähnte Punkt P, der am Übergang von der Anlaufstrecke zur Auslaufstrecke einer Lawine liegt. Er markiert den Wechsel von einer beschleunigten bzw. gleichbleibenden zu einer verzögerten Bewegung. Die Lage des Punktes P hängt einzig vom gewählten μ ab und ist für die von Salm et al. (1990) vorgeschlagenen Werte für μ dann erreicht, wenn die Geländeneigung unter $8,8° - 16,7°$ fällt. Aufgrund der Fliessgeschwindigkeit v_p und der Fliesshöhe d_p der Lawine in diesem Punkt P wird unter Berücksichtigung des mittleren Gefälles des Geländes unterhalb von P die Länge der Auslaufstrecke s berechnet.

Geschwindigkeit und Fliesshöhe im Punkt P werden aufgrund des Gefälles einer Übergangsstrecke oberhalb des Punktes P berechnet. Die Länge dieser Übergangsstrecke wird mit einer Iteration bestimmt. Dabei wird zwischen Runsen- und Flächenlawinen unterschieden. Als Flächenlawinen werden Lawinen behandelt, bei denen das Verhältnis Lawinenbreite zu Fliesshöhe in der Übergangsstrecke grösser als 20:1 ist. Alle übrigen Lawinen werden als Runsenlawinen berechnet.

Bei Runsenlawinen wird für das Bestimmen der Geschwindigkeit v_p der hydraulische Radius benötigt. Dazu sind relativ genaue Angaben zur Runsengeometrie notwendig, die in der Regel im Feld aufgenommen, oder aus detaillierten Karten abgeleitet werden. Da sich aus dem hier verwendeten Geländemodell diese Querprofile nicht in einer vergleichbaren Genauigkeit herleiten lassen, wurden alle Lawinen als Flächenlawinen berechnet. Die Berechnung für Runsenlawinen wird hier deshalb nicht weiter erläutert. Der dabei entstehende Fehler ist für eine Gefahrenhinweiskarte vertretbar, da das Verfahren für Runsenlawinen nach Auskunft von H. Buri (Forstinspektion Oberland) nur relativ selten eingesetzt wird und die Resultate für Flächen- und Runsenlawinen nur bei sehr ausgeprägten Runsenlawinen stark differieren. Bei der Bewertung der Simulationsergebnisse muss diese Vereinfachung aber unbedingt berücksichtigt werden.

Bei Flächenlawinen muss der bearbeitende Experte bzw. die Expertin die Breite B_p der Lawine im Punkt P aufgrund der Erfahrung und z.B. von Spuren im Lawinenstrich festlegen. Mit Hilfe dieser Angaben können dann die Berechnungen zur Bestimmung der Geschwindigkeit und Fliesshöhe im Punkt P durchgeführt, und die Auslaufstrecke berechnet werden.

8.2 DISPOSITIONSMODELL

Mit einem Dispositionsmodell werden die möglichen Ausgangspunkte eines Prozesses bestimmt. Ob ein Prozess in einer Fläche ihren Ausgangspunkt haben kann oder nicht, hängt von ihren Eigenschaften ab und kann durch eine Verknüpfung dieser Eigenschaften bestimmt werden. In einem Geographischen Informationssystem kann dies durch eine Überlagerung der Eigenschaften dieser Fläche bestimmt werden. Derartige Operationen werden am rationellsten rasterorientiert berechnet. Die nachfolgend beschriebenen Operationen wurden deshalb zum grossen Teil im Modul GRID des Geographischen Informationssystems ARC/INFO durchgeführt.

In Kap. 8.1.3 wurde das Verfahren zum Bestimmen der Auslaufstrecken von einzelnen Fliesslawinen nach Salm et al. (1990) kurz erläutert. Damit die Simulation möglichst dieser Anleitung folgen kann, müssen mit dem Dispositionsmodell einzelne Lawinenanrissgebiete ausgeschieden werden, für welche dann in einem zweiten Schritt die für die Auslaufberechnung benötigten Parameter berechnet werden.

8.2.1 BESTIMMEN DER LAWINENANRISSGEBIETE
Als ein Lawinenanrissgebiet wird diejenige Fläche bezeichnet, in der die Schneedecke überall gleichzeitig abgleiten und sich nach der Ablösung zu einer Lawine vereinen kann. In einem ersten Schritt werden deshalb alle Flächen bestimmt, in welchen die Schneedecke überhaupt abgleiten kann. Innerhalb dieser Gebiete können dann die einzelnen Anrissgebiete ausgeschieden werden.

8 Gefahrenhinweiskarten für Fliesslawinen

Bestimmen der potentiellen Ausgangsflächen von Lawinen
Lawinen nehmen in der Regel ihren Anfang in Gebieten, die eine für Lawinen günstige Hangneigung aufweisen und nicht im dichten Wald liegen. Weiter müssen die klimatischen Bedingungen so sein, dass sich eine genügend mächtige instabile Schneedecke aufbauen kann. Gebiete, in welchen diese drei Bedingungen erfüllt werden können, bilden die potentiellen Ausgangsflächen für Lawinen.

Hangneigungen können aus einem digitalen Geländemodell (DHM) bestimmt werden. Für das hier beschriebene Projekt wurde ein DHM mit einer Rastergrösse von 10 m verwendet, das vom Büro Geo7 auf der Grundlage des Basismodells zum DHM25 des Bundesamtes für Landestopographie (vgl. Eidenbenz, 1992) erstellt wurde. Dieses neue Geländemodell wurde dabei vor allem im Bereiche der Tiefenlinien der Gerinne wesentlich verbessert (vgl. Mani, 1995).

Gemäss der Definition von Salm et al. (1990: 3) muss im Neigungsbereich zwischen 28° und 50° mit dem Anriss von Lawinen gerechnet werden. Im Verlaufe der Untersuchungen im Berner Oberland zeigte sich, dass bessere Resultate erzielt werden können, wenn Hangneigungen zwischen 28° und 55° als potentielles Ausgangsgebiet für Lawinen betrachtet werden. In steilen Lawinenanrissgebieten mit mittleren Neigungen über 45° sind oft einzelne kleine Flächen etwas steiler als 50°. Dies kann bei der Unterteilung der potentiellen Ausgangsflächen in einzelne Anrissgebiete dazu führen, dass viele Kleinstanrissflächen ausgeschieden werden, welche unter die Grenze fallen, für die eine Auslaufberechnung durchgeführt wird (vgl. weiter unten). Derartige Fehler konnten durch das Heraufsetzen der oberen Hangneigungsgrenze beim Ausscheiden des potentiellen Lawinenanrissgebiets vermieden werden.

Als einzige flächendeckende Aussage zur Waldbedeckung steht zur Zeit der gescannte Waldton aus der LK 1:25'000 als Pixelkarte zur Verfügung. Genauere Angaben über den Waldzustand wurden bis jetzt nur kleinräumig erhoben. Deshalb wurde für die zu simulierende Gefahrenhinweiskarte vereinfachend angenommen, dass im in der LK 1:25'000 eingetragenen Wald (ohne offener Wald) keine Lawinen anbrechen können. Das Anreissen von Waldlawinen und von Lawinen in kleinsten, nicht in der Karte verzeichneten Lichtungen (vgl. z.B. de Quervain 1978:229), wird somit nicht berücksichtigt.

Nach Aussage von H. Buri vom Lawinendienst der Forstinspektion Oberland kann davon ausgegangen werden, dass im Berner Oberland unterhalb von 900 m ü.M. nicht genügend Schnee fällt, dass sich daraus eine Lawine entwickeln könnte.

Die potentiellen Ausgangsfläche für Lawinen umfassen somit diejenigen Gebiete mit einer Hangneigung zwischen 28° und 55°, die nicht im Wald liegen, und über 900 m ü.M. hoch gelegen sind. In Fig. 61 sind diese Flächen für das Gebiet Niesen - Wimmis abgebildet.

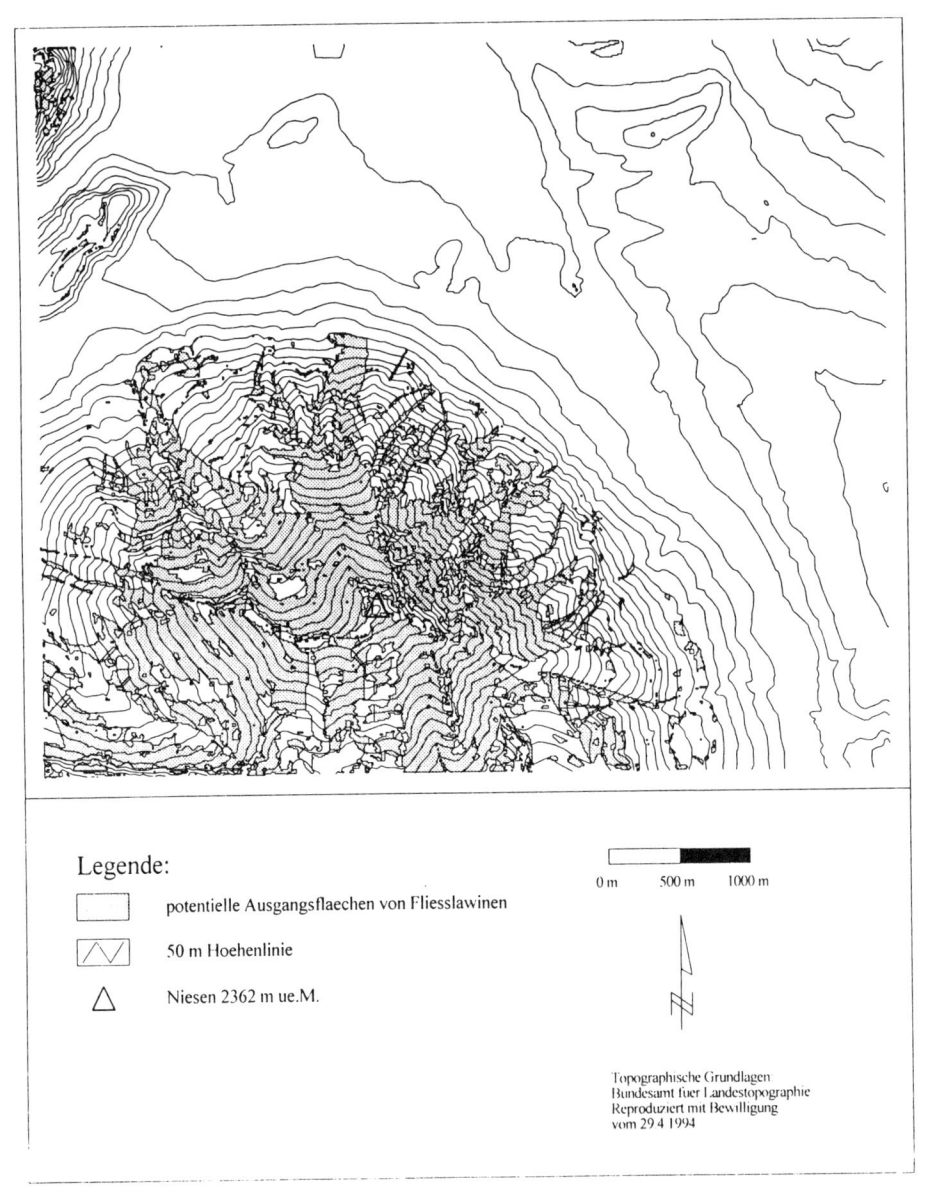

Fig. 61   potentielle Ausgangsflächen von Lawinen im Raum Wimmis - Niesen (Berner Oberland, Schweiz)

8 Gefahrenhinweiskarten für Fliesslawinen 151

Ausscheiden einzelner Lawinenanrissgebiete

Legende:

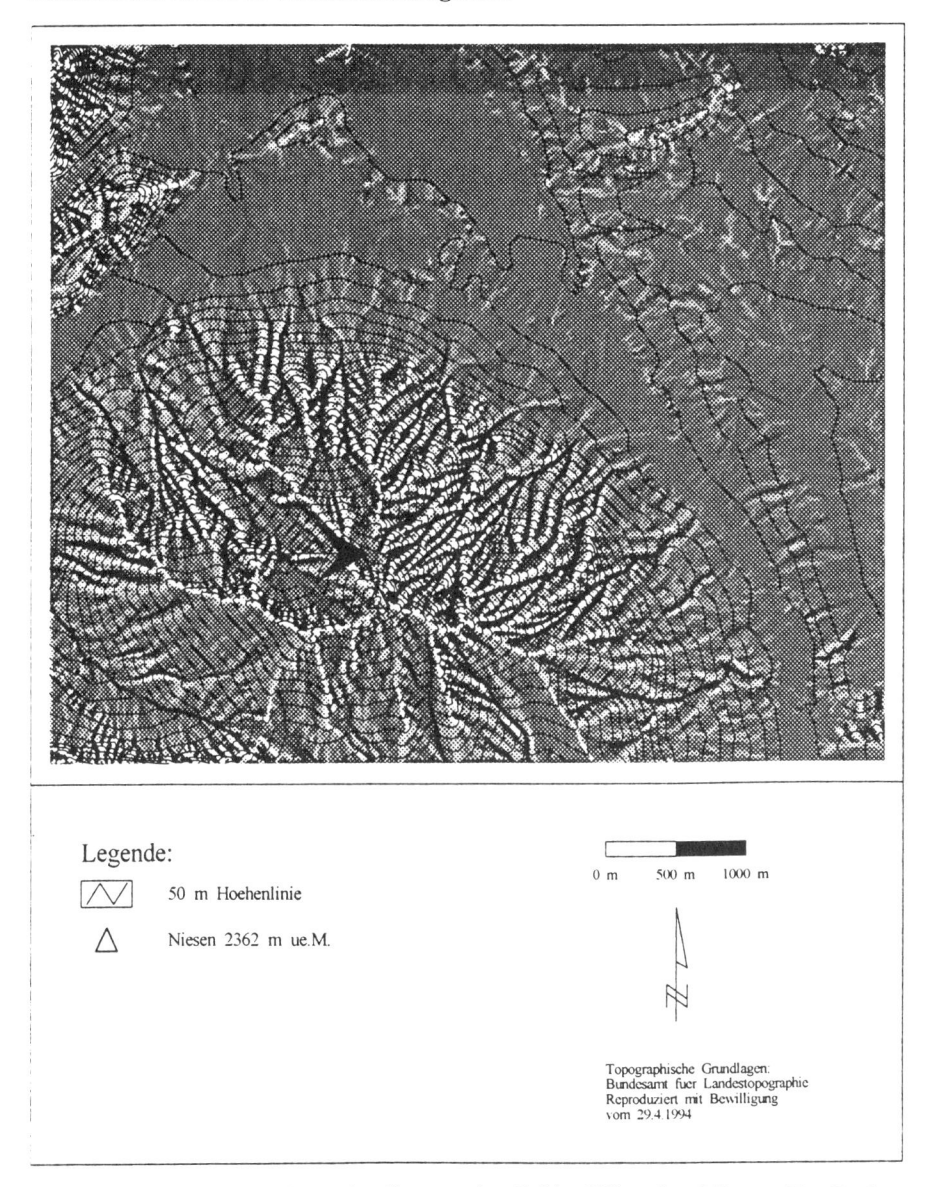

[/\/] 50 m Hoehenlinie

△ Niesen 2362 m ue.M.

0 m   500 m   1000 m

Topographische Grundlagen:
Bundesamt fuer Landestopographie
Reproduziert mit Bewilligung
vom 29.4.1994

Fig. 62   Karte der Horizontalwölbungen im Gebiet Wimmis - Niesen. Zur Bedeutung des Pfeils vgl. Text.

Die potentiellen Ausgangsflächen von Lawinen bilden zum Teil sehr grosse zusammenhängende Gebiete, die nun in einzelne Lawinenanrissgebiete unterteilt werden müssen. Beim konventionellen Verfahren wird dies von Lawinenexperten aufgrund ihrer Erfahrung und der Gebietskenntnis von Hand durchgeführt. Entscheidend ist dabei, ob eventuell anbrechende Schneemassen eine Lawine bilden können oder nicht und über welche Fläche ein gleichzeitiges Anbrechen plausibel ist. Ein gleichzeitiges Anbrechen über ausgeprägte Hangkanten oder Grate hinweg ist wenig plausibel, und die Grenzen von Lawinenanrissgebieten werden deshalb oft entlang von Kanten oder Graten gezogen.

Grate und Kanten zeichnen sich durch eine starke Wölbung in der Horizontalen aus. In Geographischen Informationssystemen lassen sich Wölbungen aufgrund eines digitalen Höhenmodells relativ einfach berechnen. In Fig. 62 ist die berechnete horizontale Wölbung für das Gebiet Wimmis - Niesen abgebildet. Gebiete mit starker positiver Wölbung sind in Fig. 62 in hellen Farben dargestellt und zeichnen die Kanten und Grate deutlich nach. Allerdings ist es schwierig, einen eindeutigen Grenzwert festzulegen, ab welcher Wölbung eine Kante ein Gebiet in zwei Anrissgebiete unterteilt. Zudem gibt es einzelne Fälle, wo zusammenhängende Flächen mit negativer oder nur leicht positiver horizontaler Wölbung nicht zum gleichen Lawinenzug gehören, da der in diesen Gebieten anbrechende Schnee in verschiedene Richtungen fliesst. Dies geschieht zum Beispiel dann, wenn eine Kante einen konkaven oder planaren Hang im unteren Teil in zwei Teile teilt, die in unterschiedliche Richtungen fliessen. Ein Beispiel dazu ist z.B. beim Pfeil in Fig. 62 zu sehen. Es wurde deshalb nach einem weiteren Kriterium gesucht, das eine bessere Abgrenzung der Lawinenanrissgebiete ermöglicht.

Gleichzeitig anbrechende Schneemassen bilden nur dann eine Lawine, wenn sich der Schnee ins gleiche Auslaufgebiet ergiesst. Dem wird beim Ausscheiden der Anrissgebiete durch das Abgrenzen von Einzugsgebieten für Lawinen Rechnung getragen. Ein Auslaufgebiet beginnt entsprechend der Definition von Salm et al. (1990) beim Punkt P (vgl. Kap. 8.4.1), welcher stark vereinfacht bei einem Übergang des Gefälles von über 15° zu unter 15° liegt. Im GRID stehen verschiedene Funktionen zur Verfügung, die es erlauben, hydrologische Einzugsgebiete grob auszuscheiden. Mit Hilfe dieser Funktionen können diejenigen Gebiete zu einem Lawineneinzugsgebiet zusammengefasst werden, die durch den gleichen potentiellen Punkt P entwässern (vgl. Fig. 63). Auffällig an Fig. 63 sind die schmalen Einzugsgebiete, die dann entstehen, wenn ein planarer oder konkaver Hang direkt in ein Auslaufgebiet übergeht. In der Regel brechen mehrere solcher nebeneinanderliegender Streifen gleichzeitig an, und die simulierten Anrissgebiete entsprechen nicht den tatsächlich auftretenden. Bei der Beschreibung der Bestimmung der Breite der Lawine im Punkt P wird erläutert, dass dieses Unterteilen eines Anrissgebiet in diesem speziellen Fall notwendig ist, damit die Auslaufstrecke korrekt ermittelt wird.

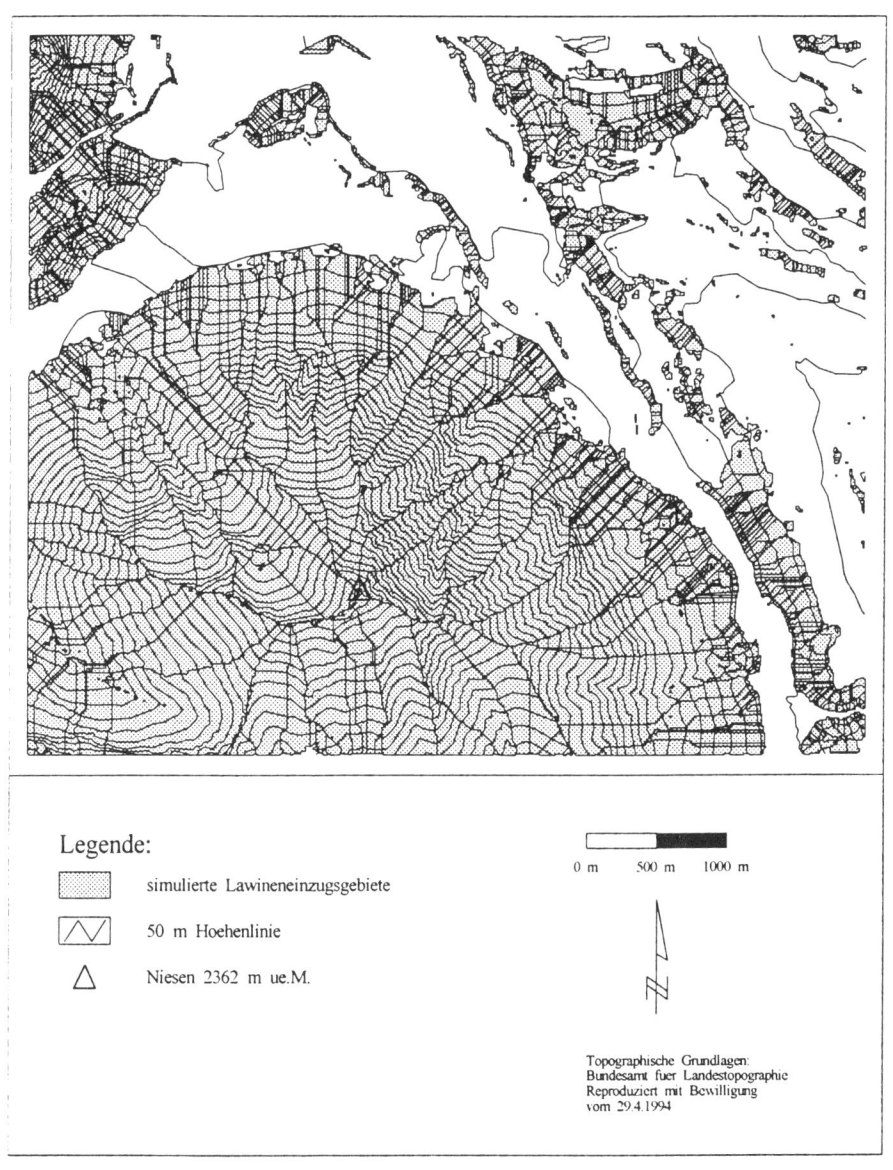

8 Gefahrenhinweiskarten für Fliesslawinen 153

Legende:
- simulierte Lawineneinzugsgebiete
- 50 m Hoehenlinie
- Niesen 2362 m ue.M.

0 m   500 m   1000 m

Topographische Grundlagen:
Bundesamt fuer Landestopographie
Reproduziert mit Bewilligung
vom 29.4.1994

Fig. 63   Aufgrund der Topographie ohne Berücksichtigung des Waldes bestimmte Lawineneinzugsgebiete im Gebiet Niesen - Wimmis.

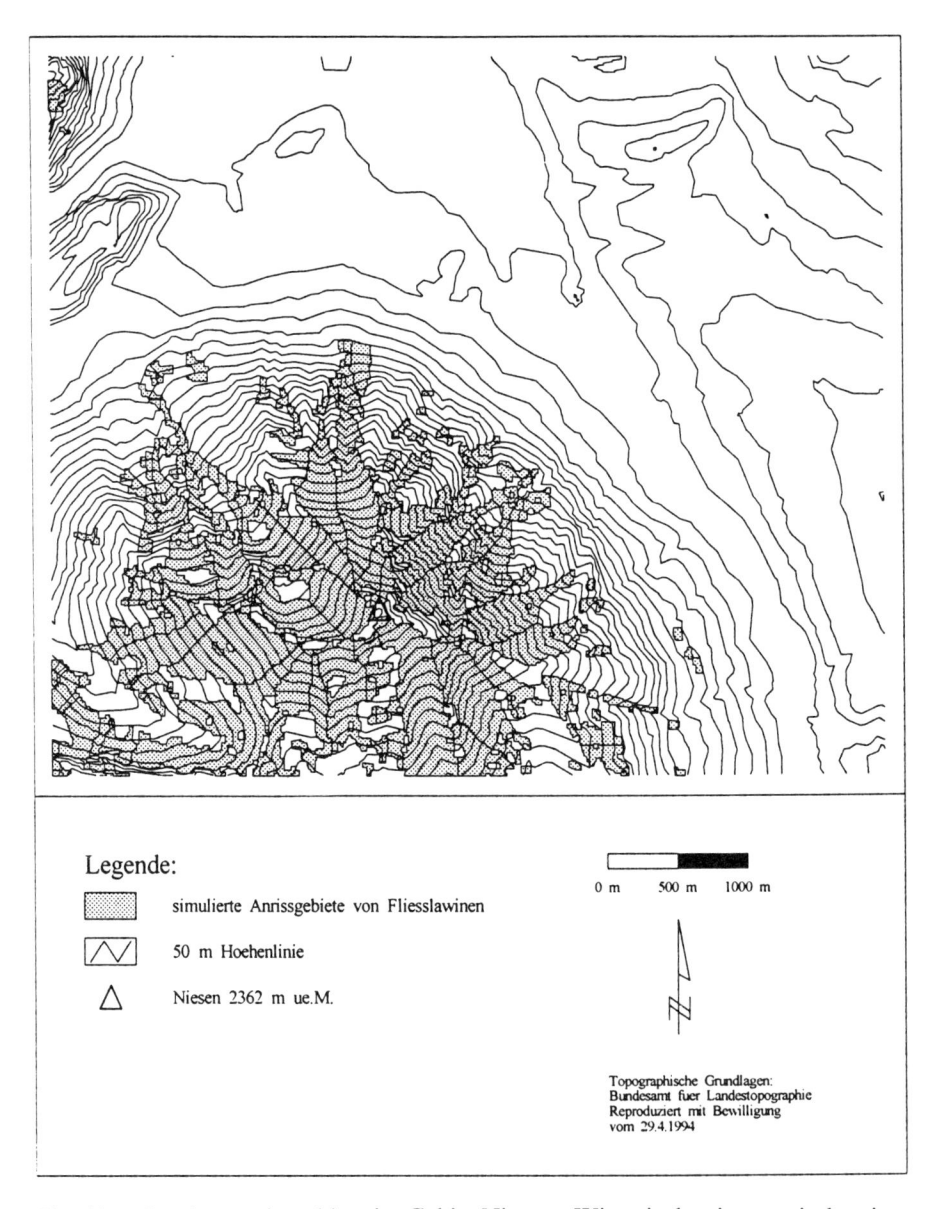

Fig. 64　Lawinenanrissgebiete im Gebiet Niesen - Wimmis, bestimmt mit dem in Kap. 8.2 erläuterten Dispositionsmodell

8 Gefahrenhinweiskarten für Fliesslawinen 155

Damit stehen die folgenden drei Informationsebenen zur Verfügung:
- Einzugsgebiete für Lawinen (Fig. 63),
- Wölbungskarte (Fig. 62),
- potentielle Ausgangsflächen von Lawinen (Fig. 61),

welche zusammen eine zuverlässige Abgrenzung der Lawinenanrissgebiete erlauben.

Jedes zusammenhängende Gebiet von potentiellen Ausgangsflächen, das innerhalb des gleichen Einzugsgebiets und nicht im Bereiche starker horizontaler Wölbungen liegt, bildet ein Lawinenanrissgebiet. Dabei entstehen z.T. sehr kleine Lawinenanrissgebiete, die nur Ausgangspunkt von Lawinen mit sehr kleinen Volumina sein können. Da das Modell von Salm et al. (1990) nicht für kleine Lawinenkubaturen kalibriert wurde, wird bei Anrissgebieten mit einer Fläche unter 0.2 ha keine Auslaufberechnung durchgeführt.

8.2.2 BESTIMMEN DER PARAMETER FÜR DIE AUSLAUFBERECHNUNG

Für jedes dieser Lawinenanrissgebiete wird dann die Durchflussmenge Q am unteren Ende des Anrissgebiets berechnet. Dazu wird das von Salm et al. (1990:6f) für ungefähr rechteckförmige Anrissgebiete vorgeschlagene Verfahren eingesetzt, welches die folgenden drei Parameter benötigt:
- Die mittlere Anrissmächtigkeit d_0 kann aufgrund des gebietsspezifischen Basiswert d_0^* (abhängig vom möglichen dreitägigen Neuschneezuwachs), der mittleren Neigung und der mittleren Höhe des Anrissgebiets auf einem GIS aus einem digitalen Geländemodell abgeleitet werden.

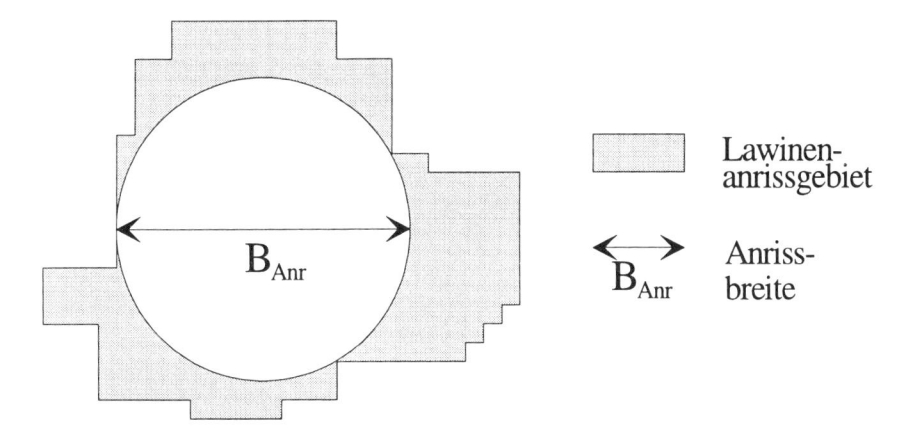

Fig. 65 Bestimmung der Breite eines Lawinenanrissgebiets (Erläuterung vgl. Text)

- Die grösste Breite im Anrissgebiet B_0 entspricht in vielen Fällen dem Durchmesser des grösstmöglichen Kreises, der ganz in ein Anrissgebiet gelegt werden kann (vgl. Fig. 65). Bei Anrissgebieten, die breiter als lang sind, kann die Anrissbreite evtl. unterschätzt werden. Nach Aussage von H. Buri von der Forstinspektion Oberland kann dies aber toleriert werden, da sich Anrissgebiete, die wesentlich breiter als lang sind, selten auf einmal entladen.
- Die Geschwindigkeit beim Austritt aus dem Anrissgebiet v_0 ist abhängig von der mittleren Anrissmächtigkeit, der mittleren Hangneigung im Anrissgebiet (vgl. oben) und den zwei Parametern ξ und μ. Für ξ wurde generell der Wert 1000 eingesetzt, wie er von Salm et al. (1990) für flächiges Gelände mit geringer Rauhigkeit empfohlen wird. μ ist abhängig von der Kubatur der Lawine und wird deshalb in Abhängigkeit von der Lawinenbreite bestimmt. Lawinen unter 150 m Breite (entspricht einer Anrisskubatur von ca. 25'000 m^3) wurden im Berner Oberland mit einem μ von 0.3 berechnet, solche mit einer grösseren Anrissbreite mit einem μ von 0.2 bzw. bei hochgelegenen Auslaufgebieten (Punkt P über 1300 m ü. M.) mit 0.155.

Mit diesen drei Parametern kann die Durchflussmenge Q am unteren Ende des Anrissgebiets mit folgender Formel bestimmt werden:

$$Q = B_0 \, d_0 \, v_0$$

Die so bestimmte Durchflussmenge wird bei der Berechnung der Auslaufstrecke wieder Eingang finden.

Innerhalb aller mit dem beschriebenen Modell bestimmten Lawinenanrissgebiete werden Startpunkte ausgewählt, für die mit dem Trajektorien- und Reibungsmodell die Wege und Auslaufstrecken bestimmt werden. Um eine gute Abdeckung des Gebiets zu erreichen, wird ein 25 m Raster über das Untersuchungsgebiet gelegt und der Mittelpunkt jeder Zelle dieses Rasters, die in einem Lawinenanrissgebiet liegt, wird als Startpunkt für Bestimmung der möglichen Wege dieser Lawine verwendet. Einzig bei relativ grossen Lawinen mit Anrissbreiten über 75 m werden die äussersten Punkte nicht als Startpunkte verwendet, da diese oft zu seitlichen 'Ausreissern' beim Bestimmen des Weges geführt haben.

8.3 TRAJEKTORIENMODELL

Wie in Kapitel 5 erläutert, können mit dem Trajektorienmodell 'Vektorenbaum' die Wege von Prozessen zuverlässig modelliert werden, wenn diese der Fallinie folgen. Fliesslawinen folgen im grossen und ganzen der Fallinie. Gewisse seitliche Abweichungen werden jedoch beobachtet. Insbesondere können Fliesslawinen aber in engen Tälern am Gegenhang aufbranden und dabei sehr stark von der Fallinie abweichen. Auch folgen sie in sehr flachen Auslaufgebieten nicht mehr unbedingt der Fallinie, sondern halten ihre ursprüngliche Bewegungsrichtung bis zum Stillstand oder einer erneuten Versteilung bei. Damit die Auslaufgebiete von Lawinen auch in diesen Fällen zuverlässig abgegrenzt werden konnten, musste das Modell entsprechend ergänzt werden. Im folgenden sind diese Ergänzungen, sowie die für die Modellierung verwendeten Parameter kurz erläutert. Als Grundlage für die Simulation wurde ein TIN verwendet, welches aus dem gleichen Geländemodell abgeleitet wurde, wie es für die Ausscheidung der Lawinenanrissgebiete verwendet wurde.

Bei der Bearbeitung wurden das Trajektorienmodell 'Vektorenbaum' und das weiter unten erläuterte Reibungsmodell nach Salm et al. (1990) in einem einzigen Modell kombiniert. Am Ende jedes Vektors wird mit dem weiter unten erläuterten Reibungsmodell überprüft, ob das Ende der Auslaufstrecke erreicht ist oder nicht. Ist das Ende der Auslaufstrecke erreicht, ist dieser Vektorenzug abgeschlossen, und der nächste wird bearbeitet. Wird dieses Verfahren für alle Startpunkte in einem Anrissgebiet durchgeführt entsteht eine Schar von Vektorenzügen, die alle aufgrund der Simulation zu erwartenden Bahnen von Lawinen aus diesem Anrissgebiet darstellen (vgl. Fig. 72). Der gesamte von diesen Vektorenzügen berührte Raum bildet somit den simulierten Prozessraum dieser Lawine und entspricht dem gesuchten Gefahrengebiet.

8.3.1 SEITLICHE ABWEICHUNGEN VON DER FLIESSRICHTUNG

Das seitliche Abweichen von Lawinen von der Fliessrichtung kann mit dem in Kap. 5 beschriebenen Verfahren erfasst werden. Dabei werden je Startpunkt nicht nur einer sondern drei Vektorenzüge bestimmt, wobei einer der Fliessrichtung folgt und die zwei anderen mit einer bestimmten Abweichung von der Fliessrichtung gezogen werden. Für das Erstellen von Gefahrenhinweiskarten für Lawinen bewährten sich seitliche Abweichungen von + bzw. - 5° von der Fliessrichtung für die zwei zusätzlichen Vektorenzüge.

Schwemmkegel werden von Lawinen oft in ihrer ganzen Ausdehnung erfasst. Kleinere Wälle und Rinnen, die den Abfluss z.B. eines Wildbaches zu kanalisieren vermögen, haben auf Grosslawinen keinen oder nur einen sehr kleinen Einfluss. Zudem kann die Topographie im Winter nach starken Schneefällen evtl. kombiniert mit Windverfrachtungen stark geglättet sein. Um unter diesen Umständen ein realistisches Bild zu erhalten, mussten die einzelnen Vektorenzüge am Kegelhals relativ stark aufgefächert werden. Das verwendete Verfahren entspricht dem in Kap. 5 beschriebenen. Die sechs zusätzlichen Vektorenzüge wurden dabei mit seitlichen Abweichungen von +- 5°, +-10° bzw. +- 15° von der Fliessrichtung gezogen.

8.3.2 VERHALTEN IN FLACHEN AUSLAUFGEBIETEN

Ein Vektorenzug besteht aus zahlreichen aneinander gehängten Vektoren. Normalerweise werden diese Vektoren parallel zur Fliessrichtung des Dreiecks gezogen, in dem sie liegen. Immer, wenn ein Vektor bis zu einer Dreieckskante gezogen wurde, wird die Exposition des nachfolgenden Dreiecks bestimmt, und der nächste Vektor parallel zu dieser neuen Fliessrichtung gezogen. Fällt nun aber das Gefälle unter eine bestimmte Schwelle, entspricht diese neue Fallinie nicht mehr unbedingt der Bewegungsrichtung der Lawine, da die Lawine ihre Richtung beibehält und mehr oder weniger geradeaus weiter fliesst. Entsprechend wird bei der Simulation der Wege der Lawinen bei jeder Dreieckskante überprüft, ob das nachfolgende Dreieck flacher als der Schwellenwert ist oder nicht. Ist das Dreieck flacher als der Schwellwert, werden die nachfolgenden Vektoren so lange parallel zur Fliessrichtung des letzten Dreiecks gezogen, das steiler als der Schwellwert war, bis die Lawine zum Stillstand kommt, oder ein neues Dreieck kommt, dessen Neigung über dem Schwellenwert liegt (vgl. Fig. 66). Bei der Simulation der Gefahrenhinweiskarten hat sich ein Schwellenwert von 5° bewährt.

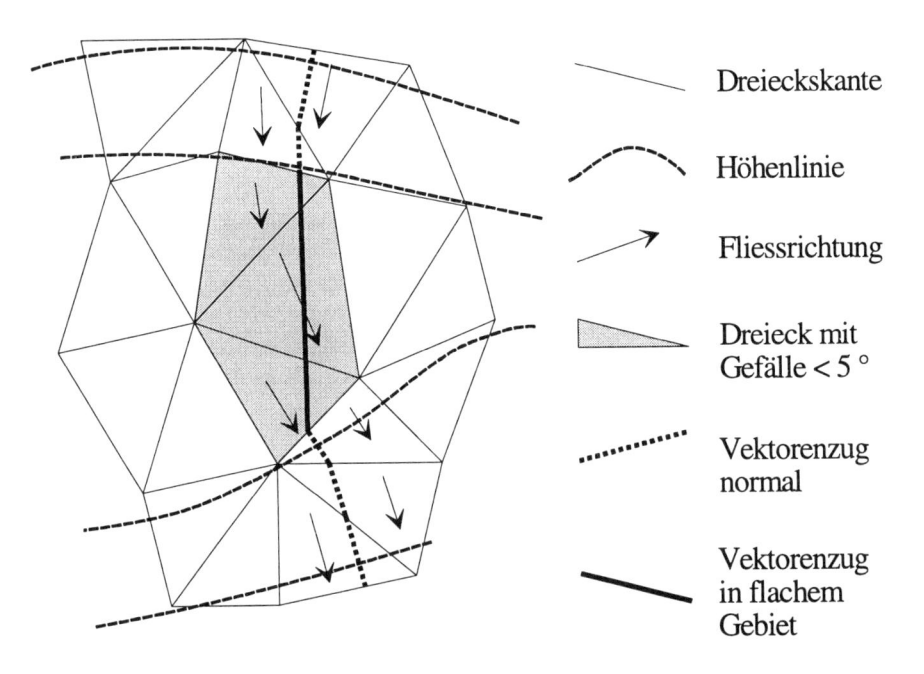

Fig. 66 Bestimmen des Weges einer Lawine in einem flachen Auslaufgebiet. Bei einem Gefälle unter 5° wird die bisherige Richtung beibehalten. (schematische Skizze)

8 Gefahrenhinweiskarten für Fliesslawinen   159

8.3.3 AUFLAUFEN AM GEGENHANG

Das Auflaufen kann grundsätzlich analog dem oben beschriebenen Verfahren simuliert werden, indem immer dann, wenn eine Lawine am Gegenhang aufläuft, die Bewegungsrichtung der Lawine beibehalten wird. D.h. die Vektoren werden so lange parallel zur Fliessrichtung des letzten abwärts geneigten Dreiecks gezogen, bis die Lawine zum Stillstand kommt. Heikel ist es aber festzulegen, wann eine Lawine am Gegenhang auflaufen soll, bzw. wann dieser Hang eine seitliche Ablenkung der Lawine bewirkt. Mit dem Auflaufen am Gegenhang muss immer dann gerechnet werden, wenn ein Vektorenzug auf eine konkave Kante[1] trifft, oder wenn er in einer Senke landet.

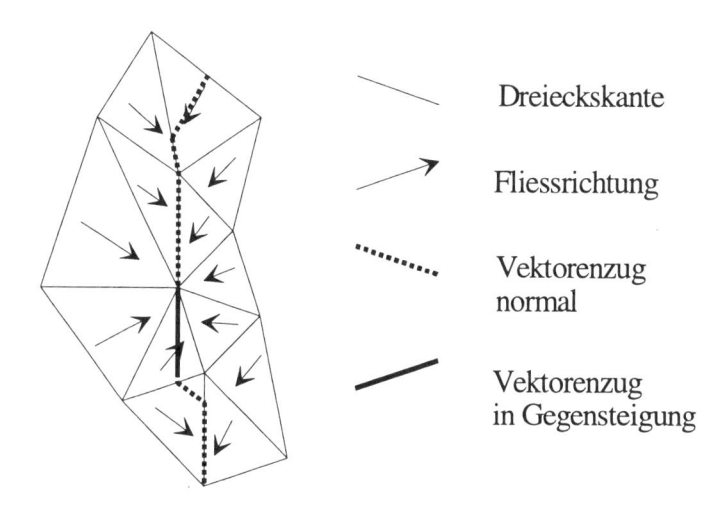

Fig. 67   Verhalten des Modells in einer Senke. Der Vektorenzug wird mit der Richtung der letzten Kante in der Gegensteigung fortgesetzt.

Aus einer Senke führt kein Fliessweg mehr hinaus. Deshalb wird immer, wenn eine Senke erreicht wird, der Vektorenzug so lange parallel zur Richtung der letzten in Bewegungsrichtung geneigten Kante (eine Senke kann nur über eine konkave Kante erreicht werden) fortgesetzt, bis die Lawine zum Stillstand kommt. Senken sind in der Natur relativ selten, in digitalen Geländemodellen aber relativ häufig. Die meisten Senken in Geländemodellen entstehen entlang von Gerinnen, wo die Rasterstruktur das Gerinne nur ungenügend abbilden kann (vgl. Hegg, 1991: 16). Trifft ein Vektorenzug auf eine solche Senke, reicht es meist, wenn die Richtung für ein oder

---

[1] Als konkave Kanten werden Dreieckskanten bezeichnet, bei denen beide anschliessenden Dreiecke zur Kante hin geneigt sind. Für genauere Erläuterungen zum Begriff der konkaven Kanten und zu ihrer Behandlung im Modell 'Vektorenbaum' vgl. Kap. 5

zwei Dreiecke bzw. Kanten beibehalten wird. Dann folgen wieder Dreiecke, die in der Bewegungsrichtung der Lawine geneigt sind (vgl. Fig. 67), und mit dem Aufbau des Vektorenzuges kann normal fortgefahren werden.

Trifft ein Vektorenzug auf eine konkave Kante, kann für den weiteren Aufbau entweder der konkaven Kante gefolgt werden, oder es wird die bisherige Bewegungsrichtung beibehalten und die Lawine läuft am Gegenhang auf. Welche der zwei Möglichkeiten zutrifft, hängt zahlreichen Faktoren ab. Wichtig sind dabei vor allem der Winkel zwischen der Bewegungsrichtung der Lawine und der Exposition des Gegenhanges, die Neigung der konkaven Kante, die Neigung des Gegenhanges und die Geschwindigkeit der Lawine. Ein genaues Beurteilen dieser Frage setzt ein voll dynamisches dreidimensionales Verfahren voraus, wie es im Ausblick in Kap. 0 skizziert ist. Für die Bearbeitung im Rahmen des Modells Vektorenbaum wurden einige Regeln aufgestellt, die entscheiden, wann eine Lawine die Bewegungsrichtung beibehalten soll und wann nicht.

Im hier beschriebenen Modell werden die folgenden zwei Parameter berücksichtigt:
- Winkel α zwischen Bewegungsrichtung der Lawine und Exposition des Gegenhanges (vgl. Fig. 68)
- sowie Neigung des Gegenhanges.

Die ablenkende Wirkung des Gegenhanges ist um so grösser, je grösser der Winkel α ist, und je grösser die Neigung des Gegenhanges ist. Oder anders ausgedrückt: Je steiler der Gegenhang ist, um so spitzer muss der Winkel α sein, damit die Lawine am Gegenhang aufläuft. Diese einfache Regel wurde mit Hilfe der in Tab. 6 zusammengestellten Schwellenwerten umgesetzt. Die einzelnen Schwellenwerte wurden anhand von zahlreichen simulierten Lawinen optimiert. Ist der Winkel α grösser als 90°, ist die Fläche von der Bewegungsrichtung der Lawine weg geneigt, und das normale Verfahren gelangt zur Anwendung.

Winkel α	Auflaufen, wenn Neigung Gegenhang
< 90°	< 10°
< 60°	< 20°
< 45°	immer

Tab. 6   Regeln für die Bestimmung, ob eine Lawine am Gegenhang auflaufen soll oder nicht.

Die beim Auflaufen verwendete Fliessrichtung wird so lange beibehalten, bis die Lawine zum Stillstand kommt, oder bis ein Vektor in eine Fläche zu liegen kommt, welche die Bedingungen für ein Auflaufen nicht mehr erfüllt (vgl. Fig. 67). Tritt dies ein, wird wieder mit dem normalen Aufbau des Vektorenzuges weitergefahren. D.h. trifft die Lawine auf eine Fläche, die in ihrer Bewegungsrichtung geneigt ist, folgt sie dieser. Ist die Fläche nicht in der Bewegungsrichtung geneigt und erfüllt die Bedingungen für ein Auflaufen nicht, fliesst die Lawine in das Tal zurück, aus dem sie gekommen ist, wobei das normale Verfahren zur Bestimmung der Bewegungsrichtung der Lawine verwendet wird.

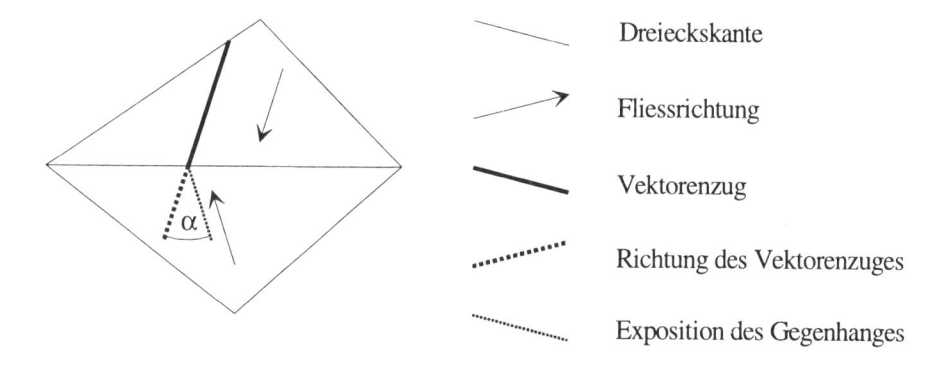

Fig. 68   Der Winkel α zwischen der Bewegungsrichtung der Lawine und der Exposition des Gegenhanges.

Mit dem in der beschriebenen Weise ergänzten Modell 'Vektorenbaum' konnten die Wege von Fliesslawinen in vielen Fällen zuverlässig bestimmt werden. An Grenzen stösst das Modell aber dort, wo grössere Abweichungen von der Fliessrichtung möglich werden. Auf einige Beispiele für die Grenzen des Modells und über Möglichkeiten, über diese Grenzen hinauszugelangen, wird in Kapitel 8.5 und im Ausblick eingegangen.

8.4 REIBUNGSMODELL

Mit dem Reibungsmodell wird ermittelt, wann eine Lawine entlang der mit dem oben beschriebenen Trajektorienmodell bestimmten Wege zum Stillstand kommt. Wie bereits erwähnt kommt dabei das in der Schweiz am häufigsten verwendete Verfahren nach Salm et al. (1990) zum Einsatz, wobei nur das Verfahren für Flächenlawinen verwendet wird (Kap. 8.1.3).

Das Verfahren zum Bestimmen der Auslaufstrecke einer Flächenlawine nach Salm et al. 1990 lässt sich in drei Teilschritte unterteilen:
1. Bestimmen des Punktes P
2. Bestimmen der Übergangsstrecke oberhalb von P und berechnen von Geschwindigkeit und Fliesshöhe der Lawine in diesem Punkt.
3. Berechnen der Auslaufstrecke

Im folgenden werden für diese drei Teile nacheinander das grundsätzliche Vorgehen bei der Simulation auf dem Computer sowie die Bestimmung der dabei benötigten

Parameter erläutert. Für einige dieser Parameter haben Salm et al. (1990) aufgrund von Erfahrungswerten Regeln aufgestellt, die eine Ableitung aus anderen Informationen erlauben. Für verschiedene Parameter fehlen aber solche Regeln. Sie müssen vom bearbeitenden Lawinenspezialisten gutachterlich festgelegt werden. Zur Bestimmung dieser Parameter im Simulationsmodell wurden, in Absprache mit dem Lawinendienst der Forstinspektion Oberland, einfache computergängige Regeln aufgestellt.

8.4.1 BESTIMMEN DES PUNKTES P

Im Punkt P beginnt die verzögerte Bewegung der Lawine. Gemäss der Definition in Salm et al. (1990:9) liegt dieser Punkt dort, wo das Gefälle der Sturzbahn der Lawine unter die Schwelle von arctan(μ)[2] fällt (vgl. Fig. 69 linke Figur). Während des Aufbaus eines Vektorenzuges wird deshalb immer die Neigung eines jeden Vektors bestimmt. Liegt sie unter dem Schwellenwert, wird der Punkt am Anfang des bearbeiteten Vektors als Punkt P bezeichnet und mit dem im nächsten Kapitel beschriebenen Verfahren die Geschwindigkeit und Fliesshöhe der Lawine bestimmt.

Mit diesen zwei Parametern wird dann wie in Kap. 8.4.3 beschrieben die Auslaufstrecke s bestimmt. Steigt dabei das mittlere Gefälle der Auslaufstrecke wieder über die Schwelle von arctan(μ), wird der gefundene Punkt P verworfen, und weiter unten ein neuer Beginn der Auslaufstrecke gesucht (Fig. 69 rechte Figur). Derartige 'falsche' Punkte P treten z.B. bei kleinen Verflachungen in der Lawinenbahn oder wegen Unregelmässigkeiten im Geländemodell auf.

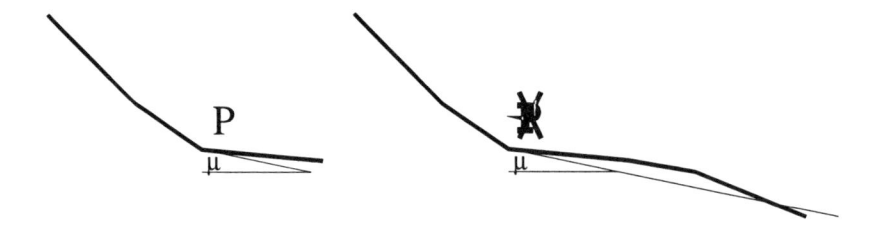

Fig. 69 Das Bestimmen (linke Figur) und Verwerfen (rechte Figur) eines Punktes P (Erläuterungen vgl. Text).

---

[2] Die Bestimmung von μ wurde schon in Kap. 8.2.2 erläutert.

8 Gefahrenhinweiskarten für Fliesslawinen

8.4.2 BESTIMMEN DER GESCHWINDIGKEIT UND FLIESSHÖHE IM PUNKT P

Geschwindigkeit und Fliesshöhe im Punkt P können für Fliesslawinen mit den Formeln 13 und 14 in Salm et al. (1990) berechnet werden. Dabei müssen folgende Parameter eingesetzt werden:
- Durchflussmenge Q der Lawine in m³/s (vgl. Kap. 8.2.2)
- Reibungskoeffizient µ (vgl. Kap. 8.2.2)
- Faktor der turbulenten Reibung ξ
- Massgebende Sturzbahnneigung der Übergangsstrecke oberhalb P ψ_p
- Breite der Lawine im Punkt P B_p

Von diesen fünf Parametern sind zwei (Q und µ) von der Ausscheidung der Lawinenanrissgebiete her bekannt, die anderen drei müssen bestimmt werden. In den folgenden drei Kapiteln werden die Verfahren beschrieben, die bei der Simulation zum Bestimmen dieser Parameter verwendet werden.

Bestimmen von ξ

ξ hängt vor allem von der Geometrie der Sturzbahn der Lawine ab. Zu berücksichtigen sind dabei die Rauhigkeit der Oberfläche, die Kanalisierung sowie, ob die Lawine durch Wald fliesst oder nicht (vgl. Salm et al. 1990:16). Da für die Simulation keine Angaben zur Rauhigkeit der Oberfläche zur Verfügung stehen, wird einzig zwischen Lawinen im Wald und solchen ausserhalb des Waldes unterschieden. Für das zu verwendende ζ im Punkt P ist es entscheidend, ob die Übergangsstrecke mehrheitlich im Wald liegt oder nicht. Liegen mehr als 50% der Übergangsstrecke im Wald wird das ξ für Wald, andernfalls das für offenes Gelände verwendet (vgl. Tab. 7).

ξ [m/s²]	Verhältnisse
400	Lawine durch einen in der LK 1:25'000 eingetragenen Wald (Waldmaske) fliessend
1000	Lawine nicht durch Wald fliessend

Tab. 7   Verwendete Werte für ξ

Berechnen der massgebenden Sturzbahnneigung

Die massgebende Sturzbahnneigung oberhalb von P bestimmt wesentlich die Geschwindigkeit der Lawine im Punkt P. In Salm et al. (1990:12-13) ist das Verfahren zum Bestimmen dieses Gefälles detailliert beschrieben. Die massgebende Sturzbahnneigung wird über eine Übergangsstrecke bestimmt, deren Länge in einer Iteration festgelegt werden muss. Diese Übergangsstrecke wird unmittelbar oberhalb von P begonnen, wenn P in einem deutlichen Geländeknick liegt. Andernfalls wird zuerst so lange aufwärts gesucht, bis ein Gefällsknick gefunden wird, und die Übergangsstrecke wird oberhalb diesem sogenannten Punkt A bestimmt. Bei der Simulation wird der Punkt A dort festgelegt, wo die Neigung des Vektorenzuges steiler als arctan(μ)+3,5° wird. Bei der Iteration werden keine Parameter benötigt, die nicht aus dem Geländemodell ableitbar sind, oder die sonst aufgrund von vorgegebenen Regeln bestimmbar sind. Das in der Computersimulation verwendete Verfahren folgt deshalb genau der Anleitung von Salm et al. (1990).

Bestimmen der Lawinenbreite im Punkt P
Beim Verfahren nach Salm et al. (1990) muss die Breite der Lawine im Punkt P vom Bearbeiter gutachterlich festgelegt werden. Dies ist bei einer vollautomatischen Simulation auf dem Computer nicht möglich. Deshalb mussten Regeln aufgestellt werden, die es erlauben, die Lawinenbreite aus anderen verfügbaren Informationen abzuleiten.

Die im Punkt P zu erwartende Lawinenbreite B_P hängt vor allem ab von der Kanalisierung im Verlaufe der Lawinenbahn und von der Durchflussmenge Q. In vielen Fällen besteht ein gewisses Verhältnis zwischen der Breite der Lawine im Anrissgebiet und der Breite im Punkt P. Tendenziell werden grössere Lawinen stärker eingeengt als kleinere. Deshalb wurden gemeinsam mit dem Lawinendienst der Forstinspektion Oberland die in Tab. 8 dargestellten Regeln aufgestellt, die ein Ableiten der Breite im Punkt P aufgrund der Anrissbreite erlauben. Diese Regeln bilden aber nur eine erste Näherung. Problematisch sind i. Bes. starke Einengungen welche bis zu Runsenlawinen führen können, die mit diesem Verfahren nicht erfasst werden. In solchen Fällen muss damit gerechnet werden, dass für einzelne Lawinen zu kurze Auslaufstrecken berechnet werden.

Breite im Anrissgebiet B_{Anr}	Lawinenbreite im Punkt P B_P
< 100 m	$B_P = 1.0 * B_{Anr}$
100 - 300 m	$B_P = 0.7 * B_{Anr}$
300 - 500 m	$B_P = 0.4 * B_{Anr}$
> 500 m	$B_P = 0.3 * B_{Anr}$

Tab. 8   Bei der Simulation der Gefahrenhinweiskarte für Lawinen verwendete Regeln zum Bestimmen der Breite der Lawine im Punkt P B_P aufgrund der Anrissbreite B_{Anr}.

Werden die Regeln aus Tab. 8 auf Lawinen angewendet, die ohne jede Einengung ins Auslaufgebiet gelangen, wird B_P unter- und damit die Reichweite überschätzt. Dieser potentielle Fehler wird aber dadurch vermieden, dass Hänge, die ohne jede Einengung ins Auslaufgebiet übergehen, bei der Unterteilung in Einzugsgebiete für Lawinen (vgl. Kap. 8.2.1) nicht zu einem einzigen Einzugsgebiet zusammengefasst, sondern in mehrere schmale nebeneinanderliegende Einzugsgebiete unterteilt werden (streifige Bereiche in Fig. 63). Für jeden dieser Streifen wird die Anrissbreite separat berechnet. Und da diese meist unter 100 m liegt, wird beim Berechnen der

8 Gefahrenhinweiskarten für Fliesslawinen 165

Geschwindigkeit und der Fliesshöhe im Punkt P richtigerweise keine Einengung der Lawine berücksichtigt.

8.4.3 BERECHNEN DER AUSLAUFSTRECKE

Sind all diese Informationen und das mittlere Gefälle des Auslaufgebiets bekannt, kann die Länge der Auslaufstrecke s mit den Formeln 19 - 21 von Salm et al. (1990: 14-15) berechnet werden. Das Gefälle des Auslaufgebiets wird beim konventionellen Verfahren für eine geschätzte Auslauflänge aus der Karte bestimmt. Für die Computersimulation wurde das Verfahren wie folgt angepasst (vgl. Fig. 70): Unterhalb des Punktes P wird der Vektorenzug weiter aufgebaut wie vorher. Am Ende jedes Vektors in der Auslaufstrecke wird das Gefälle vom Punkt P zum aktuellen Endpunkt des Vektorenzuges (Punkt 1 in Fig. 70) bestimmt. Mit diesem Gefälle wird dann die entsprechende Länge der Auslaufstrecke s1 berechnet. Ist diese länger, als die seit dem Punkt P zurückgelegte Strecke, ist das Ende der Auslaufstrecke noch nicht erreicht, und der Vektorenzug wird weiter aufgebaut. Ist dagegen die berechnete Auslaufstrecke kürzer als die zurückgelegte Strecke, liegt der Endpunkt der Auslaufstrecke auf dem zuletzt bestimmten Vektor (Punkt 2 in Fig. 70). Da gerade in flachen Auslaufgebieten die Dreiecke des TIN's sehr gross sein können und dies entsprechend lange Vektoren zur Folge hat, kann der so bestimmte Punkt weit hinter dem Endpunkt der Auslaufstrecke liegen. Deshalb wird der letzte Vektor in einzelne ca. 10 m lange Vektoren unterteilt. Für die Endpunkte dieser kleinen Vektoren wird dann gleich wie die Endpunkte der bis anhin bestimmten Vektoren die Auslaufstrecke s bestimmt. Dabei wird mit dem hintersten Endpunkt begonnen und so lange von Punkt zu Punkt weiter gegangen, bis die seit dem Punkt P zurückgelegte Strecke etwas grösser ist, als die berechnete Auslaufstrecke (Punkt 2 in Fig. 70), oder bis das Ende des ursprünglichen Vektors erreicht ist. Dieser Punkt gilt dann als Endpunkt der Auslaufstrecke.

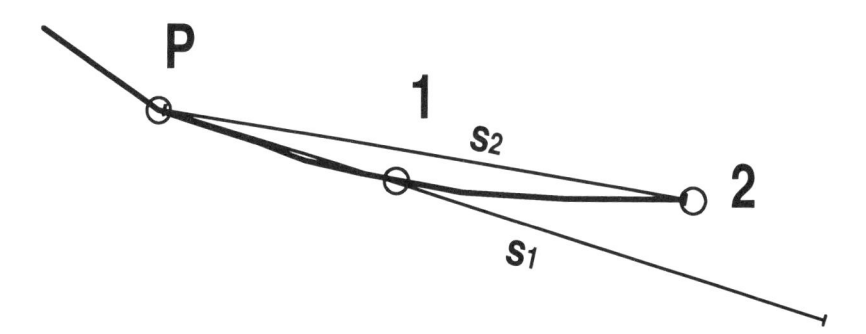

Fig. 70   Das Bestimmen des Endpunktes der Auslaufstrecke einer Lawine. (Erläuterung vgl. Text)

8.5 MODELLVERIFIKATION

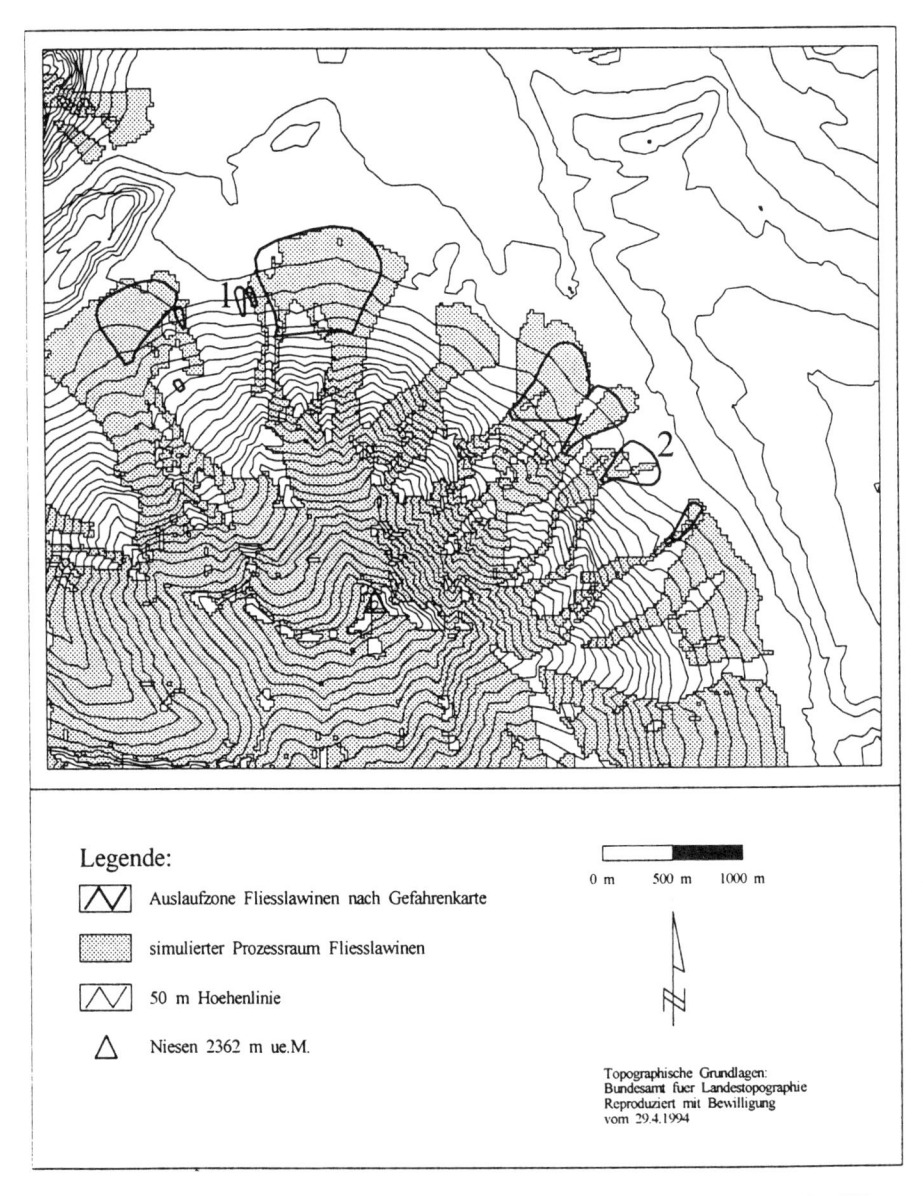

Fig. 71 Vergleich der Gefahrenkarte mit dem simulierten Prozessraum für Fliesslawinen im Gebiet Niesen - Wimmis (Berner Oberland).

Zur Verifikation des Modells wurden die simulierten Gefahrengebiete zuerst einer optischen Verifikation unterzogen. Dabei wurde vor allem überprüft, ob alle simulierten Wege von Lawinen plausibel sind. In einem zweiten Schritt werden die Simulationsresultate mit dem Gefahrenkataster und, wo vorhanden, mit Gefahrenkarten verglichen. Ein Beispiel für den Vergleich zwischen einer Gefahrenkarte und dem simulierten Prozessraum für Fliesslawinen zeigt Fig. 71.

Für die Verifikation wurden folgende Kriterien verwendet: Grundsätzlich sollte in der simulierten Hinweiskarte jede Lawine enthalten sein, die im Kataster verzeichnet ist. Die berechneten Auslaufstrecken sollten in der Regel eine grössere Auslaufdistanz anzeigen, als die Katasterlawine, da es sich bei letzteren meist nicht um eine 300-jährliche Lawinen handelt. Die in der Simulation berechneten Auslaufstrecken sollten aber in der Nähe der in Gefahrenkarten eingetragenen Grenze der blauen Zone liegen. Abweichungen werden nur dann toleriert, wenn bei der Bestimmung der Gefahrenzone in der Gefahrenkarte zusätzliche Informationen verwendet wurden, die im Simulationsmodell nicht berücksichtigt werden können. Ein Beispiel dafür sind Lawinen, die in ein Siedlungsgebiet hineinreichen. Hier wird beim Erstellen einer Gefahrenkarte die zusätzliche Bremswirkung der Häuser berücksichtigt, was im Simulationsmodell anhand der verfügbaren Informationen nicht möglich ist. In solchen Fällen weist die simulierte Gefahrenhinweiskarte wesentlich grössere Teile einer Siedlung dem lawinengefährdeten Gebiet zu, als dies in der Gefahrenkarte der Fall ist.

Beim Vergleich der simulierten Gefahrenhinweiskarte mit Gefahrenkarten und Katastern ist zudem zu berücksichtigen, dass auch letztere nicht in jedem Fall die absolute Wahrheit darstellen. Dass der Kataster nicht die gleiche Information enthält, wie eine Gefahrenkarte bzw. -hinweiskarte, wurde schon erwähnt. Die Anleitung zur Berechnung von Fliesslawinen nach Salm et al. (1990) enthält nur selten starre Regeln, sondern vielmehr Leitlinien, die von einem Experten an die lokalen Bedingungen angepasst werden müssen. Dabei besteht durchaus ein gewisser, allerdings nicht sehr grosser, Spielraum. Es ist deshalb nicht zu erwarten, dass die simulierte Gefahrenhinweiskarte genau mit der Gefahrenkarte übereinstimmen wird.

Der Vergleich der simulierten Gefahrenhinweiskarte und der Gefahrenkarte für das Gebiet Niesen - Wimmis in Fig. 71 eignet sich sehr gut, die Vorteile und Grenzen der Simulation auf dem Computer aufzuzeigen. Besonders fallen dabei die folgenden Punkte auf:
- Die simulierte Gefahrenhinweiskarte umfasst wesentlich mehr Lawinen, als die Gefahrenkarte. Sie gibt somit für eine grössere Fläche eine Auskunft über die Lawinensituation als die Gefahrenkarte, obwohl der Aufwand ungleich viel kleiner war als bei der Gefahrenkarte.
- Die mit dem Simulationsmodell berechneten Auslaufzonen liegen immer in der Nähe der Auslaufzonen, die für die konventionelle Gefahrenkarte ermittelt wurden. Die Annahmen, welche die Auslaufberechnung betreffen (Bestimmung

von Q, Bestimmen von B_p, usw.) führen bei 'normalen' Lawinen, wie sie rund um den Niesen vorkommen, zu guten Resultaten.
- Zwei kleine Lawinen bei der Nr. 1 in Fig. 71 sind in der Hinweiskarte nicht verzeichnet. Die Anrissgebiete dieser Lawinen liegen in steilen Runsen, wo in der Landeskarte 1:25'000 geschlossener Wald eingetragen ist. Sie werden deshalb nicht als solche erkannt.
- Die seitliche Ausdehnung der Lawinenauslaufgebiete stimmt in der Regel recht gut überein. Dort wo erhebliche Abweichungen auftreten, lassen sie sich darauf zurückführen, dass bei der Erstellung der konventionellen Gefahrenkarte Informationen berücksichtigt wurden, die nicht aus den digital verfügbaren Grundlagen abgeleitet werden können und somit bei der simulierten Hinweiskarte nicht berücksichtigt werden können.

Ein typisches Beispiel dazu ist die Lawine bei der Nr. 2 in Fig. 71. Sie hat in der konventionellen Gefahrenkarte eine wesentlich grössere seitliche Ausbreitung als in der simulierten Hinweiskarte. Die Auslaufzone liegt auf einem fossilen Schwemmkegel, den der Bach heute in einer zwischen 10 und 20 m tief eingeschnittenen Rinne durchquert. Bei der Simulation der Hinweiskarte folgt die Lawine dieser Rinne und kann sich entsprechend seitlich nicht ausbreiten. Für die Erstellung der Gefahrenkarte wurde jedoch berücksichtigt, dass die Rinne durch mehrere Lawinen im gleichen Winter gefüllt werden kann. Dann folgt die Lawine nicht mehr unbedingt der Rinne, und es ist mit einer seitlichen Abweichung zu rechnen.

Die grösste Differenz zwischen simulierter Gefahrenhinweiskarte und Gefahrenkarte bzw. Kataster trat allerdings nicht im Gebiet Niesen - Wimmis auf, sondern Engstligental zwischen Frutigen und Adelboden. Dort treten vor allem auf der linken Talseite verschiedene sehr ausgeprägte Runsenlawinen auf. Für zwei davon wurden in der Hinweiskarte deutlich kürzere Auslaufstrecken berechnet als im Kataster verzeichnet sind. Um Fehler dieser Art verhindern zu können, müssten Runsenlawinen als solche gerechnet und nicht wie Flächenlawinen behandelt werden. Dies ist aber anhand der digital vorliegenden Informationen nicht möglich. Im Bereich von eng eingeschnittenen Bachtälern, wo dieser Fehler überhaupt zum tragen kommen kann, ist die Genauigkeit des Geländemodells nicht so gut, dass daraus Querprofile für die Berechnung von Runsenlawinen bestimmt werden könnten. Diese Querprofile müssen auch für die Erstellung von Gefahrenkarten oft im Gelände erfasst oder aus genaueren Karten herausgelesen werden.

Ein Geländemodell kann aber für die Simulation von Fliesslawinen auch zu genau bzw. zu unruhig sein. Bei der Bestimmung des Geländemodells für die Lawinensimulation ist insbesondere zu berücksichtigen, dass feine Geländeunebenheiten (z.B. kleine Runsen) im Winter mit Schnee ausgeglättet sind, und demzufolge keinen Einfluss auf die Lawinenbahn haben. Werden alle Unebenheiten und Runsen berücksichtigt, die in einem Hang mit sehr unruhigem Mesorelief auftreten können, ist damit zu rechnen, dass die tatsächliche im Winter zu beobachtende seitliche Ausbreitung der Lawinen unterschätzt wird, da die simulierten Vektorenzüge zu stark diesen Geländeunebenheiten folgen.

Das beschriebene Modell zur Simulation einer Gefahrenhinweiskarte für Fliesslawinen weist somit bei extremen Runsenlawinen Schwächen auf, die mit Hilfe der vorliegenden Datengrundlagen nicht ausgemerzt werden können. Dieser Fehler kann allerdings in Anbetracht des relativ kleinen Anteils von extremen Runsenlawinen an der Gesamtzahl der Lawinen für eine Hinweiskarte in Kauf genommen werden. Dies insbesondere auch deshalb, weil das in seinem Einsatz wenig aufwendige Simulationsmodell in Gebieten Informationen zur Lawinensituation ermöglicht, die sonst aus Kostengründen nie bearbeitet werden können. Das Verfahren darf aber nicht direkt für die Erstellung einer Gefahrenkarte verwendet werden, wo solche Fehler auf keinen Fall toleriert werden können. Es erscheint zudem sinnvoll, in der Hinweiskarte nicht nur die simulierten Lawinen einzutragen, sondern auch den Gefahrenkataster zu berücksichtigen. Dadurch wird ein Bearbeiter deutlicher auf mögliche Fehler hingewiesen, als dies der Fall ist, wenn nur die Simulation vorliegt. Im Kataster sind zudem evtl. Staublawinen berücksichtigt, die mit dem Voellmy-Salm Modell nicht berechnet werden können.

8.6 EINSATZMÖGLICHKEITEN DES MODELLS

Das in den vorangehenden Kapiteln beschriebene Modell zur flächendeckenden Simulation von Fliesslawinen kann je nachdem, wie die Resultate dargestellt werden, für verschiedene Zwecke verwendet werden. Die einfachste Anwendung ist die Vektorenkarte, in welcher direkt die berechneten Vektorenzüge dargestellt werden. Für viele Fragen ist diese Darstellungsart aber eher verwirrlich und eine flächige Karte der Prozessräume von Lawinen ist hilfreicher. Diese Karte kann dann mit verschiedenen anderen Informationsebenen verknüpft, oder zur Ausscheidung von Waldflächen mit besonderer Schutzfunktion verwendet werden.

8.6.1 VEKTORENKARTE
Ein Beispiel für eine Vektorenkarte ist in Fig. 72 zu sehen. Bei der Vektorenkarte handelt es sich um die unmittelbarste Darstellung der Modellresultate. Sie eignete sich deshalb auch hervorragend zum Herausfiltern von Problemen mit einzelnen Modellteilen und zur detaillierten Validierung der Resultate. Wenig hilfreich ist sie aber für einen raschen Überblick, da die einzelnen Linien z.T. eher verwirrend wirken und in einzelnen 'passages obligées' für Lawinen können die Linien so dicht aufeinander zu liegen kommen, dass die Topographie völlig verdeckt wird. An solchen Stellen können die einzelnen Vektoren auch nicht mehr durchgehend

verfolgt werden. Deshalb wurde versucht, die Modellresultate nicht nur als Vektorenkarte sondern auch als flächige Polygon- bzw. Rasterkarte darzustellen.

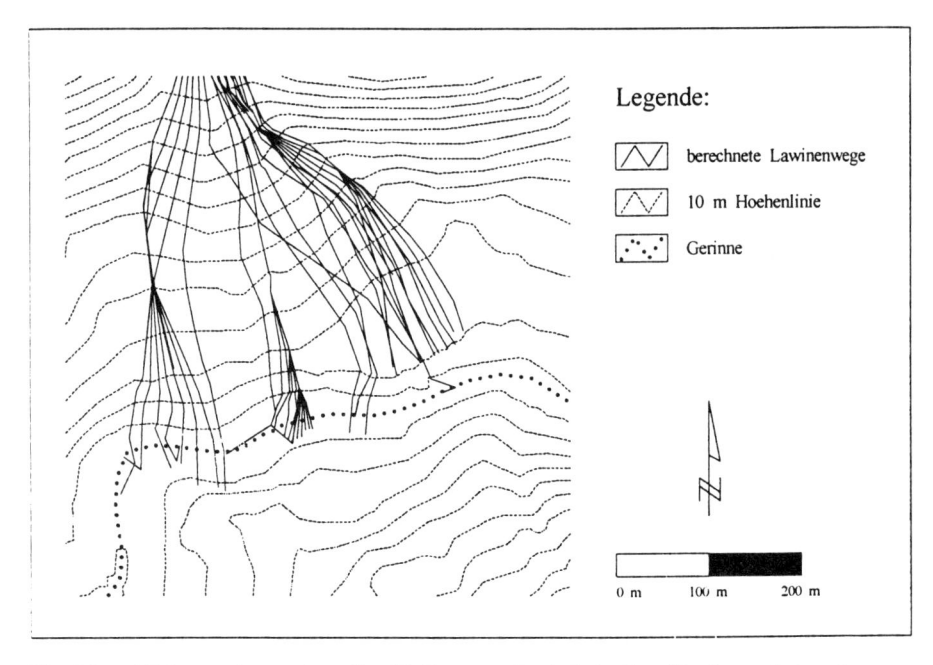

Fig. 72   Vektorenkarte für die Kalberwangloui bei Gündlischwand im Berner Oberland.

In der Anwendung bildet die Vektorenkarte eine ideale Grundlage für das Erstellen einer Gefahrenkarte. Die mit dem Modell berechneten Lawinenbahnen geben einen ersten Anhaltspunkt über das Verhalten der Lawine. Diese Simulationsergebnisse können dann im Feld relativ einfach überprüft und wo nötig korrigiert werden. So können unrealistische Vektorenzüge eliminiert und fehlende ergänzt werden. Es ist sinnvoll, dabei nebst den einzelnen Vektorenzügen auch die Umrisse der Anrissgebiete zu überprüfen, damit evtl. auch diese und damit die Anrisskubatur aufgrund der Erkenntnisse im Feld angepasst werden können.

8.6.2 KARTE DER PROZESSRÄUME

Wie erwähnt ist die Vektorenkarte wenig hilfreich, wenn es darum geht, auf einen Blick zu erkennen, welche Flächen in einem Gebiet von Lawinen bedroht werden können und welche nicht. Zu diesem Zweck sind aus den einzelnen Vektorenzügen zusammenhängende Flächen zu generieren.

Viele Informationen, die mit den Prozessräumen einer Lawine zu überlagern sind, liegen als Rasterdaten vor. Es war deshalb naheliegend, auch die Prozessräume der

8 Gefahrenhinweiskarten für Fliesslawinen   171

Lawine als Raster darzustellen. D.h. diejenigen Rasterzellen, die von der bearbeiteten Lawine gefährdet sind, sollten von 'sicheren' Zellen unterschieden werden. Dazu wurde das Trajektorienmodell so umgebaut, dass alle Rasterzellen, die im Pfad der Lawine liegen, effektiv auch von einem Vektorenzug berührt werden.

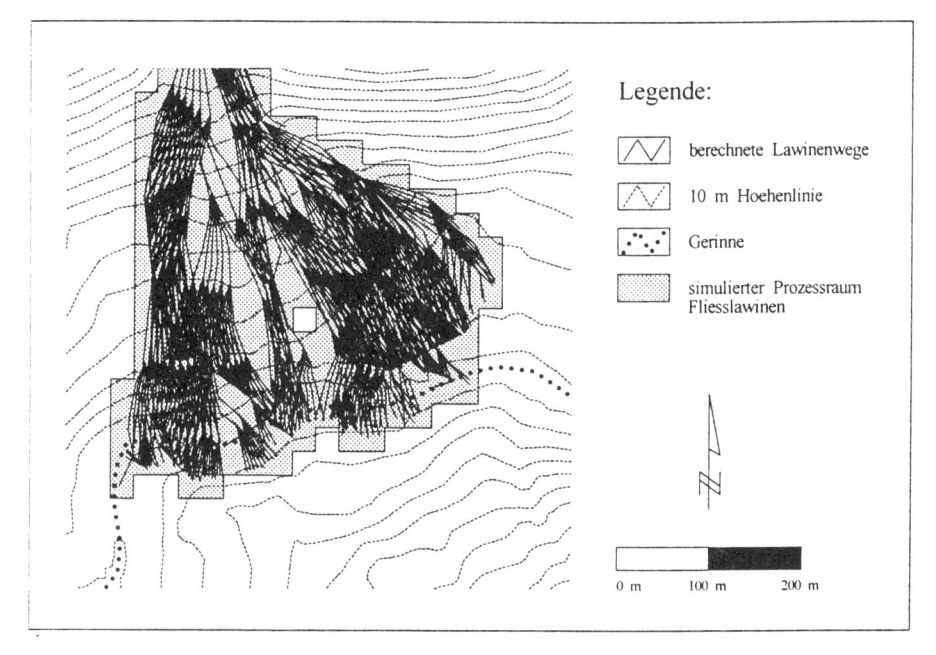

Fig. 73 Resultat der Berechnung der verdichteten Vektorenzüge für das Auslaufgebiet der Kalberwangloui bei Gündlischwand im Berner Oberland.

Beim bisher verwendeten Verfahren, werden nur am Startpunkt eines Vektorenzuges und am Ende von konkaven Kanten mehrere Vektorenzüge begonnen. Diese Vektorenzüge werden mit einer gegenseitigen Abweichung von je 5° gezogen, und entfernen sich entsprechend immer weiter voneinander (vgl. Fig. 73). Dabei können relativ grosse Lücken zwischen den einzelnen Vektorenzügen entstehen, für die nicht klar ist, ob sie von der Lawine ebenfalls bestrichen werden können oder nicht. Um sicherzustellen, dass diese Lücken mit Vektorenzügen gefüllt sind, wenn sie von der Lawine bestrichen werden können, wurde die Zahl der Aufteilungen in mehrere nachfolgende Vektorenzüge wesentlich erhöht. D.h. eine Aufteilung in mehrere Nachfolgevektorenzüge erfolgt nicht mehr nur am Ende einer konkaven Kante, sondern zusätzlich immer dann, wenn aufgrund der seit der letzten Aufteilung zurückgelegten Distanz anzunehmen war, dass sich zwei Vektorenzüge beinahe um die Breite einer Rasterzelle voneinander entfernt haben (vgl. Fig. 73). Da auf diese Weise sehr dichte Felder von Vektorenzügen entstehen können, wurde das Modell zusätzlich dahingehend ergänzt, dass der Aufbau eines Vektorenzuges beendet wird, wenn er näher als 5 m an einen schon berechneten parallelen Vektorenzug zu liegen kommt.

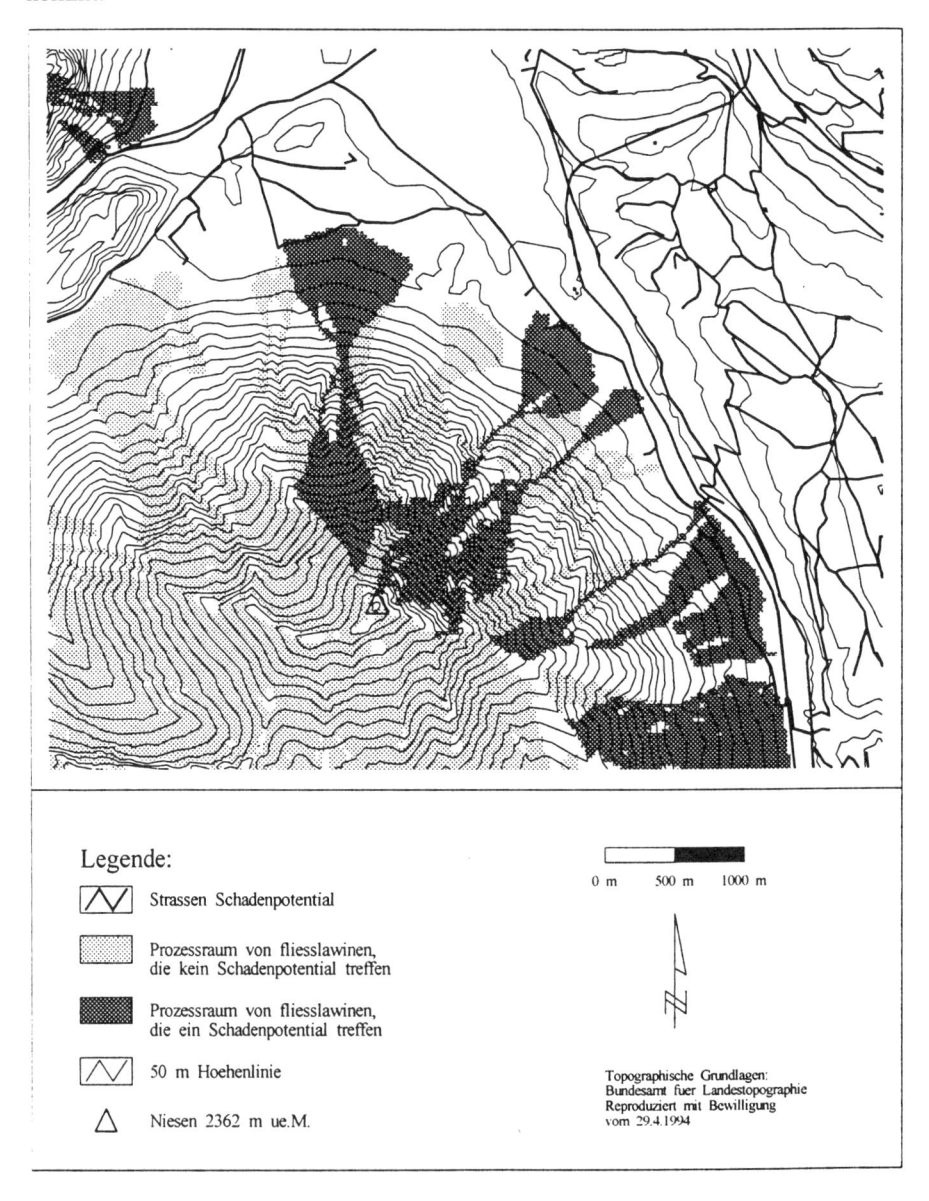

Fig. 74   Gefahrenhinweiskarte für Fliesslawinen für das Gebiet Niesen - Wimmis.

8 Gefahrenhinweiskarten für Fliesslawinen 173

8.6.3 GEFAHRENHINWEISKARTE KANTON BERN

Die Karte der Prozessräume von Fliesslawinen (vgl. Fig. 71) bildet die Grundlage für die Erstellung der Gefahrenhinweiskarte. Um auf einen Blick die kritischen Lawinen erkennen zu können, sollen diejenigen Lawinen speziell markiert werden, welche ein bedeutendes Schadenpotential treffen. Als bedeutendes Schadenpotential werden ganzjährig bewohnte Häuser und Arbeitsstätten sowie die Verbindungswege zu solchen Gebäuden betrachtet.

Dazu wird für den Prozessraum jeder Lawine untersucht, ob er mit dem Schadenpotential überschneidet, und je nachdem ob dies der Fall ist oder nicht der einen oder anderen Kategorie zugeordnet. Nebst diesen zwei Kategorien von Lawinen werden in der Hinweiskarte zusätzlich diejenigen kleinen Anrissgebiete eingetragen, für die keine Berechnung der Auslaufstrecke durchgeführt wurde. Zudem wird aus den in Kap. 8.5 erläuterten Gründen der Lawinenkataster überlagert.

In Fig. 74 ist eine Gefahrenhinweiskarte für das Gebiet Niesen - Wimmis abgebildet. Als Schadenpotential wurden dabei nur die Verkehrswege berücksichtigt, da zur Zeit der Verfassung dieser Arbeit das Schadenpotential 'Siedlungen' in diesem Gebiet noch in Bearbeitung war und nicht zur Verfügung stand. Aufgrund des kleinen Massstabs der Abbildung wurde zudem auf eine Darstellung der Kleinstanrissgebiete ohne Auslaufberechnung verzichtet, da diese kaum sichtbar wären.

8.6.4 AUSSCHEIDEN DER WALDFLÄCHEN MIT BESONDERER SCHUTZFUNKTION

Wie in der Einleitung erwähnt, soll nebst der Erstellung einer Gefahrenhinweiskarte auch bestimmt werden, welche Waldflächen eine besondere Schutzfunktion ausüben. In Bezug auf Lawinen kann ein Wald nur dann eine besondere Schutzfunktion ausüben, wenn er im Anrissgebiet stockt (vgl. Eidg. Forstdirektion 1993, Beilage 2). Um dem Wald eine besondere Schutzfunktion zuzusprechen, muss sich in der Bahn dieser Lawine zudem ein Schadenpotential befinden.

Bei der Bestimmung der Waldflächen mit besonderer Schutzfunktion in Bezug auf Lawinen wurde wie folgt vorgegangen:
- Für das zu bearbeitende Gebiet werden die Prozessräume für Lawinen berechnet, ohne den Einfluss des bestehenden Waldes zu berücksichtigen. D.h. Die Anrissgebiete werden einzig aufgrund der Topographie ausgeschieden, und für ξ wird immer ein Wert von 1000 verwendet.
- Diese Prozessräume werden dann mit dem Schadenpotential verschnitten, und nur diejenigen Lawinen weiter berücksichtigt, die ein Schadenpotential treffen.
- Aller Wald, der in den Anrissgebieten der verbleibenden Lawinen stockt, bildet den Wald mit besonderer Schutzfunktion, unbesehen davon, ob ein Lawinenanrissgebiet ganz oder nur teilweise im Wald liegt. Damit wird berücksichtigt,

dass auch schon kleine Waldstücke in einem Anrissgebiet zu einer Verkleinerung der Anrisskubatur führen.

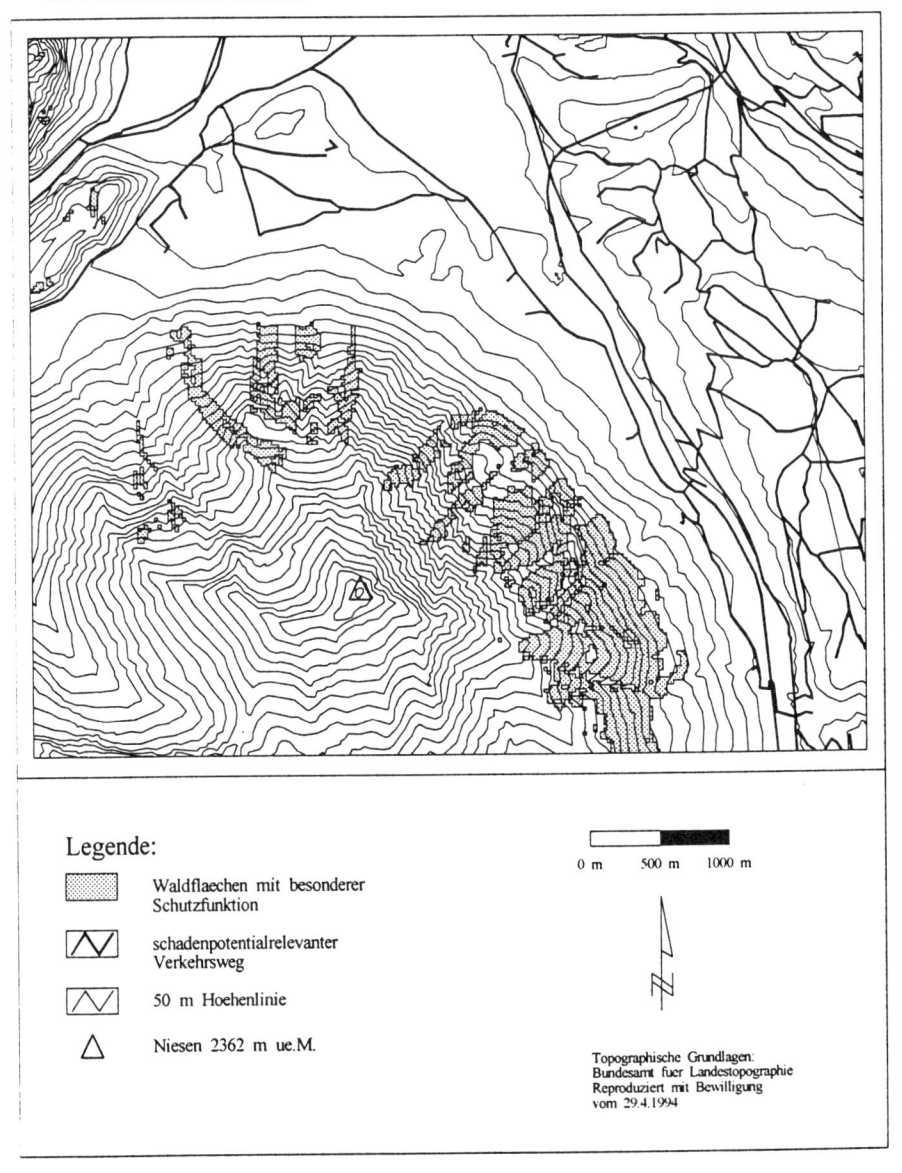

Fig. 75   Waldflächen mit besonderer Schutzfunktion in Bezug auf Lawinen im Gebiet Niesen - Wimmis.

8 Gefahrenhinweiskarten für Fliesslawinen

Die Waldflächen mit besonderer Schutzfunktion in Bezug auf Lawinen für das Gebiet Niesen - Wimmis sind in Fig. 75 dargestellt. Sie werden zusammen mit den entsprechenden Flächen für die Prozesse Steinschlag, Wildbach und Rutsch zur Karte des Waldes mit besonderer Schutzfunktion kombiniert und bilden die Grundlage für eine intensivere Waldpflege in den betroffenen Gebieten, sowie für eine entsprechende Subventionsberechtigung.

8.7 AUSBLICK

Das hier beschriebene Verfahren ist grundsätzlich für die Erstellung von Gefahrenhinweiskarten für Fliesslawinen geeignet. Die Resultate sind dann zuverlässig, wenn alle notwendigen Informationen aus den digital verfügbaren Informationen abgeleitet werden können. Wird aber eine Lawine wesentlich von Parametern beeinflusst, die nicht aus der Pixelkarte oder dem DHM ableitbar sind, ist mit erheblichen Abweichungen zu rechnen. Das hier beschriebene Modell ist deshalb nur dann für den alleinigen Einsatz geeignet, wenn keine Aussagegenauigkeit angestrebt wird, die über der einer Hinweiskarte liegt. Darstellungen in einem Massstab von 1:25'000 sind dem Modell angemessen. Sind genauere Aussagen nötig, sollte die Simulation durch Feldanalysen und evtl. auch durch weitere Berechnungen ergänzt werden. Es bildet aber auch in diesem Fall ein nützliches Hilfsmittel.

Wie jedes Modell kann auch das hier beschriebene Verfahren verbessert und für weitere Aufgaben nutzbar gemacht werden. Im einzelnen zeichnen sich dabei drei Stossrichtungen ab:
- Einbau des Verfahrens zur Berechnung von Runsenlawinen
  Dem Einbau des Verfahrens zur Berechnung von Runsenlawinen in das Programm zur Berechnung der Auslaufstrecken von Fliesslawinen stellen sich nicht technische Hindernisse in den Weg. Er ist, rein von der Programmierung her betrachtet, leicht zu vollziehen.
  Das Hauptproblem in der Berechnung von Runsenlawinen liegt darin, dass erfahrungsgemäss die digitalen Geländemodelle in eng eingeschnittenen z.T. schluchtartigen Tälern relativ ungenau sind. Die Querprofile die aus diesen Unterlagen bestimmt werden können, sind somit nur von geringer Aussagekraft. Die Integration des Verfahrens zur Berechnung von Runsenlawinen ins Programm kann aber auf diesen Grundlagen kaum zu einer wesentlichen Verbesserung der Zuverlässigkeit des Modells führen. Um unter diesen Umständen nicht eine Genauigkeit vorzutäuschen, die mit den vorliegenden Inputdaten nicht erreicht werden kann, wurde vorläufig auf diese Ergänzung verzichtet.
  Soll die Berechnung von Runsenlawinen zuverlässiger gestaltet werden, müssen somit genauere Geländemodelle erhoben werden. Diese Aufgabe stellt aber grosse Probleme, da die engen, oft bewaldeten Täler in Luftbildern meist nur schlecht einsehbar sind. Der zu betreibende Aufwand ist sehr erheblich, und lohnt

sich wohl nur, wenn die Daten auch noch für andere Zwecke, als für die Berechnung einer Lawine benutzt werden können.
- Berücksichtigung des Bewegungsimpulses der Lawine im Trajektorienmodell
  Wie in Kap. 5 erwähnt, ist das Trajektorienmodell Vektorenbaum sehr gut geeignet, Prozesse zu simulieren, die relativ genau der Falllinie folgen. Lawinen tun dies wohl in vielen, aber nicht in allen Fällen. Deshalb musste das Modell Vektorenbaum so ergänzt werden, dass unter bestimmten Umständen Abweichungen von der Falllinie möglich sind (vgl. Kap. 8.3). Die Regeln, welche dieses Abweichen kontrollieren, basieren nicht auf physikalischen Untersuchungen, sondern wurden aufgrund einer Beurteilung der Simulationsresultate optimiert. Diese Regeln basieren einzig auf der Topographie und berücksichtigen den Bewegungsimpuls der Lawine nicht. Sie erlauben somit nur eine sehr pauschale Beurteilung von möglichen Abweichungen von der Falllinie. Für eine genauere Berechnung müsste laufend die Bewegungsrichtung und -geschwindigkeit der Lawine berechnet, die ablenkende und bremsende bzw. beschleunigende Wirkung der Topographie auf diesen Bewegungsvektor bestimmt und der Vektor entsprechend angepasst werden. Dazu sind sehr genaue Kenntnisse über die Lawinendynamik und entsprechend genaue Simulationsmodelle erforderlich. Diesen Ansprüchen kann das bestehende Voellmy-Salm Modell nicht genügen. Das Modell wurde einzig darauf ausgelegt, die Auslaufstrecken und bis zu einem gewissen Grad den Druck zu bestimmen, den die Lawine in der Sturzbahn ausübt. Es wurde entsprechend auf diese Parameter kalibriert, und nicht auf eine korrekte Beschreibung des dynamischen Verhaltens der Lawine. Für eine wesentliche Verbesserung des Trajektorienmodells ist deshalb eine Weiterentwicklung der bestehenden Reibungsmodelle notwendig.
- Weiterentwicklung des Reibungsmodells
  Die dritte und wohl die wichtigste Stossrichtung für eine Verbesserung der Möglichkeiten zur Simulation von Fliesslawinen ist der Versuch das bestehende Modell von Voellmy-Salm weiterzuentwickeln. Dies ist einerseits Voraussetzung für eine wesentliche Verbesserung des Trajektorienmodells. Andererseits ist es unabdingbar, um die Dynamik der Lawinen im allgemeinen besser in den Griff zu bekommen. Die Hauptschwierigkeit dabei liegt allerdings nicht in der Modelltechnik, sondern wie so oft bei den verfügbaren Informationen zum Verhalten des Prozesses. Verschiedene hoffnungsvolle Arbeiten zur Weiterentwicklung der Modelltechnik (vgl. Bartelt und Gruber, 1996) aber vor allem auch zur Erarbeitung besserer Datengrundlagen über das Verhalten von Lawinen sind in der Schweiz unter der Federführung der Eidg. Forschungsanstalt für Wald, Schnee und Landschaft im Gange.

Teil D

In Teil D werden die verschiedenen Bereiche der vorliegenden Arbeit in das in der Einleitung erläuterte Konzept für ein Gesamtmodell Wildbach eingeordnet. Dabei wird einerseits der Zusammenhang zwischen den einzelnen bearbeiteten Bereichen nochmals aufgezeigt. Andererseits geht es vor allem darum, aus den vorliegenden Erkenntnissen mögliche Hauptstossrichtungen der Wildbachforschung in der Zukunft abzuleiten.

9 SCHLUSSBEMERKUNGEN UND AUSBLICK

Wie in der Einleitung erwähnt steht die hier beschriebene Arbeit am Anfang des längerfristig angelegten Projekts 'Wildbachsysteme - Projekt Leissigen'. Das Hauptziel dieses Projektes ist der Aufbau eines 'Gesamtmodells Wildbach', das die zuverlässige Simulation aller in einem Wildbacheinzugsgebiet ablaufenden Prozesse erlaubt. Grundlage der Modellbildung bilden einerseits Messungen und Beobachtungen der zu simulierenden Prozesse und andererseits theoretische Konzepte über deren Ablauf.

Sowohl im Bereiche der Messung und Erfassung als auch bei den theoretischen Konzepten wurden im Verlaufe der vorliegenden Arbeit mit der Instrumentierung des Testgebiets Spissibach (vgl. Kap. 7) und dem Konzept für ein Gesamtmodell Wildbach (vgl. Kap. 2) wichtige Grundlagen für das Verständnis des Zusammenspiels der Prozesse auf Einzugsgebietsebene gelegt. Die Verknüpfung des Modellkonzepts mit den Messungen und Beobachtungen im Spissibach und der Aufbau eines entsprechenden Simulationsmodells wird in zukünftigen Arbeiten zu bewerkstelligen sein.

Das Konzept für ein Gesamtmodell Wildbach basiert auf etablierten Konzepten zur Modellierung hydrologischer Prozesse (vgl. Kienholz et al. 1996). Für die Simulation geomorphologischer Prozesse bestehen dagegen nur wenige Vorschläge, und das Gesamtmodell Wildbach basiert deshalb auf der in Kap. 3 erläuterten modellorientierten Gliederung der Prozesse des Feststoffhaushalts.

Ein erstes allerdings stark vereinfachendes Konzept zur Erfassung der Feststofflieferung aus dem Hang in die Gerinne hat Hegg (1991, 1992b) vorgeschlagen. Grundlagen für detailliertere Modelle der Feststofflieferung können zudem verschiedene Arbeiten im Bereiche der Gefahrenbeurteilung sein, so z.B. das Steinschlagmodell von Zinggeler et al. (1991), das Dispositionsmodell für Rutschungen von Liener (1995) oder das in Kap. 5 und 8 erläuterte Verfahren Vektorenbaum. In zukünftigen Arbeiten wird es darum gehen, diese und andere Konzepte anhand von Messungen und Beobachtungen im Feld zu prüfen und weiterzuentwickeln.

Beim Feststofftransport in Wildbachgerinnen zeigte sich im Rahmen dieser Arbeit und in parallelen Untersuchungen (Rickenmann und Dupasquier, 1995), dass die Übertragung von Konzepten, die sich in Gerinnen mit wenig Gefälle und engen Korngrössenspektren bewährt haben, zu unbefriedigenden Ergebnissen führt. Die detaillierte Analyse der möglichen Ursachen führte zum neuen Konzept

PROBLOAD, in welchem die an der Feststoffverlagerung in Wildbachgerinnen beteiligten Prozesse als Wahrscheinlichkeitsprobleme betrachtet werden (vgl. Kap. 4). Dieses theoretische Konzept muss in weiterführenden Arbeiten anhand von Messdaten kalibriert und auf seine Tauglichkeit geprüft werden.

Bei dieser kurzen Zusammenfassung der durchgeführten Arbeiten wurden die drei Aspekte
- Fortsetzung der Arbeiten auf Einzugsgebietsebene,
- Erfassen und Modellieren der Geschiebelieferung aus dem Hang in die Gerinne und
- Erfassen und Modellieren der Geschiebeverlagerung in Wildbachgerinnen

als Schwergewichte möglicher zukünftiger Arbeiten angesprochen. Diese drei Bereiche werden nachfolgend genauer erläutert.

Feststoffverlagerung in Wildbachgerinnen

Wie in Kap. 4 erläutert, sind die bestehenden auf dem Ansatz von du Bois (1879) aufbauenden Modellkonzepte nicht geeignet, die grosse Variabilität der Feststofftransportraten in Wildbachgerinnen zu erklären. Zu diesem Zweck müssen Konzepte verwendet werden, welche die Feststoffverlagerung als Wahrscheinlichkeitsproblem betrachten, wie dies Einstein (1950) vorschlägt. Das Konzept PROBLOAD (vgl. Kap. 4) fasst den Feststofftransport ebenfalls als Wahrscheinlichkeitsproblem auf. Während Einstein aber den Feststofftransport als Abfolge von Einzellaufwegen mit zwischengeschalteten Ruhepausen abbildet, wird im Konzept PROBLOAD versucht, die effektiv ablaufenden Mobilisierungs-, Transport- und Ablagerungsvorgänge zu berücksichtigen.

Das theoretische Konzept PROBLOAD basiert weitgehend auf Annahmen über die Spannungsverhältnisse in einem Wildbachgerinne. Eine Überprüfung dieser Annahmen durch direkte Messungen ist technisch nicht einfach zu verwirklichen und wohl nur in einem Labor durchführbar. Da jedoch der direkte Schluss vom Labor auf Naturbedingungen nicht einfach zu vollziehen ist, sind derartige Untersuchungen unter kontrollierten Bedingungen in jedem Fall anhand von Messungen in Wildbachgerinnen zu überprüfen.

Für die Beobachtung des Geschiebetransports eignet sich dazu vor allem der Einsatz von Geschiebetracern, welche die Beobachtung einzelner markierter Geschiebekörner während dem Transport erlauben. Eine detaillierte Erfassung der Bewegung der markierten Steine sowie die gleichzeitige Messung der herrschenden hydraulischen Bedingungen erlaubt indirekte Schlüsse auf die herrschenden Spannungsverhältnisse.

Zu diesem Zweck eignen sich einerseits Radiotracer, wie sie z. B. Busskamp (1993) eingesetzt hat. Um eine genauere Bestimmung des Bewegungsbeginns zu ermöglichen, ist eine Ergänzung der Radiotracer mit einem Bewegungssensor zu prüfen. Die Erfassung der Bewegungen von Geschiebekörnern ist technisch jedoch sehr aufwendig und nur bei moderaten Gelände- und Witterungsverhältnissen durchführbar. Die grössten Feststoffverlagerungen treten in Wildbächen aber in der Regel bei extrem stürmischem Wetter und an unzugänglichen Orten auf. Um auch unter derartigen Bedingungen zu Angaben über das Verhalten einzelner Geschiebekörner zu kommen, drängt sich der Einsatz des neuartigen Geschiebetracers Logic® auf, den Burren (1995) zur Prototypreife weiterentwickelt hat. Dieser Tracer erlaubt wohl keine so detaillierte Erfassung der Bewegung eines Geschiebekorns. Dafür arbeitet er auch unter extremen Bedingungen autonom und ein einzelner Stein kann während mehreren Jahren weiterverfolgt werden, da im Stein selbst keine Verschleissteile eingebaut sind. Inwieweit sich Geschiebetracer auch zur genaueren Erfassung der Feststoffverlagerung durch Murgänge eignen, kann zum heutigen Zeitpunkt nur schwer abgeschätzt werden.

Kleine und kleinste Korngrössen, die z.T. auch als Schwebstoff transportiert werden, können nicht mit Hilfe von Geschiebetracern beobachtet werden, da ihre Grösse den Einbau eines Tracers nicht mehr erlaubt. Eine direkte Beobachtung der Bewegungen einzelner Körner ist somit nicht möglich. Rückschlüsse auf die Transportbedingungen am unteren Ende der Korngrössenskala basieren deshalb auf möglichst genauen Aufzeichnungen der Transportraten mit Hilfe von Schwebstoffprobenehmern. Diese Messungen sind durch eine detaillierte Erhebung der mobilisierbaren Volumina zu ergänzen. Dabei ist besonders zu berücksichtigen, dass ein erheblicher Anteil der transportierten Schwebstoffe während einem Hochwasserereignis aus dem Hang direkt in die Gerinne geliefert werden kann. Die Mobilisierung von Geschiebe erfolgt dagegen vor allem im Gerinne selbst, wie die Untersuchungen von Kienholz et al. (1991) gezeigt haben.

Feststofflieferung aus dem Hang in die Gerinne
Die Erfassung und darauf aufbauend die Modellierung dieser Feststofflieferung aus dem Hang in die Gerinne bildet nach Ansicht des Autors das zweite Schwergewicht der zukünftigen Arbeiten. Wie in Kap. 3 erläutert, sind zahlreiche Hangprozesse an der Lieferung vom Hang in die Gerinne beteiligt. Entsprechend ist auch die Vielfalt der einzusetzenden Methoden. Die nachfolgende Auflistung erhebt deshalb keinen Anspruch auf Vollständigkeit.

Auf der Seite der Erfassung steht eine Fortführung der begonnenen Arbeiten in Kleinstgebieten im Vordergrund (vgl. Kap. 7). Die Untersuchungen sind dabei aber so zu ergänzen, dass die Bedingungen genauer erfasst werden können, welche zu einer Feststoffverlagerung führen. Mögliche Ansätze dazu sind die Beobachtung des Bodenwasserhaushalts an Standorten, wo ein wesentlicher Beitrag an die Feststofflieferung durch Rutschungen zu erwarten ist. Oder die genaue Erhebung des mobilisierbaren Feinmaterials an der Bodenoberfläche, um die von Fugazza (1995) aufgestellte Hypothese zu überprüfen, dass die Verfügbarkeit von mobilisierbarem Material von der Länge der Periode abhängt, die seit dem letzten Ereignis verstrichen ist.

Mit diesen erprobten Methoden können aber nicht alle an der Feststofflieferung vom Hang ins Gerinne beteiligten Prozesse erfasst werden. Nicht oder nur in seltenen Fällen können auf diese Art und Weise der Feststoffeintrag durch Steinschlag und durch Lawinen gemessen werden. Sowohl die Ablösung von einzelnen Steinen als auch der Schurf durch Lawinen erfolgt zu dispers, als dass ihre Erosionsleistung mittels einer Vermessung erfasst werden könnte, wie dies z.B. bei Rutschungen möglich ist. Die durch diese beiden Prozesse ausgelösten örtlichen Veränderungen der Topographie sind in der Regel kleiner als die Messgenauigkeit.

Beim Steinschlag ist ein Auffangen des verlagerten Materials zwar grundsätzlich möglich. Die Kosten und der technische Aufwand für die dazu benötigten Auffangnetze sind aber sehr erheblich und in Anbetracht der wohl nur lokalen Bedeutung des Steinschlags für den Feststoffeintrag in die Gerinne kaum gerechtfertigt. Beim Transport durch Lawinen ist ein Zurückhalten des transportierten Materials wohl auch technisch unmöglich. Eine Einrichtung zur Auftrennung von Schnee und darin bewegtem Material ist dem Autor auf alle Fälle nicht bekannt.

Bleibt somit als letzte Methode noch die Interpretation von Spuren nach abgelaufenen Ereignissen. Dabei dürfte es in vielen Fällen einfacher sein, die Ablagerungen zu beurteilen, als die Ausgangsgebiete. Der Einsatz dieser bewährten Methode ist für den Steinschlag und den Schurf durch Lawinen durchaus gerechtfertigt, da es sich dabei um brüske Prozesse handelt. D.h. es reicht für eine Simulation im Gesamtmodell Wildbach, wenn bekannt ist, unter welchen Bedingungen der Prozess wo abläuft. Veränderungen der Intensität während der Verlagerung, wie sie z.B. beim Geschiebetransport im Gerinne eine grosse Bedeutung haben, werden bei brüsken Prozessen nicht berücksichtigt (vgl. Kap. 2).

Steinschlag nimmt seinen Ausgang zudem in vielen Fällen in Felswänden, wo das mobilisierbare Feststoffvolumen relativ klein ist. Die abstürzenden Steine und Blöcke werden durch die Verwitterung mehr oder weniger kontinuierlich bereitgestellt. Es bietet sich hier deshalb grundsätzlich auch die Möglichkeit, das durch Steinschlag bewegte Volumen über die Neubildung von mobilisierbarem Material durch die Verwitterung abzuschätzen.

Bei der Modellierung der Feststofflieferung vom Hang in die Gerinne kann in vielen Fällen auf bestehenden Modellen aufgebaut werden, welche für die Gefahrenbeurteilung entwickelt wurden (vgl. Kap. 3). Die dabei verwendeten Dispositionsmodelle sind dazu aber zu eigentlichen Mobilisierungsmodellen weiterzuentwickeln. Und die

Reibungsmodelle sind so anzupassen, dass der Schurf und die Ablagerung von Material während der Verlagerung berücksichtigt werden kann.

Arbeiten auf Einzugsgebietsebene
Auf Einzugsgebietsebene drängen sich im Einzugsgebiet des Spissibaches zur Zeit keine Arbeiten auf, die nicht schon geplant oder in Ausführung begriffen sind. Die wichtigste in der nächsten Zeit an die Hand zu nehmende Ergänzung der bestehenden Instrumentierung bildet der Ausbau des Netzes zur Erfassung von Feststofffrachten mittels Hydrophonen (vgl. Etter, 1995). Im Zentrum steht die Fortsetzung der Messungen zum Wasser- und Feststoffhaushalt, wie sie zum Teil bei Romang (1995) beschrieben sind. Auf diese Weise werden qualitativ hochstehende zeitlich wie räumlich gut aufgelöste Messreihen entstehen, die in nicht allzu ferner Zukunft wichtige Grundlage für die Kalibrierung des Gesamtmodells Wildbach sein werden.

Die vorangehend erläuterten drei Schwerpunkte sind aus dem Blickwinkel des Geomorphologen aufgestellt, der sich vor allem für den Feststoffhaushalt interessiert. Viele Prozesse des Feststoffhaushalts werden aber wesentlich vom Wasserhaushalt eines Wildbacheinzugsgebiets gesteuert. Deshalb sind die oben erwähnten Schwerpunkte zukünftiger geomorphologischer Arbeiten im Testgebiet Leissigen unbedingt durch entsprechende hydrologische Arbeiten zu ergänzen. Aus der Sicht der Geomorphologie steht dabei vor allem die Bildung von Oberflächenabfluss und der Bodenwasserhaushalt im Vordergrund. Einen Überblick über die im Testgebiet Leissigen geplanten hydrologischen Arbeiten vermitteln Kienholz et al. (1996).

Der Autor ist überzeugt, dass diese geomorphologischen und hydrologischen Arbeiten in naher Zukunft zusammengeführt werden können und das Hauptziel des Projektes, der Aufbau des Gesamtmodells Wildbach an die Hand genommen wird.

10 LITERATURVERZEICHNIS

Ahnert, F., (ed.) 1987: Geomorphological Models. Theoretical and Empirical Aspects. Catena Supplement 10. Catena Verlag, Cremlingen.

Altwegg, D., 1988. Ein Modell für die Herstellung computersimulierter Lawinengefahrenkarten mit Hilfe digitalisierter Geländeraster. In:, Interpraevent 1988: Tagungspublikation Bd. 5: 63-79, Forschungsgesellschaft für vorbeugende Hochwasserbekämpfung, Klagenfurt.

Anderson, M.G.(ed.), 1988: Modelling Geomorphological Systems. John Wiley & Sons, Chichester.

Aulitzky, H., 1984: Vorläufige, zweigeteilte Wildbachklassifikation. Wildbach und Lawinenverbau, 48.Jg., Sonderheft:7-61.

Aydan, Ö., Shimizu, Y., Kawamote, T., 1992: The reach of slope failures. In: Bell, D.H. (ed.): Landslides, proceedings of the sixth int. symp. on landslides, 1992. Volume1: 301-306. A.A. Balkema, Rotterdam.

Bachofner, D., 1995: Vergleichende Vermessungen im Versuchsgebiet Spissibach - Leissigen. Unveröffentlichte Seminararbeit am Geographischen Institut der Universität Bern.

Bänziger, R.; Burch, H., 1991: Geschiebetransport in Wildbächen. Schweiz. Ing. und Architekt, 24: 576-579.

Bartelt, P.A., Gruber, U., 1996: Dense snow avalanche modelling. Abstracts for the Workshop 'Mechanics of granular flows in an environment of natural disasters'. EPFL, Lausanne.

Bathurst, J.C., 1993: Flow Resistance Through the Channel Network. . In: Beven, K., Kirkby, M.J., (eds.): Channel Network Hydrology: 69-98. John Wiley & Sons, Chichester.

Bathurst, J.C., Graf, W.H., Cao, H.H., 1987: Bed Load Discharge Equations for Steep Mountain Rivers. In: Thorne, C.R., Bathurst, J.C., Hey, R.D. (eds.): Sediment Transport in Gravel-bed Rivers: 583-616. John Wiley & Sons, Chichester.

Becht, M., 1986: Die Schwebstofführung der Gewässer im Lainbachtal bei Benediktbeuren/Obb. Münchner Geographische Abhandlungen, Band B 2. GEOBUCH-Verlag, München.

Becht, M., 1994: Investigations of slope erosion in the Northern Limestone Alps. In: Ergenzinger, P., Schmidt, K.-H. (eds.): Dynamics and Geomorphology of Mountain Rivers: 171-193. Lecture Notes in Earth Sciences 52, Springer-Verlag, Berlin, Heidelberg.

Becht, M., Füssl, M., Wetzel, K.F., Wilhelm, F., 1989: Das Verhältnis von Feststoff- und Lösungsaustrag aus Einzugsgebieten mit carbonatreichen pleistozänen Lockergesteinen der Bayerischen Kalkvoralpen. In: Pörtge, K.-H., Hagedorn, J.(Ed.): Beiträge zur aktuellen fluvialen Morphodynamik. Göttinger Geographische Abhandlungen, Heft 86:33-43. Verlag Erich Goltze GmbH &Co, Göttingen.

Becht, M., Wetzel, K.-F., 1989: Dynamik des Feststoffaustrages kleiner Wildbäche in den bayerischen Kalkvoralpen. In: Pörtge, K.-H., Hagedorn, J.(Ed.): Beiträge zur aktuellen fluvialen Morphodynamik. Göttinger Geographische Abhandlungen, Heft 86: 45-52, Göttingen.

Becht, M., Wetzel, K.-F., 1992: The Lainbach Catchment/Benediktbeuren (Upper Bavaria). Its Physical Landscape and Developement. In: Becht M., (ed.) Contributions to the Excursion During the International Conference 'Dynamics and Geomorphology of Mountain Rivers'. Münchner Geographische Abhandlungen Band B 16. GEOBUCH-Verlag, München.

Bérod, D., 1995: Contribution à l'estimation des crues rares à l'aide de méthodes déterministes. Apport de la description géomorphologique pour la simulation des processus d'écoulement. Thèse No 1319, EPFL, Lausanne.

Beven, K., Kirkby, M.J. (eds.), 1993: Channel network hydrology. John Wiley & Sons, Chichester.

Beven, K.J., Moore, I.D. (eds.), 1992: Terrain Analysis and Distributed Modelling in Hydrology. John Wiley & Sons, Chichester.

Bisig, M., Gutbub, M., 1994: Boden- und Substratuntersuchungen im Einzugsgebiet des Spissibaches, Leissigen. Unveröffentlichte Seminararbeit am Geographischen Institut der Universität Bern.

Blank, B., Manser, S., Mihajlovic, D., 1994: Terrestrische Vermessung in Leissigen. Unveröffentlichte Seminararbeit am Geographischen Institut der Universität Bern.

Blinco, P.H., Simons, D.B., 1974: Characteristics of turbulent boundary shear stress. Proc. Am. Soc. Civ. Engrs, J. Eng. Mech. Div. 100: 203-220.

Borges, A.L., 1993: Modélisation de l'érosion sur deux bassins versants expérimentaux des Alpes du Sud. CEMAGREF, Division de Protection contre les Erosions, Grenoble.

Bozzolo, D., Pamini, R., Hutter, K., 1988: Rockfall analysis - a mathematical model and its test with field data. In: Bonnard, C. (ed.): Landslides, proc. of the fifth internat. symp. on landslides:555-560, A.A. Balkeema, Rotterdam.

Bunza, G., 1976: Systematik und Analyse alpiner Massenbewegungen. Schriftenreihe Bayer. Landesstelle für Gewässerkunde, H. 11:1-84, München.

Burch, H., 1994: Ein Rückblick auf die hydrologische Forschung der WSL im Alptal. In: Beiträge zur Geologie der Schweiz - Hydrologie, (Gedenkschrift zu Ehren von Hans M. Keller, Hrsg. WSL/SGHL), 35: 18-33.

10 Literaturverzeichnis

Bürgi, T., 1992: Das Transekt 920 m ü. M. am Spissibach, Morphographie und Böden. Unveröffentlichte Seminararbeit am Geographischen Institut der Universität Bern.

Bürgi, T., 1994: Bestimmung der Dynamik des Bodenwassers mittels Tensiometern und TDR-Sonden unter Feldbedingungen. Unveröffentlichte Diplomarbeit am Geographischen Institut der Universität Bern.

Burkard, A., 1992: Erfahrungen mit der Lawinenzonung in der Schweiz. Interpraevent 1992, Tagungspublikation Band 2: 386-405. Forschungsgesellschaft für vorbeugende Hochwasserbekämpfung, Klagenfurt.

Burren, S., 1995: Entwicklung eines neuen Geschiebetracers. Unveröffentlichte Diplomarbeit am Geographischen Institut der Universität Bern.

Burren, S., Liener, S., 1993: Geschiebeanalysen im Spissibach. Unveröffentlichte Seminararbeit am Geographischen Institut der Universität Bern.

Busskamp, R., 1993: Erosion, Einzellaufwege und Ruhephasen: Analysen und Modellierungen der stochastischen Parameter des Grobgeschiebetransportes. Dissertation am Fachbereich Geowissenschaften der Freien Universität Berlin.

Busskamp, R., Gintz, D., 1994: Geschiebefrachterfassung mit Hilfe von Tracern in einem Wildbach (Lainbach, Oberbayern). In: Barsch, D., Mäusbacher, R., Pörtge, K.-H., Schmidt, K.-H. (Ed.): Messungen in fluvialen Systemen, Feld- und Labormethoden zur Erfassung des Wasser- und Schwebstoffhaushaltes. Springer-Verlag, Berlin, Heidelberg.

Caine, N., Swanson, F.J., 1989: Geomorphic coupling of hillslope and channel systems in two small mountain basins. Z. f. Geomorph. N.F. Band 33, Heft 2: 189-203. Borntreager, Berlin, Stuttgart.

Cambon, J.P., Mathys, N., Meunier, M., Olivier, J.E., 1990: Mesures des débits solides et liquides sur des bassins versants expérimentaux de montagne. IAHS Publ. no. 193:231-238, Wallingford.

Cancelli, A., Mancuso, M., Notarpietro, A., 1990: A short description of the 1987 Val Pola rockslide in Valtellina. In: Cancelli, A., Crosta, B. (eds.): ALPS 90, Guide to the Workshop, Italian Section. Ricerca scientifica ed educazione permanente, Supplemento n. 79a, Universita degli studi di Milano.

Carrara, A., Cardinali, M., Detti, R., Guzzetti, F., Pasqui, V., Reichenbach, P., 1990: Geographical Information Systems and multivariate models in landslide hazard evaluation. Proceedings of the sixth int. conference and workshop on landslides ALPS 90. Ricerca scientifica ed educazione permanente, Supplemento n. 79b:17-28, Università degli studi di Milano.

Carrara, A., Guzzetti, F., (eds.) 1995: Geographical Information Systems in Assessing Natural Hazards. Kluwer Academic Publishers, Dordrecht.

CEMAGREF, 1988: Bassins versants expérimentaux de Draix - Etude et mesure de l'érosion. Division de Protection contre les Erosions, Grenoble.

Costa, J.E., 1988: Rheologic, geomorphic, and sedimentologic differentiation of water floods, hyperconcentrated flows, and debris flows. In: Baker, V.R., Kochel, R.C., Patton, P.C. (eds.): Flood Geomorphology: 113-122. John Wiley & Sons, Chichester.

D'Agostino, V., Lenzi, M.A., Marchi, L., 1994: Sediment transport and water discharge during high flows in an instrumented watershed. In: Ergenzinger, P., Schmidt, K.-H. (eds.): Dynamics and Geomorphology of Mountain Rivers: 67-81. Lecture Notes in Earth Sciences 52, Springer-Verlag, Berlin, Heidelberg.

Davies, T.R.H., 1987: Diskussion zu: Yang, C.T., Energy Dissipation Rate Approach in River Mechanics. In: Thorne, C.R., Bathurst, J.C., Hey, R.D. (eds.): Sediment Transport in Gravel-bed Rivers: 735-766. John Wiley & Sons, Chichester.

de Jong, C., 1995: Zeitliche und räumliche Wechselwirkung zwischen Flussbettgeometrie, Rauheit, Geschiebetransport und Fliesshydraulik am Beispiel von Squaw creek (Montana, USA) und Lainbach/Schmiedlaine (Oberbayern, Deutschland). Berliner Geographische Abhandlungen, Heft 59. Institut für Geographische Wissenschaften der Freien Universität Berlin.

de Quervain M., 1972: Lawinenbildung. In: Lawinenschutz in der Schweiz. Beiheft Nr. 9 zum Bündnerwald. SELVA, Chur.

Demierre, J.C., 1992: Analyse des Geschiebetransports in Beziehung mit dem Abfluss im Rietholzbach. Unveröffentlichte Diplomarbeit am Geographischen Institut der ETH Zürich.

Descoeudres, F., 1990: L'éboulement des Crétaux: Aspects géotechniques et calcul dynamique des chutes de blocs. Mitteilungen der Schweizerischen Gesellschaft für Boden und Felsmechanik 121: 19-25.

Dikau, R., 1990: Geomorphic landform modelling based on hierarchy theory. In: Brassel, K., Kishimot, H., (eds.): Proceedings of the fourth Int. Symp. on Spatial Data Handling, Vol 1: 230-239. IGU, Commission on GIS, Dept. of Geography, the Ohio State University, Columbus.

DIN 19663, 1985: Wildbachverbauung; Begriffe, Planung und Bau. Deutscher Normenausschuss, Berlin.

du Boys, P., 1879: Le Rhone et les rivieres a lit affouillable. Annales des Ponts et Chaussees, 18, 5:141-195.

Easterbrook, D.J., 1993: Surface processes and landforms. Macmillan Publishing Company, New York.

Eberhard, A., 1993: Zur Hydrologie der Oberen Fulwasseralp. Unveröffentlichte Diplomarbeit am Geographischen Institut der Universität Bern.

Egels, Y., Kasser, M, Meunier, M., Muxart, T., Guet, C., 1989: Utilisation de la photogrammétrie terrestre et de la télémétrie sans réflecteur pour la mesure de l'érosion de petits bassins-versant et comparaison avec les mesure de transport solide à l'émissaire. La houille blanche, no.3/4:183-187.

Eidenbenz, Ch., 1992: Die Landeskarte als Grundlage eines gesamtschweizerischen Geographischen Informationssystems. In: Kienholz, H., Häberli, W. (Ed.): Geographische Informationssystem in der Geomorphologie. Geographica Bernensia G 39: 19-32. Geogr. Inst. Uni Bern.

Eidg. Forstdirektion, 1993: Waldbau C / Besondere Schutzfunktion. Kreisschreiben Nr. 8. BUWAL, Bern.

Einstein, H.A., 1937: Der Geschiebetrieb als Wahrscheinlichkeitsproblem. Mitt. der Versuchsanstalt für Wasserbau der ETH Zürich.

Einstein, H.A., 1950: The bed-load function for sediment transportation in open channel flows. U.S., Dep. Agric., Tech. Bull. 1026, 1-78.

Ellen, S.D., Mark, R.K., Cannon, S.H., Knifong, D.L., 1993: Map of debris-flow hazard in the Honolulu district of Oahu, Hawaii. Open-File Report 93-213, US Geological Survey, Menlo Park.

Ergenzinger, P., 1992: Riverbed Adjustments in a Step-pool System: Lainbach, Upper Bavaria. In: Billi, P., Hey, R.D., Thorne, C.R., Tacconi, P. (eds.): Dynamics of Gravel-Bed Rivers: 415-430. John Wiley & Sons, Chichester.

Ergenzinger, P., Schmidt, K.-H. 1990: Stochastic elements of bed load transport in a step-pool mountain river. IAHS Publ. no. 194:39-46, Wallingford.

Ergenzinger, P.E., de Jong, C., Christaller, G., 1994: Interrelationships between Bedload Transfer and River-bed Adjustment in Mountain Rivers: An Example from Squaw Creek, Montana. In: Kirkby, M.J. (ed.): Process Models and Theoretical Geomorphology: 141-158. John Wiley & Sons, Chichester.

Erismann, T.H., 1979: Mechanisms of Large Landslides. Rock Mechanics 12:15-46, Springer.

Erismann, T.H., 1986a: Bergsturz-Dynamik. Physik in unserer Zeit, 17.Jg.,Nr.6:161-170, Weinheim.

Erismann, T.H., 1986b: Flowing, Rolling, Bouncing, Sliding: Synopsis of Basic Mechanisms. Acta Mechanica 64:104-110, Springer.

Erismann, T.H., 1992: Dynamik niederfahrender Massen - Fragen der Modellierung. Wildbach und Lawinenverbau, 56.Jg., Heft 119: 3-19.

ESRI, 1988. TIN - CASCADING: ARC/INFO based drainage model. ESRI, Gesellschaft für Umweltforschung und Umweltplanung mbH, Kranzberg.

Etter, M., 1996: Zur Erfassung des Geschiebetransports mittels Hydrophonen. Unveröffentlichte Diplomarbeit am Geographischen Institut der Universität Bern.

Etter, M., Jenny, B., Semadeni, G.M., 1993: Echolotvermessung des Spissibachdeltas. Unveröffentlichte Seminararbeit am Geographischen Institut der Universität Bern.

Fattorelli, S., Cazorzi, F., Dalla Fontana, G., Lenzi, M., Luchetta, A., Scussel, R., Marchi, L., 1994: Sintesi delle ricerche sull'idrologia e sul trasporte dei sedimenti nel bacino attrezzato del Rio Cordon. In: Beiträge zur Geologie der Schweiz - Hydrologie, (Gedenkschrift zu Ehren von Hans M. Keller, Hrsg. WSL/SGHL), 35: 145-154.

Felix, R., Priesmeier, K., Wagner, O., Vogt, H., Wilhelm F., 1988: Abfluss in Wildbächen. Untersuchungen im Einzugsgebiet des Lainbaches bei Benediktbeuren/Oberbayern. Münchner Geographische Abhandlungen Band B 6. GEOBUCH-Verlag, München

Fugazza, D., 1995: Beiträge zur Erfassung von Feststoffverlagerungen in einem sehr steilen Kleinsteinzugsgebiet. Unveröffentlichte Diplomarbeit am Geographischen Institut der Universität Bern.

Fugazza, D., Romang, H., 1994: Geländevermessungen im Gebiet Spissibach - Leissigen. Unveröffentlichte Seminararbeit am Geographischen Institut der Universität Bern.

Germann, P.F., Beven, K., 1985: Kinematic Wave Approximation to Infiltration into Soils with Sorbing Macropores. Water Resources Research Vol. 21, No. 7:990-996.

GHO 1982: Verzeichnis hydrologischer Fachausdrücke mit Begriffserklärung. Arbeitsgruppe für operationelle Hydrologie, Mitt. Nr.2, Landeshydrologie und -geologie, Bern.

Gossauer, M., 1993: Hydrographische Karte des oberen Einzugsgebiets des Spissibaches. Internes Arbeitspapier, Geographisches Institut der Universität Bern.

Graf, W.H., 1971: Hydraulics of Sediment Transport. McGraw-Hill, New York.

Grass, A.J., 1970: Initial instability of fine bed sand. Proc. Am. Soc. Civ. Engrs, JJ. Jydraoul. Div. 96: 619-631.

Greminger, P., Wandeler, H., 1994: Das neue Waldgesetz fordert interdisziplinäre Zusammenarbeit im Bereich Naturgefahren. Nouvelles der Landeshydrologie und -geologie 94/1:41-42, Bern.

Grunder, M., 1984: Ein Beitrag zur Beurteilung von Naturgefahren im Hinblick auf die Erstellung von mittelmassstäbigen Gefahrenhinweiskarten (mit Beispielen aus dem Berner Oberland und der Landschaft Davos). Geographica Bernensia G 23, Geogr. Inst. Univ. Bern.

Grunder, M., Kienholz, H., 1986. Gefahrenbeurteilung. In: Wildi, O., Ewald, K. (Ed.): Der Naturraum und dessen Nutzung im alpinen Tourismusgebiet von Davos. Ergebnisse des MAB-Projektes Davos. Eidgenössische Anstalt für das forstliche Versuchswesen Berichte Nr. 289: 67 - 85. Birmensdorf.

Gsteiger, P., 1993: Steinschlagschutzwald. Schweiz. Zeitschr. f. Forstwesen, 144.Jg., Nr.2:115-132, Zürich.

10 Literaturverzeichnis

Häberli, W., Rickenmann, D., Zimmermann, M., Rösli, U., 1991: Murgänge. In: Ursachenanalyse der Hochwasser 1987. Ergebnisse der Untersuchungen. Mitteilungen des Bundesamtes für Wasserwirtschaft Nr. 4, Mitteilungen der Landeshydrologie und -geologie Nr. 14, EDMZ, Bern.

Hegg, Ch., 1991: Einsatzmöglichkeiten des Geographischen Informationsystems ARC/INFO im Prolemkreis Geschiebeverlagerung in Wildbächen. Unveröffentlichte Diplomarbeit am Geogr. Inst. Uni Bern.

Hegg, Ch., 1992a: Karte der Gebiete mit ähnlichem oberflächennahem Prozessgefüge, Diskussionsgrundlage. Internes Arbeitspapier, Geographisches Institut der Universität Bern.

Hegg, Ch., 1992b: Mobilisierungsrate und Lieferungsfaktor: Ein Konzept zur Erfassung der Feststofflieferung in Wildbächen. In: Kienholz, H., Häberli, W. (Ed.): Geographische Informationsystem in der Geomorphologie. Geographica Bernensia G 39: 65-74. Geogr. Inst. Uni Bern.

Hegg, Ch., Kienholz, H., 1992: Hangprozesse: Grenzen und Möglichkeiten der Simulation. Interpraevent, Tagungspublikation, Bd.4:175-186, Forschungsgesellschaft für vorbeugende Hochwasserbekämpfung, Klagenfurt.

Hegg, Ch., Kienholz, H., 1995: Determining paths of gravity-driven slope processes: the 'vector tree model'. In: Carrara, A., Guzzett, F., (eds.): Geographical Information Systems in Assessing Natural Hazards: 79-92. Kluwer Academic Publishers, Dordrecht.

Hegg, Ch., Semadeni, G.M., Kienholz, H., 1994: Feststoff-Frachten Spissibach: Bericht zur Ermittlung der im Spissibach zu erwartenden Feststofffrachten bei Geschiebetransport und Murgang. Schwellengemeinde Leissigen.

Heim, A., 1932: Bergsturz und Menschenleben. Vierteljahreszeitschr. d. Nat. forsch. Ges. in Zürich. Verlag Fretz u. Wasmuth, Zürich, 219 S.

Hjulström, F., 1932: Das Transportvermögen der Flüsse und die Bestimmung des Erosionsbetrages. Geografiske Annaler Band 3:244-258.

Huggett, R.J., 1985: Earth Surface Systems. Springer Series in Physical Environment. Springer-Verlag, Berlin.

Hunziker, G., 1992: Zur Geologie im Gebiet Leissigen - Morgenberghorn (Berner Oberland). Unveröffentlichte Diplomarbeit am Geologischen Institut der Universität Bern.

Hunziker, G., 1996: Einfluss der Lithologie auf die Rutschanfälligkeit im Gebiet Leissigen - Morgenberghorn. Unveröffentlichte Diplomarbeit am Geographischen Institut der Universität Bern.

Hutchinson, J.N., 1988: Morphological and geotechnical parameters of landslides in relation to geology and hydrology. General Report. In: Bonnard, C. (ed.): Landslides, proc. of the fifth internat. symp. on landslides Volume 1: 3-35, A.A. Balkeema, Rotterdam.

Hutchinson, J.N., 1995: Keynote paper: Landslide hazard assessment. In: Bell, D.H. (ed.): Landslides, proceedings of the sixth int. symp. on landslides, 1992. Volume 3: 1805-1841. A.A. Balkema, Rotterdam.

Jäckli, H., 1957: Gegenwartsgeologie des bündnerischen Rheingebietes. Beiträge zur Geologie der Schweiz. Geotechn. Serie, Liefg. 36, Schweiz. Geotechn. Komm., Kümmerly & Frey, Bern.

Jenson, S.K., Domingue, J.O., 1988: Extracting Topographic Structure from Digital Elevation Data for Geographic Information System Analysis. Photogrammetric Engineering and Remote Sensing, v. 54:11, 1593-1600.

Keller, H., 1965: Hydrologische Beobachtungen im Flyschgebiet beim Schwarzsee (Kanton Freiburg). In: Mitt. der Eidg. Anstalt für das forstliche Versuchswesen, Birmensdorf, 41(2).

Kienholz, H., 1977: Kombinierte geomorphologische Gefahrenkarte 1:10'000 von Grindelwald. Geographica Bernensia G 4, Geographisches Institut der Universität Bern.

Kienholz, H., 1995: Gefahrenbeurteilung und -bewertung - auf dem Weg zu einem Gesamtkonzept. Schweizerische Zeitschrift für das Forstwesen, 146. Jg. Heft 9: 701-725.

Kienholz, H., Erismann, Th., Fiebiger, G., Mani, P., 1992a: Naturgefahren: Prozesse, Kartographische Darstellung und Massnahmen. Publ. zum 48. Dt. Geographentag in Basel.

Kienholz, H., Hegg, Ch., 1993: Naturkatastrophen: Wildbäche, Synoptische Gefahrenbeurteilung. Vorstudie Nr. 12, Nationales Forschungsprogramm 31: 'Klimaänderungen und Naturkatastrophen', Bern.

Kienholz, H., Keller, H., Ammann, W., Weingartner, R., Germann, P., Hegg, Ch., Mani, P., Rickenmann, D., 1996: Zur Sensitivität von Wildbachsystemen. Schlussbericht NFP31 Projekt 'Sensitivität von Wildbachsystemen. VdF Hochschulverlag, Zürich. (im Druck)

Kienholz, H., Krummenacher, B., Ditzler, H., Schuler, P., 1992b: Saxettal und Grindelwald. Interpraevent 1992, Führer für die Exkursion E2. Internationale Forschungsgesellschaft Interpraevent, Klagenfurt.

Kienholz, H., Lehmann, C., Guggisberg, C., Loat, R., 1991: Geschiebelieferung durch Wildbäche. In: Ursachenanalyse der Hochwasser 1987. Ergebnisse der Untersuchungen. Mitteilungen des Bundesamtes für Wasserwirtschaft Nr. 4, Mitteilungen der Landeshydrologie und -geologie Nr. 14, EDMZ, Bern.

Kienholz, H., Lehmann, C., Guggisberg, C., Loat, R., Roesli, U., Wohlfahrt, B., 1990: Geschiebeherde und Geschiebelieferung in Wildbächen. Schlussbericht Ursachenanalyse Unwetter 1987. Geographisches Institut der Universität Bern.

Kienholz, H., Weingartner, R., Hegg, Ch., Hunziker, G., 1994: Spissibach (Leissigen am Thunersee) - Ein Testgebiet der Wildbachforschung. Nouvelles, der Landeshydrologie und -geologie 94/1:19-20, Bern.

Kirkby, M.J., (ed.) 1994: Process Models and Theoretical Geomorphology. John Wiley & Sons, Chichester.

Kirnbauer, R., Steidl, P., Haas, P., 1994: Abflussmechanismen, Beobachutung und Modellierung, Abschlussbericht 1993. Institut für Hydraulik, Gewässerkunge und Wasserwirtschaft, TU Wien.

Koella, E., 1986: Zur Abschätzung von Hochwassern in Fliessgewässern an Stellen ohne Direktmessungen. Eine Untersuchung über Zusammenhänge zwischen Gebietsparametern und Spitzenabflüssen kleiner Einzugsgebiete. Mitt. Nr. 87 der Versuchsanstalt für Wasserbau, Hydrologie und Glaziologie der ETH Zürich.

Komar, P.D., 1988: Sediment transport by floods. In: Baker, V.R., Kochel, R.C., Patton, P.C. (eds.): Flood Geomorphology: 97-111. John Wiley & Sons, Chichester.

Körner, H.J., 1980: Modelle zur Berechnung der Bergsturz- und Lawinenbewegung. Interpraevent 1980, Tagungspublikation, Bd.2:15-55, Forschungsgesellschaft für vorbeugende Hochwasserbekämpfung, Klagenfurt.

Krummenacher, B., 1995: Modellierung der Wirkungsräume von Erd- und Felsbewegungen mit Hilfe Geographischer Informationsysteme (GIS). Schweizerische Zeitschrift für das Forstwesen, 146. Jg. Heft 9: 741-761.

Lehmann, C., 1993: Zur Abschätzung der Feststofffracht in Wildbächen, Grundlagen und Anleitung. Geographica Bernensia, G 42, Geogr. Inst. Univ. Bern.

Lenzi, M.A., Marchi, L., Scussel, G.R., 1990: Measurement of coarse sediment transpot in a small alpine stream. IAHS Publ. no. 193:283-290, Wallingford.

Liener, S., 1995: Entwicklung eines Dispositionsmodells zur Abgrenzung rutschgefährdeter Gebiete. Unveröffentlichte Diplomarbeit am Geographischen Institut der Universität Bern.

Mani, P., 1992: Geographische Informationsysteme - mehr als nur digitale Kartographie. In: Kienholz, H., Häberli, W. (Ed.): Geographische Informationssystem in der Geomorphologie. Geographica Bernensia G 39: 19-32. Geographisches Institut der Universität Bern.

Mani, P., 1995: Erfassung der Wildbachgefahr mit Hilfe von GIS-basierten Modellen. Schweizerische Zeitschrift für das Forstwesen, 146. Jg. Heft 9: 727-739.

Mani, P., Kläy, M., 1992. Naturgefahren an der Rigi-Nordlehne, die Beurteilung von Naturgefahren als Grundlage für die waldbauliche Massnahmenplanung. Schweizerische Zeitschrift für Forstwesen, 143. Jg. Heft 2: 131-147.

Mathys, N., Meunier, M., Guet, C., 1989: Mesure et interprétation du processus d'érosion dans les marnes des Alpes du Sud à l'échelle de la petite ravine. La houille blanche, no. 3/4:188-192.

Mortensen, H., Hövermann, J., 1957: Filmaufnahmen der Schotterbewegungen im Wildbach. Petermann Geogr. Mitt., Erg-H. 262:43-52.

Mura, R., Cambon, J.P., Combes, F., Meunier, M., Oliver, J., 1988: La gestion du bassin versant expérimental de Draix pour la mesure de l'érosion. IAHS Publ. No. 174:251-258, Wallingford.

Naden, P.S., 1987: An erosion criterion for gravel-bed rivers. Earth Surface Processes and Landforms, 12:83-93.

Naden, P.S., 1988: Models of sediment transport in natural streams. In: Anderson, M.G.(ed): Modelling Geomorphological Systems: 217-258. John Wiley & Sons, Chichester.

Nägeli, W., 1959: Die Wassermessstationen im Flyschgebiet beim Schwarzsee (Kt. Freiburg). Mitt. der Schweiz. Anstalt für das Forstliche Versuchswesen, 35(1):225-241.

Pareschi, M.T., Santacroce, R., 1993: GIS applications in volcanic hazard. In: Reichenbach, P., Guzzetti, F.,Carrara, A., (eds.): Abstracts of the workshop 'Geographical Information Systems in Assessing Natural Hazards'. University for Foreigners, Perugia.

Peringer, P., 1991: Abschlussbericht der Beregnungsversuche Löhnersbach. Unveröff. Bericht Inst. f. Wildbach- und Lawinenverbauung, Univ. f. Bodenkultur, Wien.

Pickup, G., 1988: Hydrology and sediment models. In: Anderson, M.G.(ed): Modelling Geomorphological Systems: 153-215. John Wiley & Sons, Chichester.

Pierson, C., Costa, J., 1987: A rheologic classification of subaerial sediment-water flows. In: Costa, Wieczorek, G.F.: Debris Flows / Avalanches: Process, Recognition and Mitigation. Reviews in Engineering Geology, Vol.VII:1-12, Geological Society of America, Boulder.

Pirkl, H., 1994: Ergebnisse einer interdisziplinären Fachdiskussion zur Auswertung, Verknüpfung und Interpretation von Fachkartierungen im Bereich Löhnersbach/Saalbach. Unveröff. Bericht der Forstsektion des Bundesministeriums für Land- und Forstwirtschaft, Wien.

Quinn, P., Beven, K., Chevallier, P., Planchon, O., 1992: The prediction of hillslope flow paths for distributed hydrological modelling using digital terrain models. In: Beven, K.J., Moore, I.D. (eds.): Terrain Analysis and Distributed Modelling in Hydrology. Wiley & Sons, Chichester.

Richards, K., 1993: Sediment Delivery and the Drainage Network. . In: Beven, K., Kirkby, M.J., (eds.): Channel Network Hydrology: 221-254. John Wiley & Sons, Chichester.

Rickenmann, D., 1990: Bedload transport capacity of slurry flows at steep slopes. Mitt. Nr.103 der Versuchsanst. für Wasserbau, Hydrologie und Glaziologie der ETH Zürich.

Rickenmann, D., 1992: Modellierung von Murgängen. In: Monbaron, M., Häberli, W. (Ed.): Modelle in der Geomorphologie - Beispiele aus der Schweiz. Berichte und Forschungen Geographisches Institut Freiburg/CH Vol. 3:33-45.

Rickenmann, D., 1995: Beurteilung von Murgängen. SIA Nr. 48: 1106-1108.

Rickenmann, D., Dupasquier, P., 1994: Messung des Feststofftransportes im Erlenbach. In: Beiträge zur Geologie der Schweiz - Hydrologie (Gedenkschrift zu Ehren von Hans M. Keller), 35: 134-144.

Rickenmann, D., Dupasquier, P., 1995: EROSLOPE Project No. EV5V-0179: Final Report WSL. Eidg. Forschungsanstalt für Wald, Schnee und Landschaft, Birmensdorf.

Rodriguez-Iturbe, I., 1993: The Geomorphological Unit Hydrograph. In: Beven, K., Kirkby, M.J., (eds.): Channel Network Hydrology: 43-68. John Wiley & Sons, Chichester.

Romang, H., 1995: Hydrologische Untersuchungen im Spissibach, Leissigen, mit besonderer Berücksichtigung des Teileinzugsgebietes Baachli. Unveröffentlichte Diplomarbeit am Geographischen Institut der Universität Bern.

Rüede, P., 1992: Erfassung der räumlichen Variabilität des Niederschlags im Wildbacheinzugsgebiet Spissibach in Leissigen. Unveröffentlichte SLA Hausarbeit am Geographischen Institut der Universität Bern.

Ruland, P., 1993: Numerische Simulation des Sedimenttransports unter Verwendung eines objektorientierten Geographischen Informationssystems. Institut für Wasserbau und Wasserwirtschaft, Mitteilungen Nr 87. Rheinisch-Westfälische Technische Hochschule, Aachen.

Salm, B., Burkard, A., Gubler, H.U., 1990: Berechnung von Fliesslawinen. Eine Anleitung für Praktiker mit Beispielen. Mitt. des Eidg. Instituts für Schnee- und Lawinenforschung Nr. 47, Davos.

Sassa, K., Fukuoka, H., 1995: Prediction of Rapid Landslide Motion. In: Proc. XX IUFRO World Congress, Technical Session on Natural Disasters in Mountainous Areas.

Savage, W.Z., Smith, W.K., 1986: A model for the plastic flow of landslides. USGS Professional Paper 1385.

Savage, W.Z., Varnes, D.J., 1987: Mechanics of gravitational spreading of steep-sided ridges ('sackung'). IAEG Bulletin No. 35: 31-36, Paris.

Scheidegger, A.E., 1975: Physical Aspects of Natural Catastrophes. Elsevier, Amsterdam/New York.

Schmidt, K.-H., Ergenzinger, P., 1992: Bedload Entrainment, Travel Lengths, Step Lengths, Rest Periods - studied with passive (iron, magnetic) and active (radio) Tracer Techniques. Earth surface porcesses and Landforms, Vol. 17: 147-165.

Schwarz, W., 1980: Abschätzung der Lawinengefährdung an Hand von Beispielen der Ortsplanung. Interpraevent 1980, Tagungspublikation, Band 4: 337-351. Forschungsgesellschaft für vorbeugende Hochwasserbekämpfung, Klagenfurt.

Singh, V.P., Krstanovic, P.F., Lane, L.J., 1988: Stochastic models of sediment yield. In: Anderson, M.G.(ed): Modelling Geomorphological Systems: 259-285. John Wiley & Sons, Chichester.

Smart, G.M., Jaeggi, M.N.R., 1983: Sedimenttransport in steilen Gerinnen. Mitt. Nr. 64 der Versuchsanstalt für Wasserbau, Hydrologie und Glaziologie der ETH Zürich.

SNV 670 010a, 1993: Bodenkennziffern. In VSS Normen, Band 8: Böden und mineralische Baustoffe. VSS, Zürich.

Spreafico, M., Aschwanden, H., 1991: Hochwasserabflüsse in schweizerischen Gewässern, Band III. Mitteilung Nr. 16 der Landeshydrologie- und geologie.

Spreafico, M., Gees, A., 1994: Handbuch für die Abflussmengenbestimmung mittels Verdünnungsverfahren mit Fluoreszenztracer. Mitt. Nr 20 der Landeshydrologie und -geologie, Bern.

Stiny, J., 1931: Die geologischen Grundlagen der Verbauung der Geschiebeherde in Gewässern. Julius Springer, Wien.

Tacconi, P., Billi, P., 1987: Bed Load Transport Measurements by the Vortex-tube Trap on Virginio Creek, Italy. In: Thorne, C.R., Bathurst, J.C., Hey, R.D. (eds.): Sediment Transport in Gravel-bed Rivers: 583-616. John Wiley & Sons, Chichester.

Terlien, M.T.J., van Westen, C.J., van Asch, T.W.J., 1995: Deterministic modelling in GIS-based Landslide Hazard Assessment. In: Carrara, A., Guzzett, F., (eds.): Geographical Information Systems in Assessing Natural Hazards: 79-92. Kluwer Academic Publishers, Dordrecht.

van Dijke, J.J., van Westen, C.J. (1990): Rockfall hazard: a geomorphologic application of neighbourhood analysis with ILWIS. ITC Journal Nr 1: 40-44, Enschede.

Varnes, D., 1978: Slope Movement, Types and Processes. In: National Academy of Sciences, Special Report 176:11-33, Washington.

VAW, 1991: Murgänge 1987: Dokumentation und Analyse. Bericht der Versuchsanstalt für Wasserbau, Hydrologie und Glaziologie sowie der Ingenieur-Geologie der ETH Zürich, im Auftrag des Bundesamtes für Wasserwirtschaft (Projekt im Rahmen der Ursachenanalyse der Hochwasser 1987).

Vischer, D., Huber, A., 1985: Wasserbau. Springer Verlag, Berlin, Heidelberg.

Voellmy, A., 1955: Ueber die Zerstörungskraft von Lawinen. Schweiz. Bauzeitung 73. Jg., Hefte 12, 15, 17, 19, 37.

von Rohr, G., 1993: Landnutzungsgeschichte im Gebiet Leissigen - Morgenberghorn. Unveröffentlichte Seminararbeit am Geographischen Institut der Universität Bern.

Wagner, O., 1987: Untersuchungen über räumlich-zeitliche Unterschiede im Abflussverhalten von Wildbächen, dargestellt an Teileinzugsgebieten des Lainbachtales bei Benediktbeuren/Oberbayern. Münchner Geographische Abhandlungen, Band B 3. GEOBUCH-Verlag, München

Weingartner, R., 1996: Regionalhydrologische Analysen und ihre Bedeutung für Forschung und Praxis. Geogr. Inst. Univ. Bern. (in Vorb.)

10 Literaturverzeichnis

Weingartner, R., Kienholz, H., 1994: Zur Sensitivität von Wildbachsystemen - Konzepte und erste Ergebnisse aus Untersuchungen in den Testgebieten Rotenbach (Schwarzsee) und Spissibach (Leissigen). In: Beiträge zur Geologie der Schweiz - Hydrologie, (Gedenkschrift zu Ehren von Hans M. Keller, Hrsg. WSL/SGHL), 35: 120-133, Zürich.

Wermelinger, G., 1994: Einzugsgebiet des Spissibaches / Leissigen. Geomorphologische Karte. Unveröffentlichte Diplomarbeit am Geogaphischen Institut der Universität Bern.

Wetzel, K.-F., 1992: Abtragsprozesse an Hängen und Feststofführung der Gewässer, dargestellt am Beispiel der pleistozänen Lockergesteine des Lainbachgebietes (Benediktbeuren/Obb.) Münchner Geographische Abhandlungen, Band B 17. GEOBUCH-Verlag, München.

Wetzel, K.-F., 1994: The significance of fluvial erosion, channel storage and gravitational processes in sediment production in a small mountainous catchment area. In: Ergenzinger, P., Schmidt, K.-H. (eds.): Dynamics and Geomorphology of Mountain Rivers: 141-160. Lecture Notes in Earth Sciences 52, Springer-Verlag, Berlin, Heidelberg.

Whittaker, J.G., 1987a: Modelling bed-load transoport in steep mountain streams. IAHS Publ. No 165: 319-332, Wallingford.

Whittaker, J.G., 1987b: Sediment Transport in Step-pool Streams. In: Thorne, C.R., Bathurst, J.C., Hey, R.D. (eds.): Sediment Transport in Gravel-bed Rivers: 545-579. John Wiley & Sons, Chichester.

Wischmeier, W.H., Smith, D.D., 1978: Predicting rainfall erosion losses - a guide to conservation planning. U.S. Dept. of Agric. Handbook No 537.

Zanke, U., 1982: Grundlagen der Sedimentbewegung. Springer-Verlag, Berlin Heidelberg.

Zeller, J., 1985: Feststoffmessung in kleinen Gebirgseinzugsgebieten. Wasser, Energie, Luft, 77, 7/8: 246-251.

Zeller, J., 1993: Grenzgefälle von Sanden und Kiesen in Gerinnen. Manuskript.

Zeller, J., 1995: Das Gewässernetz, ein quantitativer Indikator für den Charakter von Kleineinzugsgebieten. Zeitschrift für den Wildbach-, Lawinen-, Erosions- und Steinschlagschutz. 59. Jg. Heft 128:5-64.

Zimmermann, M., 1989: Geschiebeaufkommen und Geschiebebewirtschaftung, Grundlagen zur Abschätzung des Geschiebehaushaltes im Emmental. Geographica Bernensia G 34, Geogr. Inst. d. Univ., Bern.

Zinggeler, A., Krummenacher, B., Kienholz, H., 1991. Steinschlagsimulation in Gebirgswäldern. Berichte und Forschungen, Vol 3: 61-70, Geographisches Institut der Universität Freiburg.

Zumstein, S., 1994: Grundlagen- und Gefahrenkartierung für Sturzerscheinungen im Gebiet Leissigen - Morgenberghorn. Unveröffentlichte Seminararbeit am Geographischen Institut der Universität Bern.

GEOGRAPHICA BERNENSIA

Hallerstrasse 12   Tel. +41 31 631 88 16
CH - 3012   Bern   Fax +41 31 631 85 11

		Sfr.
A	AFRICAN STUDIES	
A 1	Mount Kenya Area. Contributions to ecology and socio-economy. Ed by M. Winiger. 1986 ISBN 3-906290-14-X	20.--
A 2	SPECK Heinrich: Mount Kenya Area. Ecological and agricultural significance of the soils - with 2 soil maps. 1983 ISBN 3-906290-01-8	20.--
A 3	LEIBUNDGUT Christian: Hydrogeographical map of Mount Kenya Area. 1:50000. Map and explanatory text. 1986 ISBN 3-906290-22-0	28.--
A 4	WEIGEL Gerolf: The soils of the Maybar/Wello Area. Their potential and constraints for agricultural development. 1986 ISBN 3-906290-29-8	18.--
A 5	KOHLER Thomas: Land use in transition. Aspects and problems of small scale farming in a new environment: the example of Laikipia District, Kenya. 1987 ISBN 3-906290-23-9	28.--
A 6	FLURY Manuel: Rain-fed agriculture in Central Division (Laikipia District, Kenya). Suitability, constraints and potential for providing food. 1987 ISBN 3-906290-38-7	20.--
A 7	BERGER Peter: Rainfall and agroclimatology of the Laikipia Plateau, Kenya. 1989 ISBN 3-906290-46-8	25.--
A 8	Mount Kenya Area. Differentiation and dynamics of a tropical mountain ecosystem. Ed. by M. Winiger, U. Wiesmann, J.R. Rheker. 1990 ISBN 3-906290-64-6	25.--
A 9	TEGENE Belay: Erosion: its effects on properties and productivity of eutric nitosols in Gununo Area, Southern Ethiopia, and some techniques of its control. 1992 ISBN 3-906290-74-3	20.--
A 10	DECURTINS Silvio: Hydrogeographical investigations in the Mount Kenya subcatchment of the river Ewaso Ng'iro. 1992 ISBN 3-906290-78-6	25.--
A 11	VOGEL Horst: Conservation tillage in Zimbabwe. Evaluation of several techniques for the development of sustainable crop production systems in smallholder farming. 1993 ISBN 3-906290-91-3	25.--
A 12	MASELLI Daniel, GEELHAAR Michel: L'écosystème montagnard agro-sylvo-pastoral de Tagoundaft (Haut-Atlas, Maroc). 1994 ISBN 3-906290-89-1	48.--
A 13	ABATE Solomon: Land use dynamics, soil degradation and potential for sustainable use in Metu Area, Illubabor Region, Ethiopia. 1994 ISBN 3-906290-95-6	30.--
B	BERICHTE UEBER EXKURSIONEN, STUDIENLAGER UND SEMINARVERANSTALTUNGEN	
B 9	Feldstudienlager Niederlande 1989. 1990 ISBN 3-906290-63-8	22.--
B 10	Tschechoslowakei im Wandel - Umbruch und Tradition. Bericht zur Exkursion in Böhmen 1992. 1993 ISBN 3-906290-67-0	30.--
B 11	Tschechien zwischen marktwirtschaftlicher Herausforderung und planwirtschaftlichem Erbe. 1994 ISBN 3-906290-93-X	35.--
B 12	Toronto, Calgary and Banff. Bericht der Grossen Kanada-Exkursion vom 30. Juli - 18. August 1995. 1996 ISBN 3-906151-13-1	35.--

| E | BERICHTE ZU ENTWICKLUNG UND UMWELT | Sfr. |

Nr. 12 LINIGER Hanspeter, 1995: Endangered water - a global overview of
degradation, conflicts and approaches for improvements.
ISBN 3-906290-96-4   25.--

Nr. 13 WIESMANN Urs, 1995: Nachhaltige Ressourcennutzung im regionalen
Entwicklungskontext: Konzeptionelle Grundlagen zu deren Definition
und Erfassung.   ISBN 3-906151-01-8   10.--

Nr. 14 Natürliche Ressourcen - Nachhaltige Nutzung. Eine Orientierungshilfe für
die nachhaltige Nutzung natürlicher Ressourcen in der Entwicklungszu-
sammenarbeit. 1995 (auch in Franz. und Englisch)   ISBN 3-906290-98-0   12.--

Nr. 15 WACHTER Daniel, 1996: Land tenure and sustainable management of
agricultural soils.   ISBN 3-906151-08-5   15.--

| G | GRUNDLAGENFORSCHUNG |

G 17 KUENZLE Thomas, NEU Urs: Experimentelle Studien zur räumlichen Struktur und
Dynamik des Sommersmogs über dem Schweizer Mittelland. 1994
ISBN 3-906290-92-1   36.--

G 21 WITMER Urs: Eine Methode zur flächendeckenden Kartierung von Schneehöhen
unter Berücksichtigung von reliefbedingten Einflüssen. 1984
ISBN 3-906290-11-5   10.--

G 25 WITMER Urs u. Mitarbeiter: Erfassung, Bearbeitung und Kartierung von
Schneedaten in der Schweiz. 1986   ISBN 3-906290-28-X   21.--

G 29 ATTINGER Robert: Tracerhydrologische Untersuchungen im Alpstein. Methodik
des kombinierten Tracereinsatzes für die hydrologische Grundlagenerarbeitung
in einem Karstgebiet. 1988   ISBN 3-906290-43-3   15.--

G 30 WERNLI Hans Rudolf: Zur Anwendung von Tracermethoden in einem quartär-
bedeckten Molassegebiet. 1988   ISBN 3-906290-48-4   15.--

G 32 RICKLI Ralph: Untersuchungen zum Ausbreitungsklima der Region Biel.
1988   ISBN 3-906290-49-2   15.--

G 33 GERBER Barbara: Waldflächenveränderungen und Hochwasserbedrohung im
Einzugsgebiet der Emme. 1989   ISBN 3-906290-55-7   25.--

G 34 ZIMMERMANN Markus: Geschiebeaufkommen und Geschiebe-Bewirtschaftung.
Grundlagen zur Abschätzung des Geschiebehaushaltes im Emmental. 1989
ISBN 3-906290-56-5   25.--

G 37 EUGSTER Werner: Mikrometeorologische Bestimmung des NO_2-Flusses an
der Grenzfläche Boden/Luft. 1994   ISBN 3-906290-90-5   25.--

G 38 Himalayan Environment. Pressure-problems-processes. Twelve years of research
B. Messerli, T. Hofer, S. Wymann (eds.). 1993   ISBN 3-906290-68-9   35.--

G 39 SGmG Jahrestagung. Geographische Informationssysteme in der Geomorphologie.
1992   ISBN 3-906290-72-7   15.--

G 40 SCHORER Michael: Extreme Trockensommer in der Schweiz und ihre Folgen
für Natur und Wirtschaft. 1992   ISBN 3-906290-73-5   38.--

G 41 LEIBUNDGUT Christian: Wiesenbewässerungssysteme im Langetental. 1993
ISBN 3-906290-79-4   18.--

G 42 LEHMANN Christoph: Zur Abschätzung der Feststofffracht in Wildbächen.
1993   ISBN 3-906290-82-4   35.--

G	GRUNDLAGENFORSCHUNG	Sfr.

G 43 NINCK Andreas: Wissensbasierter und objekt-orientierter Ansatz zur
Simulation von Mensch-Umwelt-Systemen. 1994 ISBN 3-906290-94-8   27.--

G 44 DUESTER Horst: Modellierung der räumlichen Variabilität seltener
Hochwasser in der Schweiz. 1994 ISBN 3-906290-97-2   27.--

G 45 VUILLE Mathias: Zur raumzeitlichen Dynamik von Schneefall und Ausaperung
im Bereich des südlichen Altiplano, Südamerika. 1996
ISBN 3-906151-02-6   32.--

G 46 AMMANN Caspar, JENNY Bettina, KAMMER Klaus: Climate Change in den
trockenen Anden. Jungquartäre Vergletscherung - aktuelle Niederschlags-
muster. 1996 ISBN 3-906151-03-4   32.--

G 47 PEREGO Silvan: Ein Computermodell zur Simulation des Sommersmogs. 1996
ISBN 3-906151-05-0   30.--

G 48 HOFER Thomas: Floods in Bangladesh: A highland-lowland interaction? 1996
ISBN 3-906151-09-3   1997

G 49 Floods in Bangladesh: History, processes and impacts. T. Hofer,
B. Messerli (Eds.). 1996 ISBN 3-906151-10-7   1997

G 50 KLINGL Tom: GIS-gestützte Generierung synthetischer Bodenkarten und
landschaftsökologische Bewertung der Risiken von Bodenwasser- und
Bodenverlusten in Laikipia, Kenya. 1996 ISBN 3-906151-12-3   40.--

G 51 SALVISBERG Esther: Wetterlagenklimatologie - Möglichkeiten und Grenzen
ihres Beitrages zur Klimawirkungsforschung im Alpenraum. 1996
ISBN 3-906151-14-X   32.--

G 52 HEGG Christoph: Zur Erfassung und Modellierung von gefährlichen Prozessen
in steilen Wildbacheinzugsgebieten. 1997 ISBN 3-906151-17-4   30.--

P	GEOGRAPHIE FUER DIE PRAXIS	

P 13 GROSJEAN Georges: Aesthetische Bewertung ländlicher Räume. Am Beispiel
von Grindelwald im Vergleich mit anderen schweizerischen Räumen und in
zeitlicher Veränderung. 1986 ISBN 3-906290-12-3   15.--

P 18 Photogrammetrie und Vermessung - Vielfalt und Praxis. Festschrift Max
Zurbuchen. Von Grosjean M., Hofer T., Lauterburg A., Messerli B. 1989
ISBN 3-906290-51-4   9.--

P 19 HOESLI T., LEHMANN Ch., WINIGER M.: Bodennutzungswandel im Kanton Bern
1951-1981. Studie am Beispiel von drei Testgebieten. 1990
ISBN 3-906290-54-9   20.--

P 20 Zur Durchlüftung der Täler und Vorlandsenken der Schweiz. Resultate des
Nationalen Forschungsprogrammes 14. Von Furger M., Wanner H., Engel J.,
Troxler F., Valsangiacomo A. 1989 ISBN 3-906290-57-3   25.--

P 22 Die Alpen im Europa der neunziger Jahre. Ein ökologisch gefährdeter
Raum im Zentrum Europas zwischen Eigenständigkeit und Abhängigkeit.
Von Bätzing W., Messerli P., Broggi M. u.a. 1991 ISBN 3-906290-61-1   38.--

P 23 Umbruch in der Region Bern. Aktuelle Analysen - neue Perspektiven -
konkrete Handlungsvorschläge. Von Aerni K., Egli H. R., Berz B. 1991
ISBN 3-906290-66-2   12.--

			Sfr.
P	GEOGRAPHIE FUER DIE PRAXIS		

P 24 PORTMANN Jean-Pierre: Paysage de Suisse: le Jura. Introduction à la
      géomorphologie. 1994   ISBN 3-906290-69-7   25.--

P 25 MEESSEN Heino: Anspruch und Wirklichkeit von Naturschutz und Land-
      schaftspflege in der Sowjetunion. 1992   ISBN 3-906290-76-X   30.--

P 26 BAETZING Werner: Der sozio-ökonomische Strukturwandel des Alpenraumes
      im 20. Jahrhundert. Eine Analyse von "Entwicklungstypen" auf Gemeinde-
      ebene. 1993   ISBN 3-906290-80-8   40.--

P 27 WYSS Markus: Oekologische Aspekte der wirtschaftlichen Zusammenarbeit
      mit Entwicklungsländern. 1992   ISBN 3-906290-83-2   20.--

P 28 AERNI Klaus et al.: Fussgängerverkehr. Berner Innenstadt. Schlussbericht
      Fussgängerforschung Uni Bern. 1993   ISBN 3-906290-84-0   20.--

P 29 MARTINEC Jaroslav, RANGO Albert, ROBERTS Ralph: Snow Melt Runoff Model
      (SRM). User's Manuel. Ed. Baumgartner Michael F. 1994
      ISBN 3-906290-85-9   20.--

P 30 BAETZING W., WANNER H. (Hrsg.): Nachhaltige Naturnutzung im Spannungsfeld
      zwischen komplexer Naturdynamik und gesellschaftlicher Komplexiktät. 1994
      ISBN 3-906290-86-7   20.--

P 31 PFANDER Marc: Der Verkehr im Berner Fussgängerbereich. Situationsanalyse und
      Vorschläge zur Verringerung der Verkehrsbelastung. 1995
      ISBN 3-906151-00-X   40.--

P 32 JEANNERET François: Internationale phänologische Bibliographie. 1996
      ISBN 3-906151-04-2   1997

P 33 VON ROHR Gabriele: Auswirkungen des Rohrleitungsbaus auf bodenphysikalische
      Kenngrössen. 1996   ISBN 3-906151-06-9   27.--

S   GEOGRAPHIE FUER DIE SCHULE

S 6.1 AERNI K., ENZEN P., KAUFMANN U.: Landschaften der Schweiz. 1993
      Teil I: Didaktische Grundlagen.   ISBN 3-906290-24-7   20.--

S 6.1 AERNI K., ENZEN P., KAUFMANN U.: Paysages Suisses. 1993
      Tome I: Réflexions didactiques.   ISBN 3-906290-87-5   20.--

S 6.2 AERNI K., ENZEN P., KAUFMANN U.: Landschaften der Schweiz / Paysages Suisses.
      Teil II: 15 kommentierte Arbeitsblätter für die Geographie / Tome II: 15 fiches
      de géographie avec commentaires. 1993   ISBN 3-906290-88-3   60.--

U   SKRIPTEN FUER DEN UNIVERSITAETSUNTERRICHT

U 8   GROSJEAN, Georges (1996): Geschichte der Kartographie. 3. neubearb.
      Auflage.   ISBN 3-906151-15-8   35.--

U 19 AERNI K., GURTNER A., MEIER B.: Geographische Arbeitsweisen - Grundlagen
      zum propädeutischen Praktikum I. 1989   20.--

U 20 AERNI K., GURTNER A., MEIER B.: Geographische Arbeitsweisen - Grundlagen
      zum propädeutischen Praktikum II. 1989   ISBN 3-906290-53-0   14.--

U 22 MAEDER, Charles (1996): Kartographie für Geographen. 2. neubearb. Auflage
      ISBN 3-906151-16-6   30.--